全国职业教育计算机类系列教材
——荣获华东地区大学出版社优秀教材奖

U0891058

Photoshop 图像处理技术

主　编　王海芳
副主编　姜卫东
参　编　（按姓氏笔画排序）
朱　兰　周建华　胡金星

东 南 大 学 出 版 社
·南京·

内 容 提 要

本书是全国职业教育电子信息类教材编委会组织编写的系列教材之一。

本书系统地介绍了 Photoshop CS 软件的操作界面和使用技巧，书中各章节的安排不求面面俱到，但求通俗易懂，强化重要概念，详解主要内容，例题丰富，图文并茂，步骤详尽，目的是让读者在教师的讲授下或通过自学，快速掌握 Photoshop CS 软件的使用方法。

本书不仅可作为高职高专院校计算机图形图像制作、平面广告设计、网页制作等相关专业的教材，还可作为全国计算机信息高新技术考试(Photoshop 平台)的培训教材，也可作为平面设计爱好者、Photoshop 初学者的入门教材或参考用书。

图书在版编目(CIP)数据

Photoshop 图像处理技术/王海芳主编. —南京：东南大学出版社，2005.2(2017.2 重印)

ISBN 978-7-81089-825-6

Ⅰ.P…　Ⅱ.王…　Ⅲ.图形软件，Photoshop—高等学校：技术学校—教材　Ⅳ.TP391.41

中国版本图书馆 CIP 数据核字(2004)第 131132 号

东南大学出版社出版发行

(南京四牌楼 2 号　邮编 210096)

出版人:江建中

江苏省新华书店经销　江苏凤凰数码印务有限公司印刷

开本:787mm×1 092mm　1/16　印张:16.5　字数:412 千字

2005 年 2 月第 1 版　2017 年 2 月第 5 次印刷

定价:29.80 元

(凡有印装质量问题，可直接向读者服务部调换。电话:025－83792328)

出 版 说 明

专业建设是职业院校的重要工作之一，无论是新专业的建设还是老专业的改造，都离不开市场的需求、离不开新技术的发展和应用，电子信息类专业更是首当其冲。

许多职业院校都将电子信息类专业作为重点专业，从目前的现状看，各地报考的人数多，全国开办的学校多，就业的机会相对其他专业也多。但从整体情况看，该类专业普遍存在着专业特色不鲜明的问题，在一定程度上制约了其深层次的发展。因此，从专业建设的角度看，电子信息类专业要以特色为突破口，以人才需求为导向，合理调整该类专业的课程设置和教学内容，使就业面广、充满活力的专业成为职业院校发展的骨干专业。

教材建设和专业建设是一项配套工程，为了进一步加强对电子信息类专业的建设，“全国职业教育电子信息类专业教材编委会”根据各校的教学实际需要，自 2003 年以来，分别在本溪、太原、宜昌、贵阳、徐州、扬州召开了 6 次职业教育电子信息类专业建设研讨会，以研讨课程改革和教材建设为主线，全面促进专业建设，陆续出版了《全国电子信息类职业教育系列教材》、《全国职业教育计算机类系列教材》近 50 种，其中《电子设计自动化技术》、《数字电视原理与应用》、《网页设计与制作》被评为“十一五”国家级规划教材。

全国职业教育电子信息类专业教材编委会会员单位：

南京信息职业技术学院	北京信息职业技术学院
南京工业职业技术学院	扬州职业大学
扬州电子信息学校	山西综合职业技术学院
河南信息工程学校	长沙市电子工业学校
大连电子工业学校	扬州江海学院
黑龙江信息技术职业学院	本溪电子工业学校
无锡城市职业技术学院	扬州工业职业技术学院
新疆机械电子职业技术学院	山东信息职业技术学院
四川信息职业技术学院	哈尔滨金融高等专科学校
广东阳江职业技术学院	徐州建筑职业技术学院
内蒙古电子信息职业技术学院	贵州省电子工业学校
江苏海事职业技术学院	南京交通职业技术学院
黑龙江农业经济职业学院	湖北三峡职业技术学院
南通纺织职业技术学院	南通航运职业技术学院
山东威海职业技术学院	浙江经贸职业技术学院
南京化工职业技术学院	南京铁道职业技术学院
扬州环境资源职业技术学院	东南大学出版社

全国职业教育电子信息类专业教材编委会

2015 年 8 月

修订前言

本书自2004年出版以来，因书中内容叙述通俗易懂，例题丰富实用，而且与全国计算机信息高新技术考试(Photoshop平台)紧密衔接，深得广大师生和读者的厚爱。为了紧跟新技术的发展，本书主编王海芳对全书进行了修订，说明如下：

(1) 随着新版本Photoshop CS应用的普及，此次修订，将书中内容全面升级到Photoshop CS版本，并在各章节中增加了对Photoshop CS版本的应用举例。

(2) 按照知识的梯度，对书中部分章节的例题进行了重新规划、筛选和删改，并增加了部分实用例题，同时对例题操作步骤的叙述进一步精练、简明，使其可操作性得到加强。

(3) 对全书的文字叙述作了认真的推敲和修改，力求准确达意，并对在使用中发现的个别错误与疏漏予以纠正。

全书编排特点如下：

(1) 在每章的开头用简练的语句介绍了本章的主要知识点和重点，使读者大致了解本章所要学习的内容。

(2) 每章都安排了多个操作示例，例题的选择由浅入深构成了一定的梯度，通过例题的示范来训练各种工具及其选项栏的基本使用方法以及相关菜单命令和快捷键的使用方法。并在部分例题后附有知识扩展，以便对文中没有专门介绍的内容和操作技巧进行补充和归纳。

(3) 由于Photoshop软件的操作方法灵活多变，为了帮助读者进一步提高工具和命令的综合应用能力，在每章后安排了综合训练题，这些训练题的操作步骤叙述翔实，图文并茂，尤其在关键操作步骤上都给出了图层控制面板、通道控制面板、路径控制面板等插图，以帮助读者完成练习。

(4) 每章结束时都做了小结，对本章内容进行了概括性的描述，以指导读者真正掌握本章所学内容。

(5) 每章后附有训练习题，习题的安排尽量与书中的例题相呼应，并且对习题的制作方法给予了“操作提示”，为读者上机练习提供了直接的帮助。

书中例题的素材主要选自于《网页设计素材大全》，读者可在市场购买到该套素材光盘。另外，为了更好地配合“全国计算机信息高新技术考试(Photoshop平台)”的普及和培训，书中还选用了Photoshop考试平台的部分图片素材，在此表示衷心感谢。

本书授课的参考学时数为64学时，其中理论教学与上机实验的课时比约为1∶2，建议在课程结束之后安排1～2周的实训练习。

全书由王海芳任主编，其中第1章、第3章由王海芳编写，第2章由王海芳、胡金星共同编写，第4章由朱兰编写，第5章、第7章由姜卫东编写，第6章、第8章由王海芳、周建华共同编写。全书由王海芳统稿，朱兰参于本书的校核。

由于时间仓促及编者水平有限，错误之处在所难免，恳请读者通过E-mail：whf3040@yahoo.com.cn进行交流和指正。

编　者

2015年8月

目　录

1　Photoshop 基础知识

Photoshop 是 Adobe 公司出品的、世界公认最出色的、使用率最高的图形图像处理软件。Photoshop CS 是 Photoshop 7.0 的升级版本，它除了保持着原版本完美的平面图像处理功能之外，在桌面印刷、网页图像设计、数码暗房技术等方面得到加强和突破。并且，为了防止盗版，Adobe 公司在 Photoshop CS 中加入了类似 Windows XP 的激活技术，要经过联网激活后才能使用。

本章主要介绍 Photoshop CS 的工作界面、文件的建立和管理、图像工作原理、色彩知识等，通过学习初步掌握 Photoshop CS 的基本使用方法，为以后各章节的学习打下基础。

本章重点：

(1) Photoshop 工作界面的各个组成部分；

(2) 图像文件的建立和管理。

1.1　Photoshop 的工作界面

由于 Photoshop 软件是运行于 Windows 环境下的 32 位图像处理软件，因此对于现在的 PC 机用户来说都可以很顺利地安装和运行 Photoshop 软件，但是为了提高计算机处理图像的效率，建议内存至少在 512 MB 以上，并且尽量配备大容量的硬盘，如有条件再配置一台中档以上的显示器以增强图像观看效果。

在桌面上双击 Photoshop 图标，启动 Photoshop 后的工作界面如图 1－1 所示。

图 1－1　Photoshop 的工作界面

1.1.1 菜单栏

Photoshop 菜单栏由 9 组菜单命令组成，Photoshop 的大部分操作是通过工具与菜单命令的配合来完成的。Photoshop 菜单遵守 Windows 菜单的组成格式，即：灰色命令表示暂时不具备执行条件，命令右侧带有省略号表示执行命令后将弹出对话框，命令右侧带有小三角形表示带有联级子菜单。同时，很多常用命令都配有由字母组合的快捷键，可以通过熟练掌握常用命令的快捷键来提高 Photoshop 的操作速度。

各组菜单的主要功能简介如下：

（1）文件菜单　主要用于图像文件的基本操作与管理，如图像的建立与保存、图像的导入与导出、页面设置与打印等。

（2）编辑菜单　主要用于对图像中选定的区域进行操作，如拷贝与粘贴、各种变换、填充与描边、定义画笔与图案等。

（3）图像菜单　主要用于设置图像的各种属性，如图像色彩模式的转换、色彩的调整、图像及画布大小的改变等。

（4）图层菜单　主要用于图层的基本操作与管理，如图层的建立与各种编辑方法、图层特效的制作、图层蒙版的应用、图层的链接等。

（5）选择菜单　主要用于对选区进行修改、保存和调用等。

（6）滤镜菜单　主要用于制作图像特效，是 Photoshop 最重要的菜单之一。

（7）视图菜单　主要用于管理图像以及图像处理的辅助命令，如标尺、网格、参考线等。

（8）窗口菜单　主要用于对图像窗口进行管理，如工作区的个性化设置、工具箱与控制面板的显示与隐藏等。

（9）帮助菜单　主要用于提供 Photoshop 的帮助信息。

1.1.2 工具箱

工具箱是 Photoshop 界面上的一个重要组成部分，Photoshop 对图像的操作主要是靠使用工具箱中的工具并配合属性栏上的参数设置来完成的。工具箱的组成如图 1－2 所示。

1）工具箱的管理

（1）工具箱默认位置在窗口的左边，单击工具箱上方的蓝色标题栏同时拖曳鼠标，可以将其移动至所需位置。

（2）重复双击工具箱上方的蓝色标题栏可以使工具箱在最小化与最大化之间切换。

（3）重复单击窗口菜单【窗口】/【工具】命令，可使工具箱在隐藏与显示之间切换。

2）单一工具的选用

用鼠标单击所需工具按钮，工具按钮显示为白色，表示选中。

3）工具组中的工具选用

（1）工具组按钮的右下角带有黑色小三角形，表示其中含有隐藏工具。用鼠标单击工具组按钮并按住不放，或者右击工具组按钮，将弹出隐藏工具，移动鼠标单击所需工具按钮。

（2）按住＜Alt＞键在工具组按钮上重复单击鼠标，工具组内的隐藏工具循环显示并被选中。

（3）由于每个工具组都具有相同的快捷键，按住＜Shift＞键并按工具组的快捷键，隐藏工具循环显示并被选中。

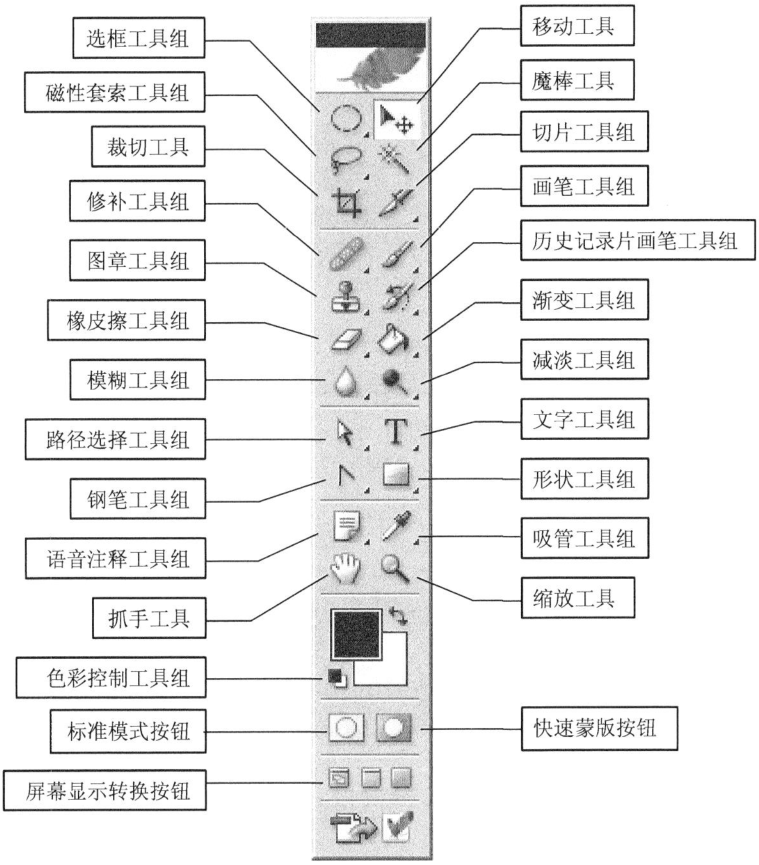

图 1-2　工具箱

4）鼠标指针的设置

(1) 选中工具后的鼠标指针显示为“图标”形或“十字”形，按下＜Caps Lock＞键可使鼠标指针在两者之间切换。

(2) 单击窗口菜单【编辑】/【预置】/【显示与光标】命令，在“预置”对话框中可重新选择鼠标指针。

1.1.3　工具属性栏

工具属性栏提供了与所选工具相关的一组参数，用以增强或扩展工具的功能，属性栏中的参数跟随所选工具而变化。图 1-3 即为选择了“渐变工具”后的属性栏。

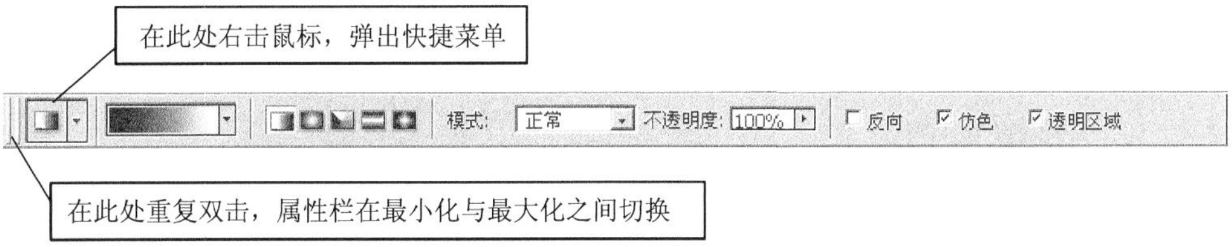

图 1-3　“渐变工具”的属性栏

默认状态下，属性栏放置在菜单栏的下方，重复单击窗口菜单【窗口】/【选项】命令，可使属性栏在隐藏与显示之间切换，在属性栏的左端重复双击可使属性栏在最小化与最大化之间切换。在属性栏的左端右击鼠标，在快捷菜单中单击【复位工具】命令，可将当前工具的参数值恢复至初始值，单击【复位所有工具】命令，可将工具箱中所有工具的参数值恢复至初始值。

1.1.4　控制面板

控制面板是 Photoshop 界面上的另一个重要组成部分，用以辅助图像编辑和记录操作中的信息。控制面板的功能和使用方法将在以后各章节中陆续介绍。

1）控制面板组的拆分与重组

默认状态下，控制面板放置在窗口的右边，并由多个相关的控制面板组成一个组。可以根据个人的使用习惯，用鼠标按住控制面板的蓝色标题栏将它拖曳至窗口的任意位置，或者将常用的控制面板重新组合。

（1）拆分控制面板组　用鼠标单击所选控制面板的选项卡，并将其拖曳至组外，如图 1－4 所示。

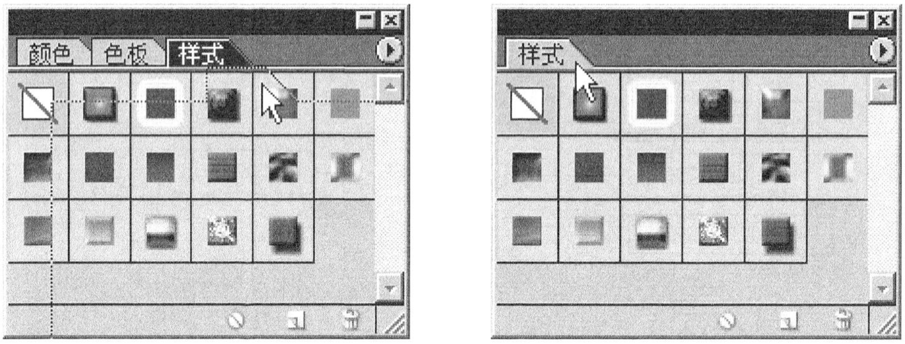

(a) 拖曳“样式”控制面板　　(b) 将“样式”控制面板独立放置

图 1－4　拆分控制面板组

（2）控制面板的重组　拖曳控制面板的选项卡至某个组内并释放鼠标，将其加入到该组中。

（3）复位控制面板　单击窗口菜单【窗口】/【工作区】/【复位调板位置】命令，被移动或者重组的控制面板恢复到系统默认状态。

2）控制面板的显示与隐藏

（1）在【窗口】菜单中重复单击控制面板名称，可使该控制面板以及所属的组在隐藏与显示之间切换。

（2）重复按下＜Shift＋Tab＞键，可使所有控制面板在隐藏与显示之间切换。

（3）重复按下＜Tab＞键，可使所有控制面板与工具箱同时在隐藏与显示之间切换。

1.1.5　图像窗口

图像窗口是编辑图像的工作区域，Photoshop 允许同时打开多个图像文件，其中标题栏显示为蓝色的是当前图像窗口，当前所做的操作以及界面上显示的相关信息均针对当前图像窗口。移动鼠标在其他已打开的图像文件上单击，可将其切换为当前图像窗口。

1.1.6 状态栏

状态栏位于窗口的最下方，状态栏的右侧主要显示与当前所选工具相关的操作提示，左侧又可分为 3 个部分，如图 1－5 所示。

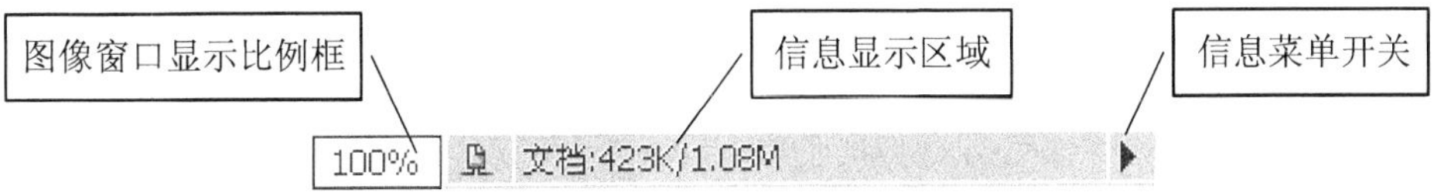

图 1－5 状态栏

各部分的主要功能简介如下：

(1) 图像窗口显示比例框　框中数据为当前图像窗口的显示比例，在框中输入新的数值后敲回车键，可改变当前图像的显示比例。

(2) 信息显示区域　框中数据的含义为“合并图层后的文档大小/未合并图层时文档的大小”。在这个位置按住鼠标左键不放，则可显示图像输出的预览效果，如图 1－6 所示。

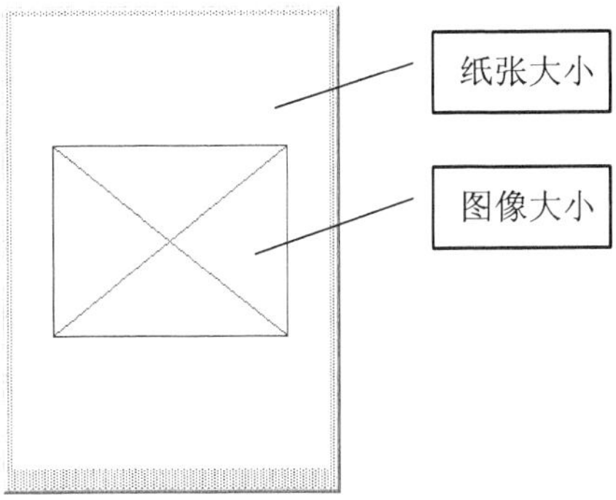

图 1－6 图像输出的预览效果

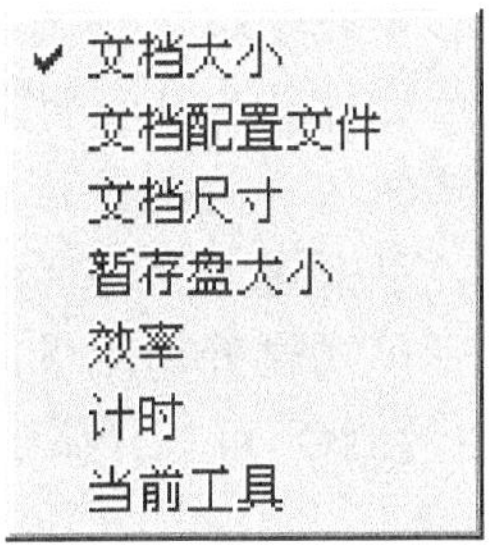

图 1－7 信息菜单

(3) 信息菜单　单击信息菜单开关按钮，弹出如图 1－7 所示的信息菜单，默认为“文档大小”，可以从中选择其他信息提示。

1.2 图像与色彩

在计算机中，图像是以数字方式来存储的。要用好 Photoshop 软件，首先应该了解计算机在处理图像时对图像以及色彩是采用何种方式保存、输入和输出的。

1.2.1 基本概念

1) 位图与矢量图

经计算机处理的图像可分为位图图像与矢量图图像两种类型。

位图又称作光栅图，它是由许多像小方块一样的“像素”点组成的图像。像素是构成位图图像的最小单位，由于每一个像素都有一个明确的颜色值，因此位图图像能表现出丰富的颜色变化，但文件容量大，对图像做缩放和旋转操作时图像会失真。Photoshop 就是一个编辑和处理位图图像的软件。

矢量图又称向量图，它是通过数学中的矢量方式来定义图像的。矢量图的优点是文件容量小，图像变形时不失真，但色彩不够丰富，图像不够逼真。

2）图像分辨率

图像的分辨率是指每英寸长度上所包含的像素数量(pixels per inch，简写为 ppi)。

对于同样大小的一幅图像来说，分辨率越高表示其单位长度上像素越多，图像也就越清晰。由于分辨率过高会使图像文件变大，计算机处理图像的效率就会降低，而过低的分辨率又会使图像显示质量下降，因此处理图像时应根据实际需要选择合适的分辨率。如，用于屏幕显示的图像分辨率大约为 72 ppi，用于报纸或招贴画的分辨率大约为 150 ppi，用于精美的封面或彩页插图的分辨率大约为 300 ppi。

分辨率有很多种类，如显示器分辨率、扫描仪的分辨率、打印机分辨率等，但真正影响图像质量的主要是图像分辨率和打印机分辨率。

3）图像尺寸与图像大小

图像尺寸是指图像输出时的实际长、宽尺寸，与图像在显示器上的显示尺寸无关。图像大小是指图像文件存储后所占用的磁盘空间，与图像的色彩模式、分辨率有关。

1.2.2 图像的色彩模式

图像的色彩模式是指记录图像颜色的一种方式，即一幅图像以什么样的方式在计算机中显示或输出。不同的色彩模式所包含的颜色范围是不同的，它们的目的和用途也各不相同。Photoshop 提供了如图 1－8 所示的多种色彩模式供处理图像时使用，单击窗口菜单【图像】/【模式】命令，可打开该子菜单。

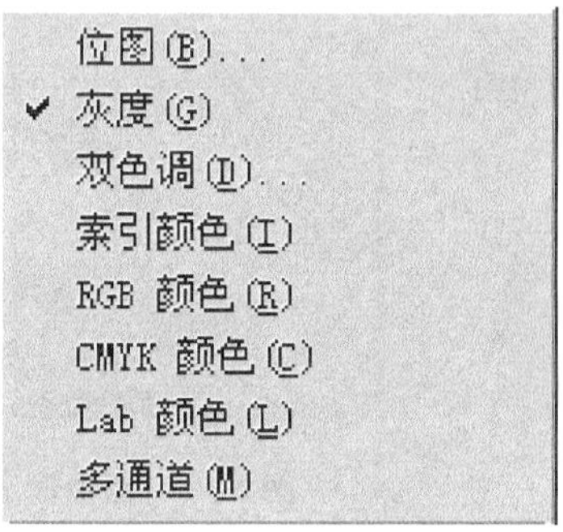

图 1－8　Photoshop 可使用的色彩模式

1）位图模式

位图模式是指用黑、白两种颜色来表示图像中的像素，在这种模式下每个像素由 1 个二进制位来表示，所以图像文件最小，但它包含的信息也最少，因此无法表现色彩丰富的图像，仅用于制作一些由黑白线条或黑白点构成的图像。

Photoshop 允许不同色彩模式图像之间互相转换，如果要将一幅彩色图像转换成位图模式，首先应将其转换成灰度模式。在图 1－8 所示的子菜单中单击【位图】命令，弹出“位图”对话框，如图 1－9(a)所示。在“使用”下拉列表框中含有 5 种转换方式，如图 1－9(b)所示。

2）灰度模式

灰度模式是指用 0～255 种灰度值来表示图像中像素的颜色，其中 0 表示黑色，255 表示白色。灰度图像具有丰富的黑白色调，也是将彩色图像转换成位图模式的过渡模式。

3）双色调模式

双色调模式是指在灰度模式图像中添加 1～4 种油墨，使图像变换为特殊的彩色图像，常用于为灰度图像着色。因此要将图像转换成双色调模式，必须先将其转换成灰度模式。在图 1－8 所示的子菜单中单击【双色调】命令，弹出“双色调选项”对话框，单击“类型”下拉列表框，从中最多可选择 4 种油墨为灰度图像着色，如图 1－10 所示。

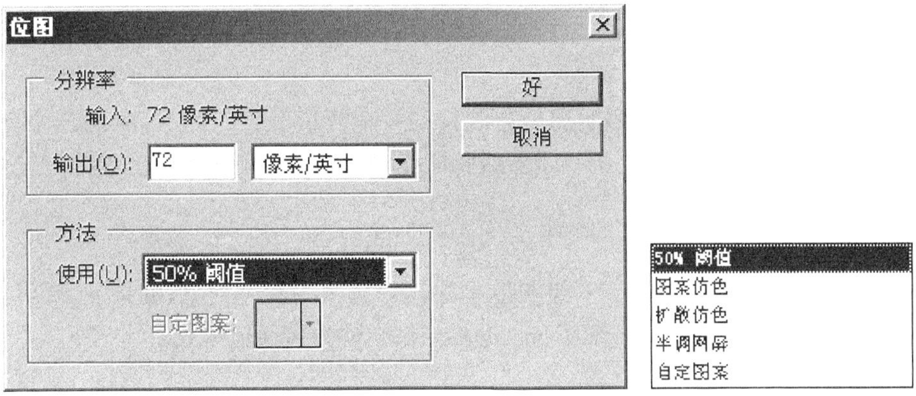

(a) “位图”对话框　　(b) 5种转换方式

图 1－9　位图模式

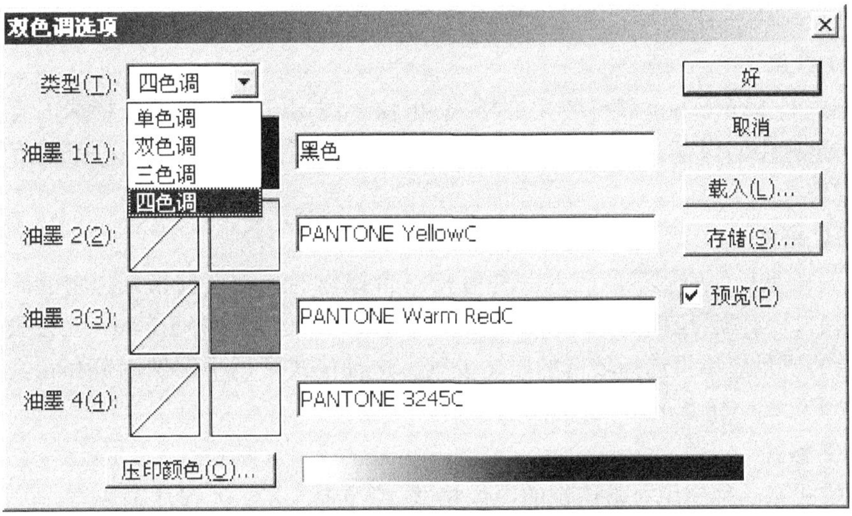

图 1－10　“双色调选项”对话框

4）索引颜色模式

在索引颜色模式的图像文件中仅包含 256 种颜色。由于索引颜色模式可以在保持图像视觉效果的同时又能减小文件容量，所以常用于制作多媒体动画或者网页设计。

5）RGB 颜色模式

RGB 颜色模式由红(Red)、绿(Green)、蓝(Blue)三种原色组成，每种原色有 0～255 种色调，三种原色混合后生成 256×256×256 种颜色，总计近 1680 万种颜色。

RGB 模式是计算机显示模式，图像文件较小，节省内存与空间，可以使用 Photoshop 所有的命令和滤镜。但是由于 RGB 的色彩太丰富，其中有些色彩在印刷时无法被表现出来，因此 RGB 模式的图像必须转换成 CMYK 模式方可印刷。

6）CMYK 颜色模式

CMYK 颜色模式由青色(Cyan)、洋红色(Magenta)、黄色(Yellow)、黑色(Blank)组成，是标准的印刷模式，也是打印机采用的模式。

由于 CMYK 模式在显示上与 RGB 模式没有什么区别，而占用内存和空间较多，且许多

Photoshop 的命令和滤镜都不能使用，因此在编辑图像时为了提高制作效率，常用 RGB 模式，在输出时再转换成 CMYK 模式。

7）Lab 颜色模式

Lab 颜色模式实际上是国际照明委员会制订的一个衡量颜色的标准，由于这种模式与设备无关，因此可解决由于使用不同的显示器或打印设备所造成的颜色复制的差异，最适合用于不同系统设备之间的图像转换。

8）多通道模式

多通道模式的每个通道使用 256 级灰度来保存图像中的颜色信息，如果从 RGB、CMYK 或 Lab 图像中删除一个通道时，系统便会自动将图像转换为多通道模式。

1.2.3 常用图像文件格式

用 Photoshop 软件编辑处理图像时，由于图像的来源不同，如可来自于扫描仪、数码相机、图像捕捉软件等，以及图像输出目的的不同，需要使用多种图像文件格式。这些图像文件格式各有特点，Photoshop 所支持的图像文件格式多达 20 余种，部分常用图像文件格式简介如下：

1）PSD 格式

PSD 格式是 Photoshop 软件专用的格式，可保存图层、通道、蒙版等特殊内容，因此适用于图像编辑过程中的保存，以方便继续编辑。但是由于这种格式含有较多的图像信息，因此图像文件容量较大。

2）JPEG 格式

JPEG 格式是目前应用最广泛的一种可跨平台操作的压缩文件格式。它的压缩性很强，但由于采用的是"有损"压缩方案，所以尽管这种格式的图像文件容量较小，但会丢失数据，为了保证图像的质量应尽量选择较低的压缩级别。这种格式常用于图像浏览和超文本文档，也常用于保存 Photoshop 编辑好的图像文件。

3）TIFF 格式

TIFF 格式是一种应用非常广泛的图像格式，它支持 LZW 无损压缩方案，便于不同应用程序和计算机平台之间的交换。大多数图像处理软件都支持这种格式，特点是图像质量高但文件的容量也很大。

4）GIF 格式

GIF 格式是一种用 LZW 无损压缩的格式，并且支持具有透明背景的图像。由于它最多只能保存 256 种颜色，所以这种格式的文件很小，适用于网络传输。

5）BMP 格式

BMP 格式是 Windows 系统下的标准图像文件格式，因此很多 PC 应用软件都支持这种格式。

1.3 图像文件的基本操作

1.3.1 文件的基本操作

启动 Photoshop 后在它工作界面上没有显示任何图像文件，所以需要新建一个图像文件或者打开一个图像文件。

1）新建文件

新建文件实际上就是建立一个空白的图像，操作步骤如下：

（1）单击窗口菜单【文件】/【新建】命令，弹出“新建”对话框，如图 1－11 所示。

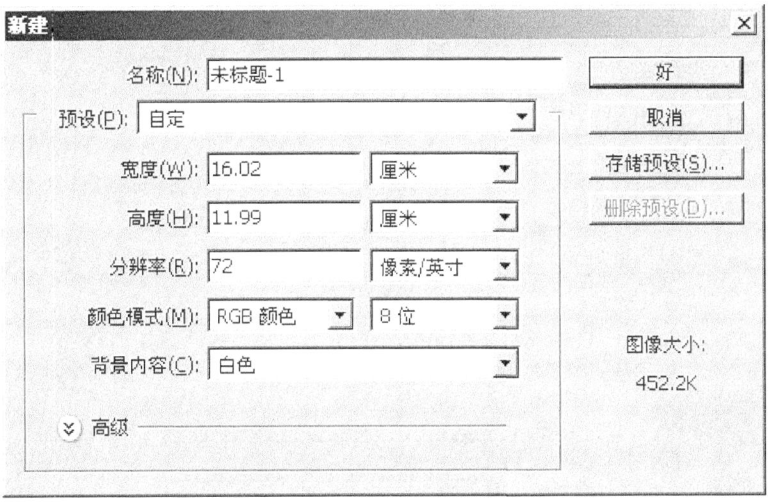

图 1－11 “新建”对话框

（2）在对话框中选择或输入下列参数：

① 名称　框中显示的是系统默认文件名，可以在此重新输入新建文件的名称。

② 预设　在下拉列表框中存放着系统预设的多种图像尺寸，也可在“宽度”、“高度”数字框中输入所需要的图像尺寸，在“分辨率”框中输入所需要的分辨率，并从它们右方的“单位”下拉列表框中选择一种合适的“单位”。

③ 颜色模式　在下拉列表框中显示有 5 种色彩模式供选择。

④ 背景内容　为新建的图像文件设置一种背景颜色，在下拉列表框中有 3 种不同背景内容供选择，其效果如图 1－12 所示。

(a) “白色”背景效果　(b) “背景色”背景效果　(c) “透明”背景效果

图 1－12 背景内容

2）打开文件

方法一：单击窗口菜单【文件】/【打开】命令，弹出“打开”对话框，如图 1－13 所示。

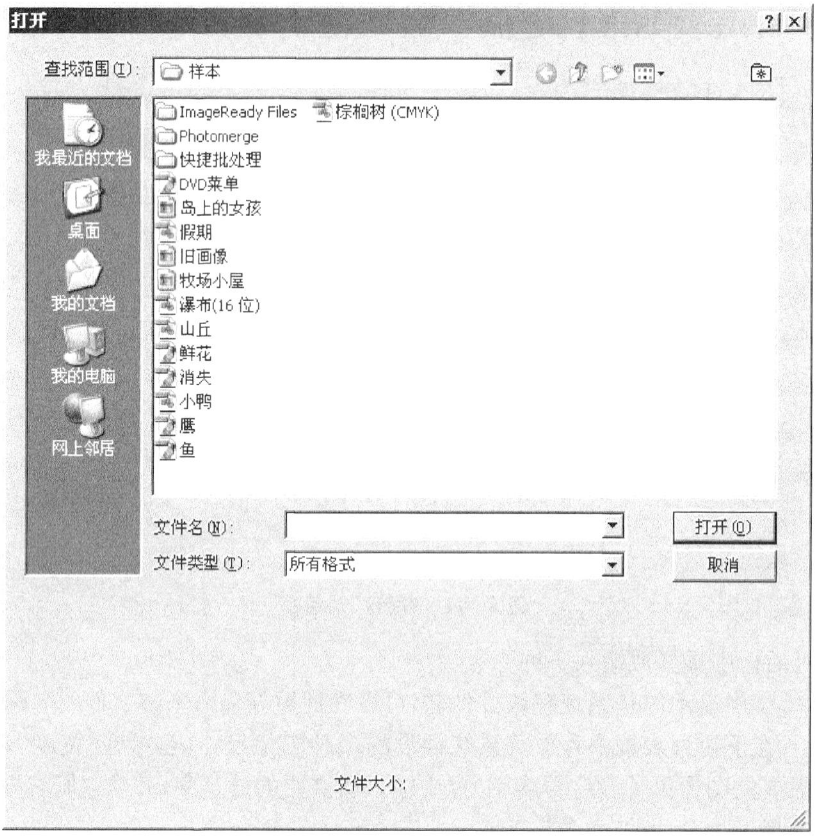

图 1－13 “打开”对话框

在“打开”对话框中选择所要打开的文件的存放路径、文件的格式和文件名。通常沿着路径“C:\Program Files\Adobe\Photoshop CS\样本”可打开 Photoshop 自带图片库中的图片素材。

方法二：单击窗口菜单【文件】/【最近打开文件】命令，在弹出的子菜单中记录着最近打开过的文件名，单击其中的文件名可以快捷地打开最近处理过的文件。

方法三：单击窗口菜单【文件】/【浏览】命令，弹出如图 1－14 所示的“文件浏览器”，在左窗格中选择文件的存放路径，在右窗格中浏览图片，双击图片或直接将选中的图片拖放到 Photoshop 窗口中，就可打开该图片。

3）保存文件

方法一：单击窗口菜单【文件】/【存储】命令，弹出“存储为”对话框，从中选择文件存储路径、文件的格式和文件名，单击“保存”按钮，即可保存新建立的图像文件。

方法二：单击窗口菜单【文件】/【存储为】命令，弹出“存储为”对话框，操作方法同方法一，该命令适用于将当前编辑的文件换名存储或转换成其他图像文件格式存储。

方法三：单击窗口菜单【文件】/【存储为 Web 所用格式】命令，弹出“存储为 Web 所用格式”对话框，在对话框中可以对图像做存储前的优化，形成高质量的网络图形，然后以适合于网络传输的 JPEG、GIF、PNG 等图像文件格式保存。

图 1－14 “文件浏览器”

4）关闭文件

方法一：单击图像窗口标题栏上的“关闭”按钮 ✕，或单击窗口菜单【文件】/【关闭】命令，关闭当前文件。

方法二：单击窗口菜单【窗口】/【文档】/【关闭全部】命令，关闭当前打开的全部文件。

对于编辑后尚未保存过的文件，在关闭前会弹出如图 1－15 所示的对话框，提示用户选择合适的操作。

图 1－15 关闭文件前的提示对话框

【知识扩展】

➢ 在 Photoshop 窗口中的空白区域双击鼠标，直接弹出“打开”对话框；按住＜Ctrl＞键同时双击鼠标，直接弹出“新建”对话框；按住＜Alt＞键同时双击鼠标，直接弹出“打开为”对话框。

➢ Photoshop CS 改进了文件浏览器，以帮助用户快速预览、标记和排序图像，搜索和编辑元数据及关键字，以及从文件浏览器自动共享成批文件。利用文件浏览器可以像在 ACDSee 等其他图像浏览器中一样，来浏览、组织和管理图片文件。

1.3.2　图像显示与控制

1）屏幕显示方式

Photoshop 有三种屏幕显示方式，其中默认显示模式为“标准屏幕模式”。用鼠标单击工具箱下方“屏幕显示转换按钮”，可以在“标准屏幕模式”、“带有菜单栏的全屏模式”、“全屏模式”之间切换。

2）图像的放大与缩小

在编辑图像的过程中，有时为了更仔细地观察编辑效果，经常需要对图像做缩放操作。常用缩放操作方法简介如下：

方法一：用“缩放工具”操作。

单击工具箱中的“缩放工具”，在属性栏选择按钮，在图像窗口中单击一次，图像放大一级；在属性栏选择按钮，在图像窗口中单击一次，图像缩小一级。重复操作，图像逐级放大或缩小。

方法二：在导航器控制面板上操作。

默认状态，导航器控制面板自动显示在窗口的右侧，若被关闭了，可以单击窗口菜单【窗口】/【导航器】命令打开导航器控制面板，导航器控制面板如图 1－16 所示。

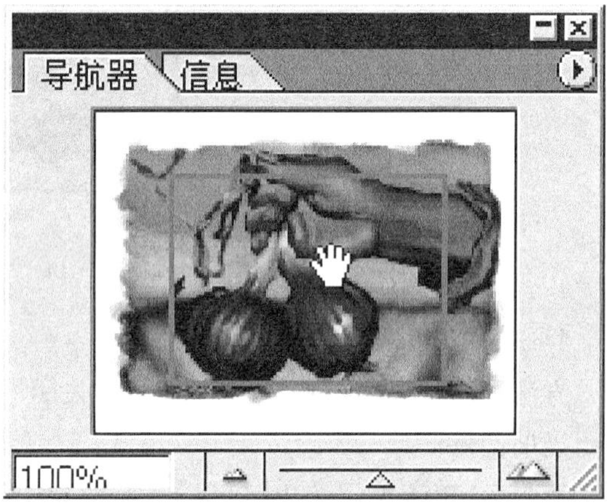

图 1－16　导航器控制面板

在导航器控制面板上单击按钮，图像放大一级；单击按钮，图像缩小一级。直接拖动比例轴上的滑块，显示比例跟随放大或缩小。如将鼠标移入“红框”内，鼠标指针变为手形，当拖曳鼠标改变“红框”位置时，图像窗口中的显示范围也跟随改变。

3）图像的查看

当图像放大到一定比例时，图像就不能完全在窗口中显示出来，此时可单击工具箱中的“抓手工具”在图像中拖曳鼠标，图像便会跟随鼠标的移动而改变显示范围。

【知识扩展】

不论当前选用了何种工具，只要按住＜Ctrl＞＋“空格键”不放，鼠标指针就会自动变为放大显示工具；按住＜Alt＞＋“空格键”不放，鼠标指针就会自动变为缩小显示工具；而按住“空格键”不放，鼠标指针就会自动变为抓手工具。熟记这些快捷键可以方便地在图像编辑过程中查看图像。

1.3.3　图像与画布的调整

1）图像大小的调整

图像大小的调整包括“输出尺寸”与“分辨率”两项内容，单击窗口菜单【图像】/【图像大小】命令，弹出如图 1－17 所示的“图像大小”对话框，调整其中的参数可改变当前图像的初始参数。

对话框中各项参数简介如下：

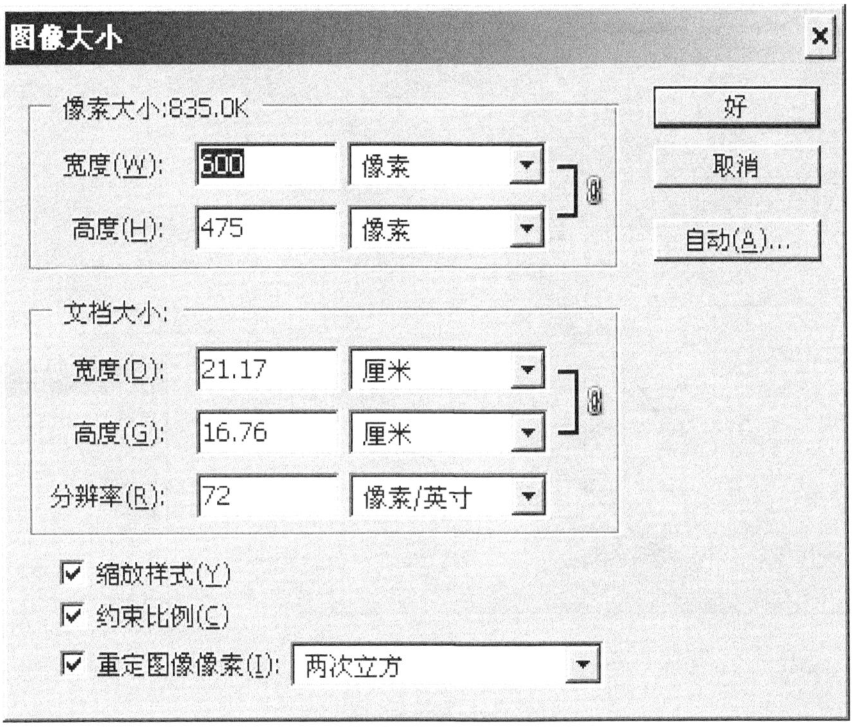

图 1－17 “图像大小”对话框

(1) 像素大小　所显示的数据为当前图像的宽度和高度值，以“像素”为单位。可以输入新的宽度和高度值，也可以单击右侧的下拉列表框，从中选择“百分比”为单位。

(2) 文档大小　所显示的数据为图像文件打印输出时的尺寸和分辨率，也可以输入新的数值和重新选择单位。

(3) 缩放样式　如果图像中带有应用了样式的图层，选中该项，并同时选中了“约束比例”，当图像大小发生变化时图层样式跟随调整。

(4) 约束比例　选中该项，在宽度和高度选项右侧出现一个“链接”标志 ，表示两者之间存在“链接”关系。修改其中一个数据时另一数据会同时成比例改变。

(5) 重定图像像素　选中该项，当图像大小发生变化时可选择一种调整像素数目的方案，在下拉列表框中共有 5 种方案供选择。

2）画布尺寸的调整

位于图像窗口内的工作区域称作画布，单击窗口菜单【图像】/【画布大小】命令，弹出如图 1－18 所示的“画布大小”对话框，调整其中的参数可以改变画布的尺寸和颜色。

对话框中各项参数简介如下：

(1) 当前大小　显示的数据为当前画布的宽度和高度尺寸。

(2) 新建大小　用于输入新画布的尺寸，正值扩大画布，负值缩小画布。如选中“相对”复选框，输入的数据表示是新画布相对当前画布增加或缩小的值。

(3) 定位　指定当前画布与新画布之间的相对位置，其中白色小方块为当前画布区域，带有箭头的区域为新画布区域。单击其中任意一个方块，即可改变当前画布与新画布之间的相对位置，如图 1－19 所示。

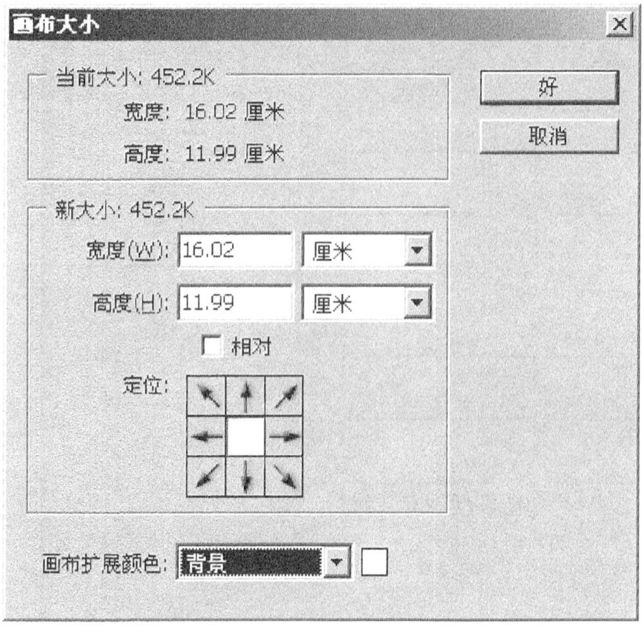

(a) "画布大小"对话框

(b) "画布扩展颜色"选项

图 1－18　画布尺寸的调整

(a) 原图像

(b) 新画布围绕在原图像的四周

(c) 新画布放置在原图像的下方

图 1－19　当前画布与新画布之间的相对位置

(4) 画布扩展颜色　用于确定新扩展的画布颜色，可以在下拉框中选择默认选项，也可以单击“其他”，从弹出的拾色器中选择所需要的新画布颜色。

如果输入的新画布尺寸小于原图像，会弹出如图 1－20 所示的对话框，用于确认是否对图像进行剪切。

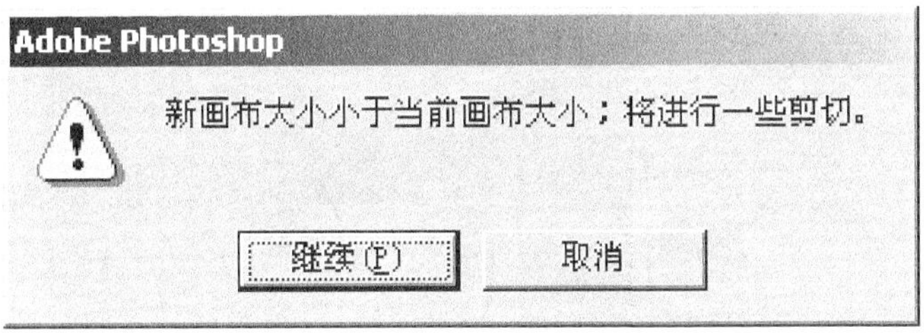

图 1－20　确认剪切对话框

3）旋转画布

单击窗口菜单【图像】/【旋转画布】命令，弹出旋转画布的子菜单，如图 1－21(a)所示。图像在旋转过程中如果超出原有画布的范围，会自动将画布撑大，如图 1－21(b)所示。

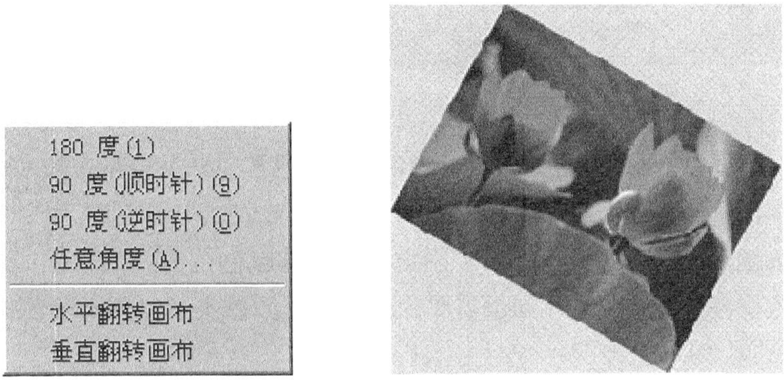

(a) 旋转画布子菜单　　(b) 将画布旋转45度后的效果

图 1－21　旋转画布

1.3.4　颜色的选取

初次进入 Photoshop，默认的前景色与背景色分别为黑色与白色，在图像编辑过程中可以通过多种途径选取所需要的颜色。

1）利用色彩控制工具组

色彩控制工具组位于工具箱的下半部分，如图 1－22 所示。

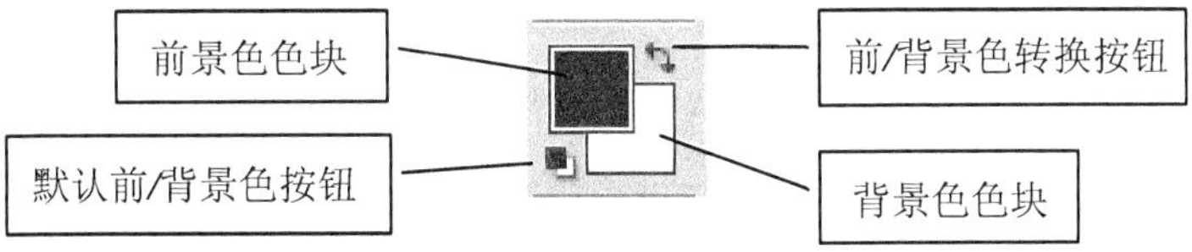

图 1－22　色彩控制工具组

在色彩控制工具组中单击 按钮，将前景色和背景色恢复至默认状态；单击 按钮，将当前的前景色与背景色交换；单击前景色或背景色色块，弹出如图 1－23 所示的“拾色器”对话框。

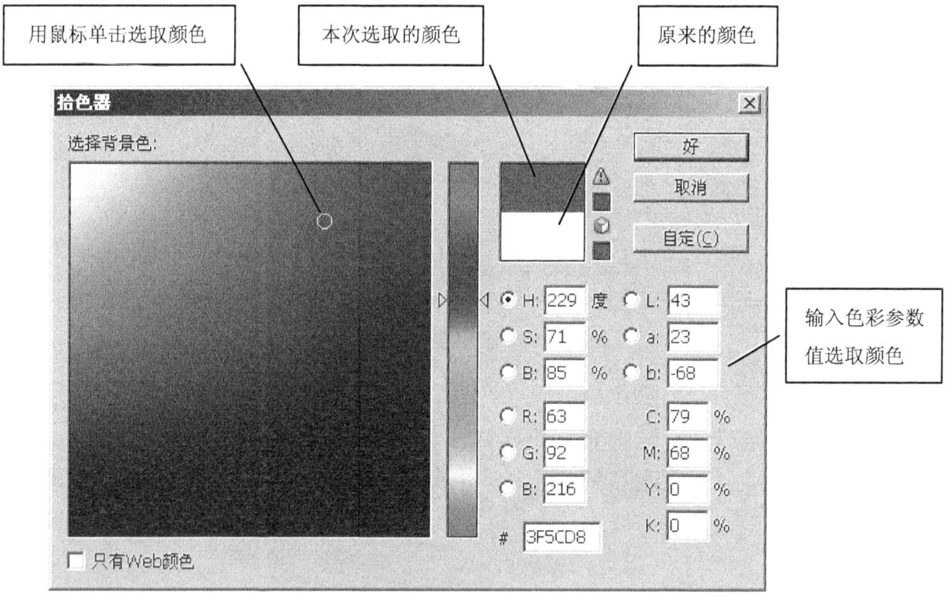

图 1-23 "拾色器"对话框

用鼠标在对话框左侧的色域中单击,或者在右侧的色彩模式数值框中输入色彩参数值,可以选取所要的颜色。当所选颜色超出了打印输出范围,对话框中出现⚠符号,并建议用其下方色块替代所选颜色。当所选颜色超出了网页所允许的颜色范围,对话框中出现◎符号,并建议用其下方色块替代所选颜色。如果需要确保选取的颜色不超出网页颜色的范围,可单击"只有 Web 颜色"复选框。

2)利用颜色控制面板

默认状态,颜色控制面板自动显示在窗口的右侧,若被关闭了,可以单击窗口菜单【窗口】/【颜色】命令打开颜色控制面板。颜色控制面板如图 1-24 所示。

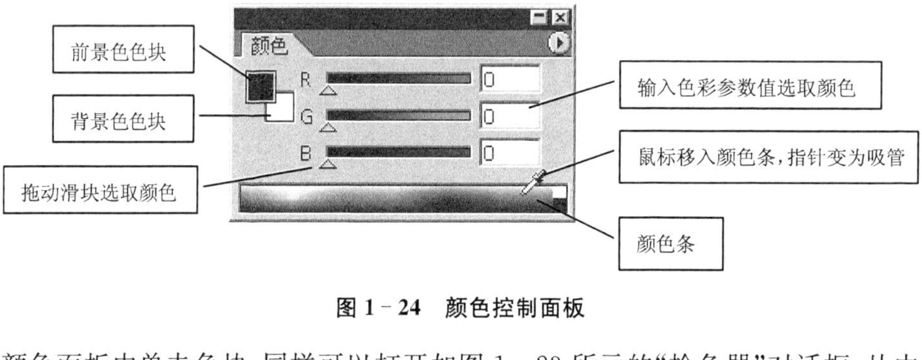

图 1-24 颜色控制面板

在颜色面板中单击色块,同样可以打开如图 1-23 所示的"拾色器"对话框,从中选取颜色。也可以拖动滑块,或直接在右侧的数值框中输入色彩参数值选取颜色。当将鼠标移入颜色条,鼠标指针变为吸管,单击鼠标可直接选取颜色。

3)利用色板控制面板

默认状态,色板控制面板与颜色控制面板在同一面板组,它由不同的色块组成,移动鼠标靠近色块，鼠标指针变为，同时显示该色块的色彩名称，如图 1－25 所示。

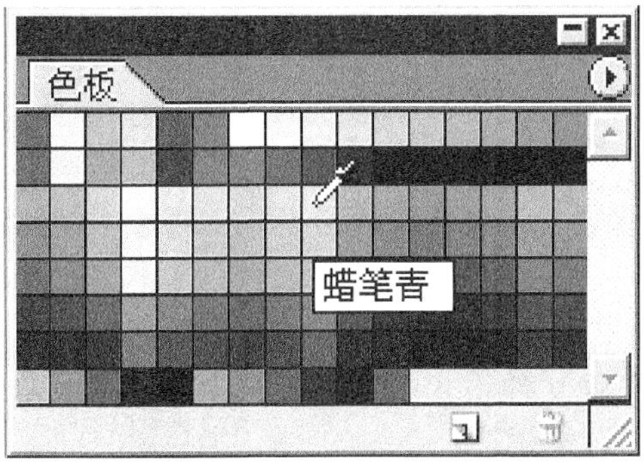

图 1－25　色板控制面板

利用色板控制面板可以很方便地设置常用颜色，操作方法简介如下：

(1) 选取前景色　在色板中单击色块。

(2) 选取背景色　按住<Ctrl>键的同时在色板中单击色块。

(3) 从色板中减去色块　按住<Alt>键的同时移动鼠标到色板上，鼠标指针变为时单击色块。

(4) 向色板中添加色块　移动鼠标到色板上空白区域，鼠标指针变为，单击鼠标可将当前的前景色添加到色板中，同时弹出"色板名称"对话框，要求为新添加的色块输入名称。

(5) 复位色板　单击色板控制面板菜单按钮，在弹出的菜单中单击"复位色板"命令。

4）使用吸管工具

使用"吸管工具"可以直接在图像中吸取所需要的颜色。在工具箱中单击"吸管工具"，移动鼠标到图像中单击所选颜色，吸取的颜色被设置为前景色，按住<Alt>键的同时单击所选颜色，则吸取的颜色被设置为背景色，并且随着鼠标在图像窗口中的移动，信息控制面板上的色彩参数也跟随变化。

【知识扩展】

在对图像编辑的过程中，有很多界面上都显示有"色块"，此时只要单击"色块"均能打开颜色拾色器，选取所需要的颜色。

本章小结

本单主要介绍了 Photoshop 的工作界面和 Photoshop 的基本操作方法以及图像与色彩的基础知识。

通过本章的学习，应该熟悉 Photoshop 工作界面的组成其及作用，包括工具箱、控制面板、属性栏等；掌握图像文件的基本操作，包括新建文件、打开文件和存储文件等，并学会图像的显示与控制、图像与画布的调整和颜色的选取等操作。同时，为了真正用好 Photoshop 软件，还应该了解图像文件格式的概念和色彩模式的概念。

习　题

1. Photoshop 工作界面主要由哪几部分组成？

2. 有几种方法可以选中工具组中隐藏的工具？当在工具箱中选中了一个工具后，鼠标指针会发生什么变化？如何改变鼠标指针？

3. 位图的特点是什么？试分析图像分辨率、图像尺寸、图像大小三者之间的关系。

4. 通常较高的图像分辨率可以提高图像显示质量，那么图像分辨率是不是越高越好？为什么？

5. 用于屏幕显示的图像通常采用何种色彩模式？用于印刷的图像、网络的图像该采用何种色彩模式？为什么？

6. 如何将一幅 RGB 模式的图像转换成位图模式？

7. Photoshop 专用的图像文件格式是哪种？它有何特点？当一幅图像编辑完成后选用哪种文件格式保存比较合适？为什么？

2 图像的编辑

在 Photoshop 中，利用绘图工具可以绘制各种图形；利用编辑工具可以对图像做加深、减淡、锐化、涂抹和擦除等操作；利用油漆桶工具、渐变工具和图章工具等可以在图像中添加图形，填充颜色，填充图案，以产生一些特殊的艺术效果；利用历史记录控制面板可以撤消或恢复以前的多步操作，以方便图像的编辑。

同时，在 Photoshop 中如要对图像进行编辑应先确定编辑区域，用选框工具组、套索工具组和魔棒工具可选定编辑区域；通过选取工具属性栏参数的设置和选择菜单命令的应用，可以对选区做增、减操作；还可以用添加快速蒙版的方法对选区做修正操作。

本章重点：

(1) 选区的建立与编辑；

(2) 快速蒙版的建立与编辑；

(3) 绘图工具的功能和使用方法；

(4) 填充与描边的操作；

(5) 各种编辑工具的功能和使用方法；

(6) 历史记录面板的功能和使用方法。

2.1 选择区域

在图像中确定选择区域是通过工具箱中的"选取工具"来进行操作的，这些工具分为三组，分别为选框工具组、套索工具组和魔棒工具，如图 2－1 所示。

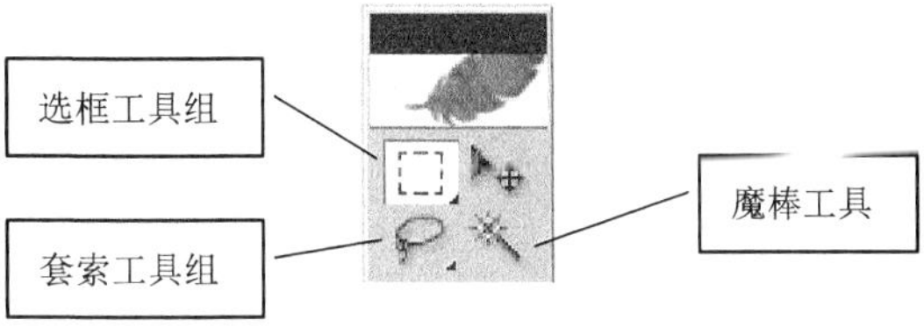

图 2－1 选择工具

在选框工具组中包括：矩形选框工具、椭圆选框工具、单行选框工具和单列选框工具，主要用于规则区域的选取。套索工具组包括：套索工具、多边形套索工具和磁性套索工具，主要用于不规则区域的选取。而魔棒工具主要利用图像中颜色的差别进行选取。将鼠标指针移动到选框工具组或套索工具组上，按住鼠标左键不放或单击鼠标右键，可弹出各个工具组面板，如图 2－2 所示。

(a) 选框工具组　　(b) 套索工具组

图 2－2 工具组

2.1.1 选框工具的使用

1）矩形选框工具

在工具箱的选框工具组中单击“矩形选框工具”，当鼠标指针变为“十”字形后在图像窗口中单击并拖曳鼠标，框出一个矩形选择区域，如图 2－3 所示。

2）椭圆选框工具

在工具箱的选框工具组中单击“椭圆选框工具”，当鼠标指针变为“十”字形后在图像窗口中单击并拖曳鼠标，框出一个椭圆形选择区域，如图 2－4 所示。

图 2－3 矩形区域

图 2－4 椭圆形区域

3）单行与单列选框工具

在工具箱的选框工具组中单击“单行选框工具”，在图像窗口中单击，选择了含有一个像素高的单行选择区域；当单击“单列选框工具”，在图像窗口中单击，则选择了含有一个像素宽的单列选择区域，如图 2－5 所示。

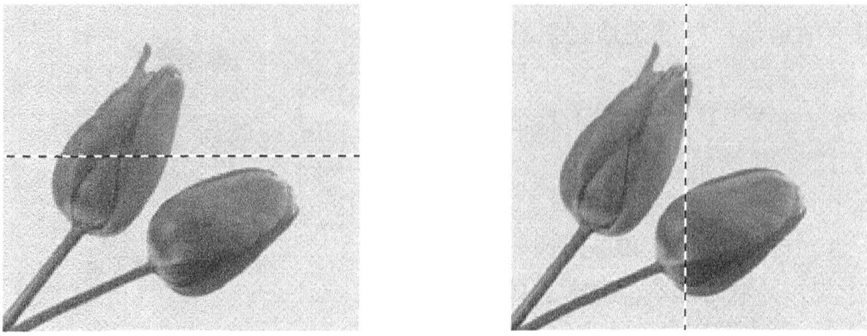

(a) 单行选择区域　　(b) 单列选择区域

图 2－5 单行与单列选择区域

【知识扩展】

在选用了“矩形选框工具”或“椭圆选框工具”后，按住<Shift>键的同时在图像窗口内拖曳鼠标，可创建一个正方形或圆形选区；按住<Alt>键的同时在图像窗口内拖曳鼠标，可创建一个以鼠标单击点为中心的矩形或椭圆形选区；按住<Shift＋Alt>键的同时在图像窗口内拖曳鼠标，可创建一个以鼠标单击点为中心的正方形或圆形选区。

4）选框工具属性栏的设置

当在选框工具组中选择了不同的工具后，属性栏的参数也会跟随改变，但其中主要参数设置方法相近。以图 2－6 所示的“矩形选框工具”属性栏为例，将选框工具属性栏上主要参数的功能简介如下。

图 2－6 “矩形选框工具”属性栏

（1）“新选区”按钮 单击该按钮表示创建一个新选区，为系统默认状态，效果如图 2－7(a)所示。

（2）“添加到选区”按钮 单击该按钮后进行选择，表示将新选区加入到已有选区中去组成一个新的选区，效果如图 2－7(b)所示。

（3）“从选区减去”按钮 单击该按钮后进行选择，表示从原有选区中减去与新选区重合的部分得到一个新选区，效果如图 2－7(c)所示。

（4）“与选区交叉”按钮 单击该按钮后进行选择，表示只保留新选区与原有选区相交的部分，得到一个新的选区，效果如图 2－7(d)所示。

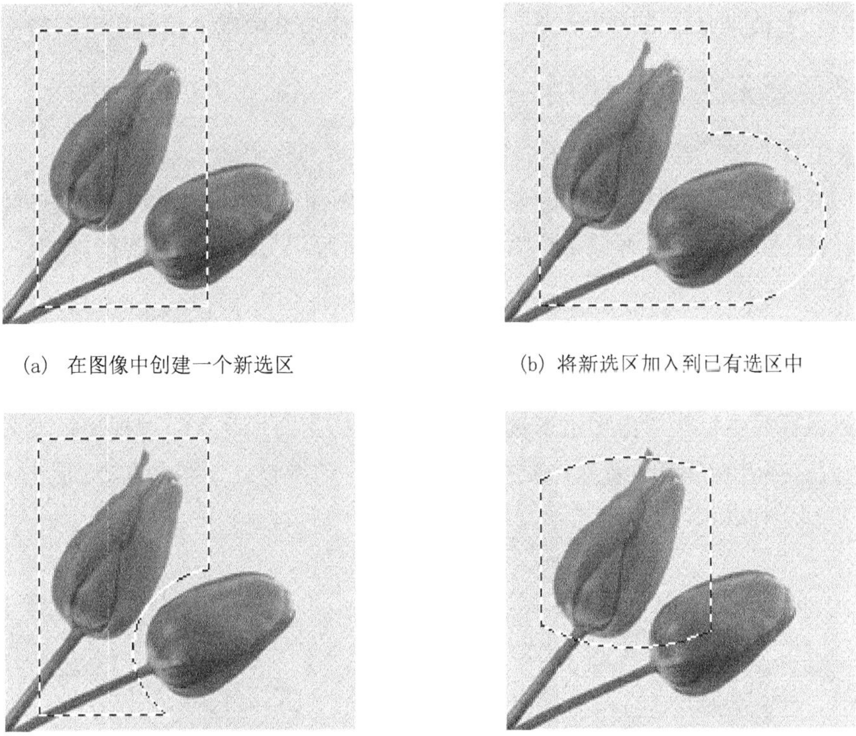

(a) 在图像中创建一个新选区

(b) 将新选区加入到已有选区中

(c) 从选区中减去新选区

(d) 由两个选区相交部分组成一个选区

图 2－7 选区增减的操作

（5）羽化 用于在选区边界设置渐变晕开的柔和效果，是复制选区时经常选用的参数。“羽化”值的单位是像素，在文本框内输入的数值越大羽化边界越宽，数值为零时表示不进行羽化。一般应先设置好羽化值后再创建选区，但是也可以通过单击窗口菜单【选择】/【羽化】命令，在弹出的“羽化选区”对话框中为未设置羽化值的选区增加羽化效果。对选区分别设置了“羽化”值为“0”和“15”，所产生的效果如图 2－8 所示

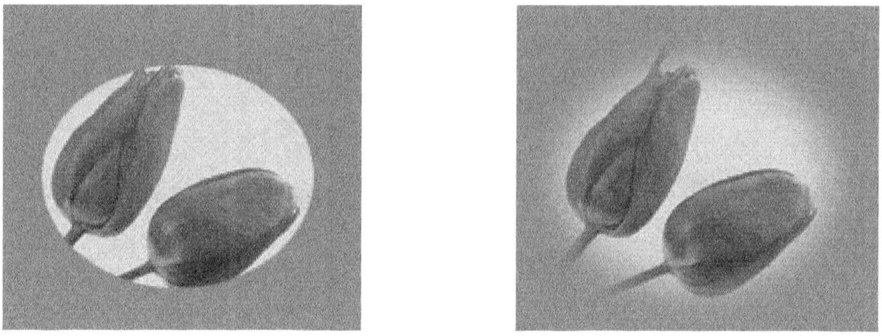

(a) “羽化”值为“0”的效果　　(b) “羽化”值为“15”的效果

图 2－8　羽化效果

（6）消除锯齿　选中该项可以使选择区域的边界变平滑，仅对椭圆选框工具有效。

（7）样式　在下拉列表框中有三种选项供选择，默认为“正常”。如选择“固定长宽比”，可在右方的数值框中输入值来约束选区的长、宽之比。如选择“固定大小”，可在右方的数值框中输入选区的高、宽值来确定选区的大小，此时只要在图像窗口中单击鼠标便可获得选取范围。

2.1.2　套索工具的使用

1）套索工具

在工具箱的套索工具组中单击“套索工具”，在图像窗口中按住鼠标左键并自由拖曳鼠标选择所需的任意曲线区域，释放鼠标后系统会自动将起点与终点进行连接，形成一个闭合的区域，如图 2－9 所示。

2）多边形套索工具

在工具箱的套索工具组中单击“多边形套索工具”，在图像窗口中单击鼠标确定多边形的起点，释放鼠标后再依次单击多边形选区的各个顶点，当回到起点时鼠标指针变为，单击鼠标封闭选区。或者在任意位置双击鼠标，系统也会自动将起点与终点连接，形成一个闭合的区域，如图 2－10 所示。

图 2－9　“套索工具”的使用

图 2－10　“多边形套索工具”的使用

3）磁性套索工具

在工具箱的套索工具组中单击“磁性套索工具”，在图像窗口中单击鼠标确定区域的起点，释放鼠标后沿着图形的边缘移动鼠标，鼠标能根据属性栏上所设置的参数值自动捕捉图像边缘，当回到起点时鼠标指针变为，单击鼠标封闭选区。或者在任意位置双击鼠标，系统也会自动将起点与终点连接，形成一个闭合的区域，如图 2－11 所示。

图 2－11 “磁性套索工具”的使用

4）磁性套索工具属性栏的设置

套索工具属性栏中部分参数与选框工具相同，只是“磁性套索工具”有一些自己特有的参数，如图 2－12 所示。

图 2－12 “磁性套索工具”属性栏

（1）宽度　用来设置磁性套索工具所能探测的边缘宽度，取值范围为 1～256，值越小检测范围越小。

（2）边对比度　用来设置图像边缘与背景颜色的反差程度，取值范围为 1%～100%，值越大颜色的反差越大，选取的区域越精确。

（3）频率　用来设置选区边界的转折点，取值范围为 0～100，节点越多定位越准。

2.1.3　魔棒工具的使用

“魔棒工具”具有利用颜色的差别来确定选取范围的功能，如果要选取的图像边缘颜色反差较大，适合用魔棒工具来选取。

在工具箱上单击“魔棒工具”，并根据图像的特征在属性栏上设定合适的参数，在图像中单击鼠标确定选区范围。使用魔棒工具时需注意以下几点：

（1）即使在属性栏上设置了相同的参数，但如果在图像中的不同地方单击鼠标，被选中的区域也不会相同，如图 2－13 所示。

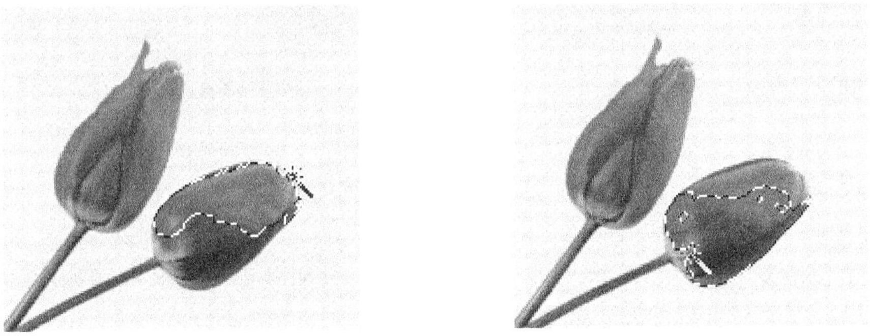

图 2－13 鼠标单击不同位置时的结果

（2）当图像的背景为单色，可先在图像的背景处单击鼠标，然后单击窗口菜单【选择】/【反选】命令，或者直接按＜Shift＋Ctrl＋I＞快捷键，通过反选的方法来选中图像，如图 2－14

所示。

(a) 在背景处单击鼠标，先选中背景　　(b) 反选图像

图 2－14　反选的应用

魔棒工具属性栏中部分参数也与选框工具相同，另有一部分为魔棒工具特有的参数，如图 2－15 所示。

图 2－15　“魔棒工具”属性栏

(1) 容差　用来设置选择颜色的近似程度，取值范围为 0～255。值越小，所选的颜色就越接近，选区范围就越小；值越大，所选的颜色相差越大，选区范围就越大。对于同一幅图像设置了不同的“容差”值，即使在图像中相同的地方单击鼠标，被选取的范围也不相同，如图 2－16 所示。

(a)“容差”值为默认的“32”　　(b)“容差”值为“90”

图 2－16　容差的应用

(2) 消除锯齿　选中该项后可使选择区域的边界变平滑，一般都选。

(3) 连续的　确定容差范围是在“相邻”区域内，或是在“不相邻”的区域内。对于同一幅图像，魔棒工具设置了相同的容差，选中“连续的”复选框所获得的选区范围如图 2－17(a)所示，未选中“连续的”复选框所获得的选区范围如图 2－17(b)所示。

(4) 用于所有图层　选中该项，将在所有图层建立选区，如未选该项，系统仅在当前图层创建选区。

【操作示例 2.1】　分别打开 2－1.jpg、2－2.jpg 图像文件，如图 2－18、图 2－19 所示，通

(a) 选中了“连续的”复选框　　(b) 未选中“连续的”复选框

图 2－17　“连续的”选项应用

过选择区域的操作制作如 2－23 所示的效果图。

图 2－18　2－1.jpg 图像文件

图 2－19　2－2.jpg 图像文件

（1）以 2－1.jpg 图像文件为当前操作窗口，单击“椭圆选框工具”，在属性栏上设置“羽化值”约为 10，按住<Alt>键的同时自图像窗口中心向外拖曳鼠标，创建一个椭圆选区，如图 2－20(a)所示。单击窗口菜单【选择】/【反选】命令，反选选区，如图 2－20(b)所示。

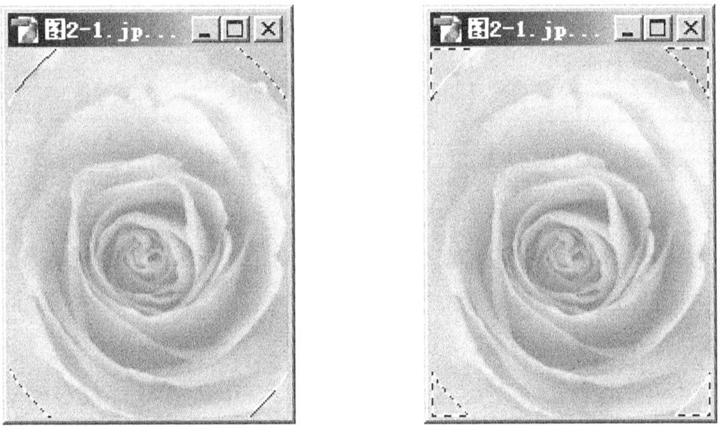

(a) 创建椭圆选区　　(b) 反选选区

图 2－20　在图像中创建选区及反选

(2) 确认当前背景色为白色，按下<Ctrl+Del>键将背景色填充进选区，结果如图 2－21 所示，单击窗口菜单【选择】/【取消选择】命令，取消选区。

图 2－21　将背景色填充进选区

图 2－22　在人物的脸部作一选区

(3) 切换到 2－2.jpg 图像窗口，单击“套索工具”，在属性栏上设置“羽化值”约为 15，在图像中人物的脸部作一选区，如图 2－22 所示。

(4) 单击“选择工具”，将鼠标指针移入选区内并拖曳鼠标，将选区直接拖放至 2－1.jpg 图像窗口中，做复制选区操作，完成后的效果如图 2－23 所示，所对应的图层控制面板如图 2－24 所示。

图 2－23　完成后的效果图

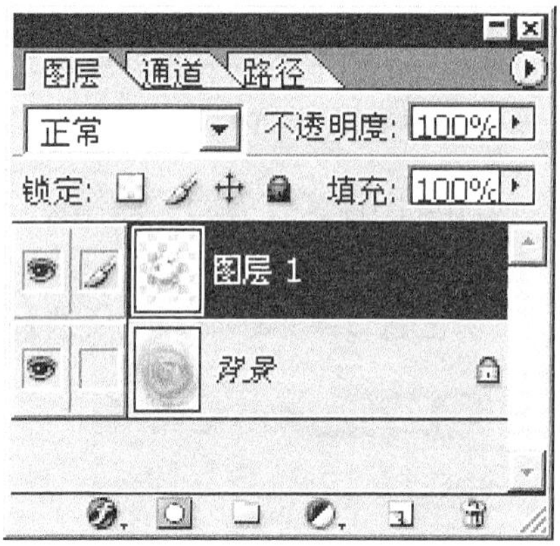

图 2－24　图层控制面板

【知识扩展】

➢ 确认当前已选择了任意一种选取工具，并且属性栏“新选区”按钮被选中，将鼠标指针移入建立好的选区内并拖曳鼠标，所做操作是移动选区的位置，也可以按下键盘上的方向键轻移选区，每按一下移动一个像素的距离。

➢ 如果当前选择了“移动工具”在选区内拖曳鼠标，所做操作是移动选区内的图像；按住<Alt>键同时在选区内拖曳鼠标，所做操作是在本窗口内复制图像；如果将它拖曳至另一个图像窗口，所做操作是在不同窗口内复制图像，如本例步骤(4)。通过【编辑】菜单中的【拷贝】、【剪切】和【粘贴】命令，也可以做复制选区的操作。

➢ 当在图像窗口中粘贴了一个新的对象后，在图层控制面板上将自动产生一个新的图层，如图 2-24 所示。此时如要编辑图像窗口中的对象，应先在图层控制面板上单击所对应的图层，定位在该图层(详细内容参见第 3 章)。

➢ 当图像窗口中存在选区时，当前所做操作仅针对选区范围，因此对选区操作结束后应单击窗口菜单【选择】/【取消选择】命令，或者直接按<Ctrl+D>快捷键，及时取消选区。

2.1.4 编辑选区

编辑选区主要是指通过改变属性栏上的参数，并配合【选择】菜单中的命令，改变选区的范围和边界。

1）修改选区

单击窗口菜单【选择】/【修改】命令，弹出如图 2-25 所示的子菜单，其中包括一组用于修改选区的命令。以图 2-26 为例，在应用了不同的修改选区子命令后，产生的效果如图 2-27 至图 2-30 所示。

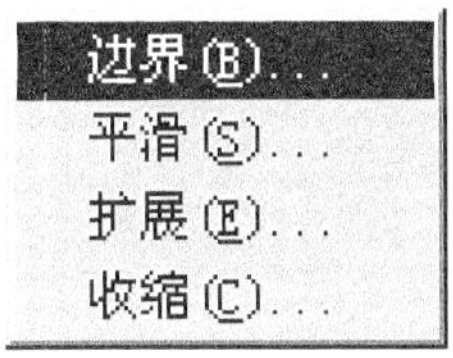

图 2-25　选区修改子菜单

图 2-26　带有选区的图像

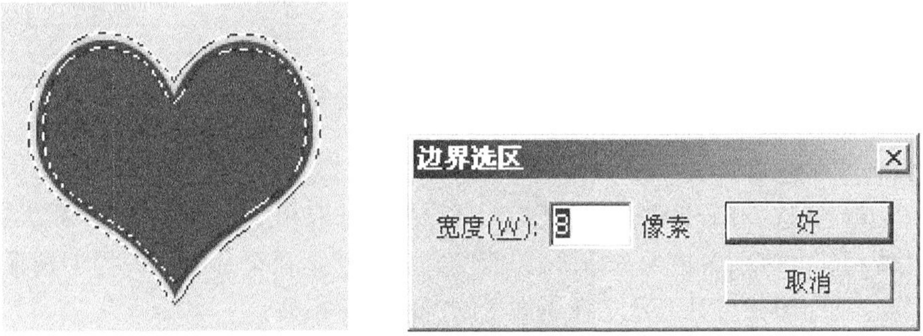

图 2-27　“边界”命令以原选区为中心线向内外对称扩边

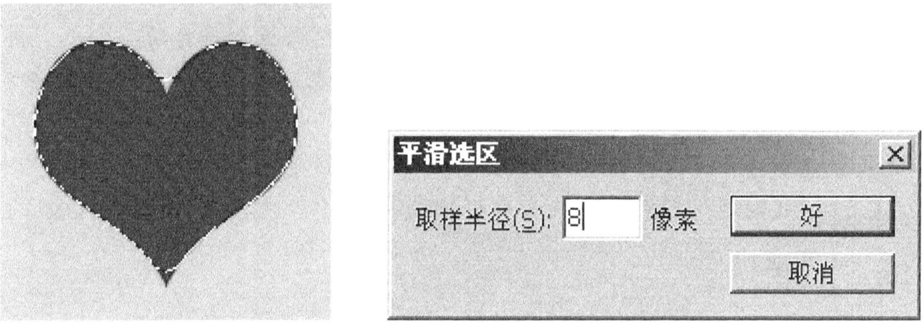

图 2－28 “平滑”命令调整选区转角的尖锐程度

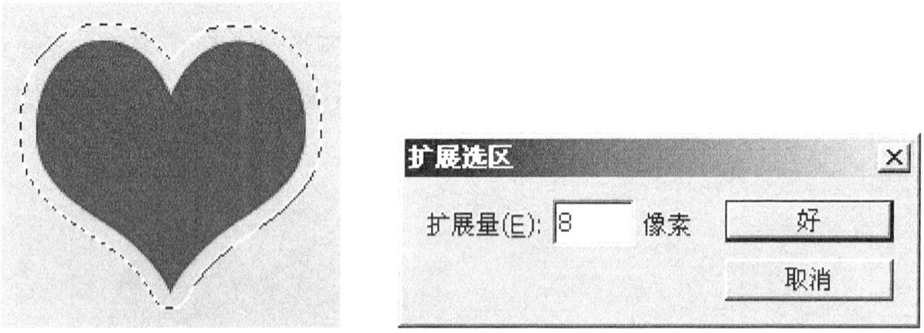

图 2－29 “扩展”命令将选区向外放大

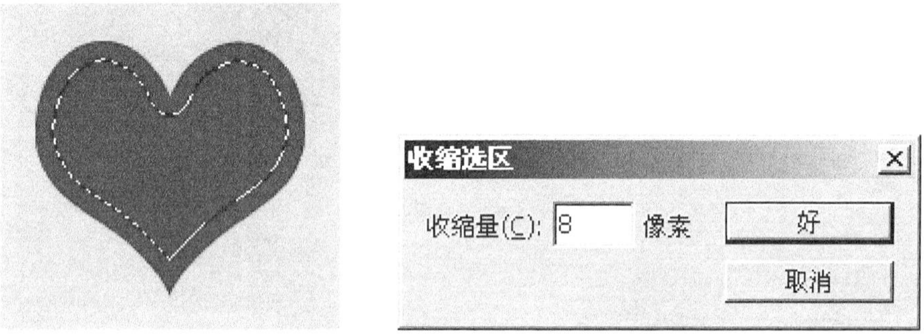

图 2－30 “收缩”命令将选区向内缩小

2）扩大选取和选取相似

在窗口菜单的【选择】命令中包含有【扩大选取】和【选取相似】两个命令。“扩大选取”是指在与选择区域相邻的范围内扩大选择区域，而“选取相似”是在全部图像中扩大选择区域。通常，这两种操作均与魔棒工具以及它在属性栏的“容差”值相关。

【操作示例 2.2】 分别打开 2－3.jpg、2－4.jpg 图像文件，如图 2－31、图 2－32 所示，将 2－3.jpg 图像文件中除蓝色小球之外的图像背景填充为黑色，然后将 2－4.jpg 图像文件中宽度为 5 个像素的紫色叶片轮廓复制进 2－3.jpg 图像文件中，完成后的效果如图 2－40 所示。

(1) 以 2－3.jpg 图像文件为当前操作窗口，单击“魔棒工具”，在属性栏上设置“容差”值约为 50，勾选“连续的”复选框，在图像窗口中对准一个蓝色小球单击鼠标，可以选中小球的一部分，如图 2－33 所示。

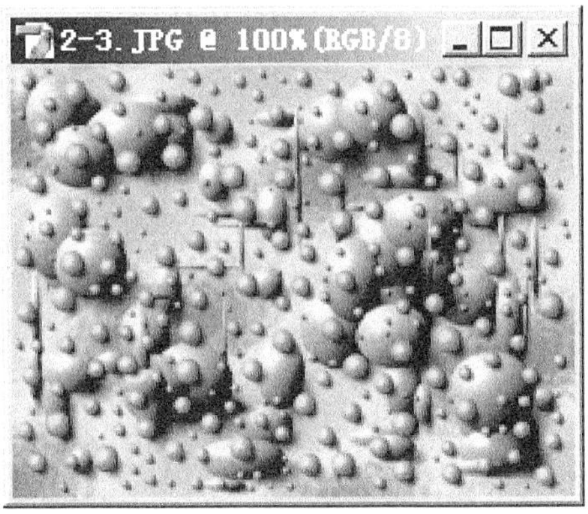

图 2－31　2－3. jpg 图像文件

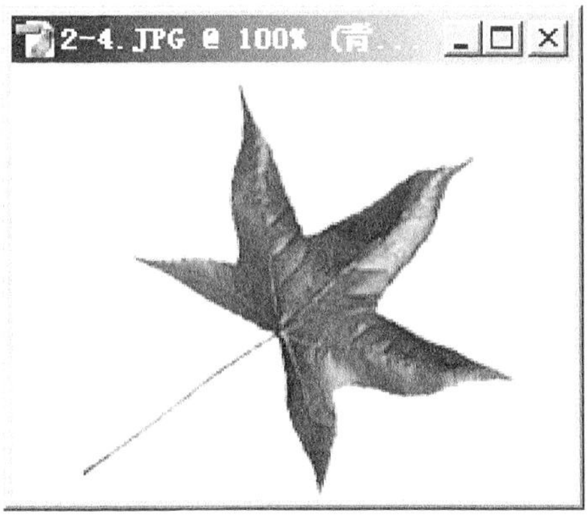

图 2－32　2－4. jpg 图像文件

(2) 单击窗口菜单【选择】/【扩大选取】命令，完整地选中一个小球。如果小球仍然未被全部选中，可以重复执行【扩大选取】命令，直到完整地选中一个小球为止，结果如图 2－34 所示。

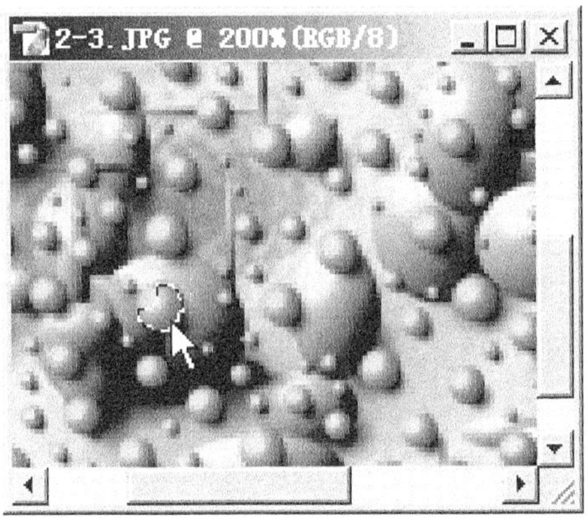

图 2－33　选中小球的一部分

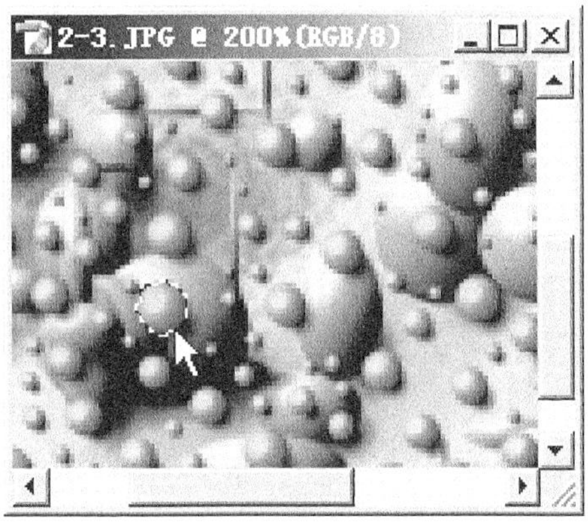

图 2－34　用【扩大选取】命令完整地选中一个球

(3) 单击窗口菜单【选择】/【选取相似】命令，图像窗口中全部蓝色小球均选中，如图 2－35 所示。

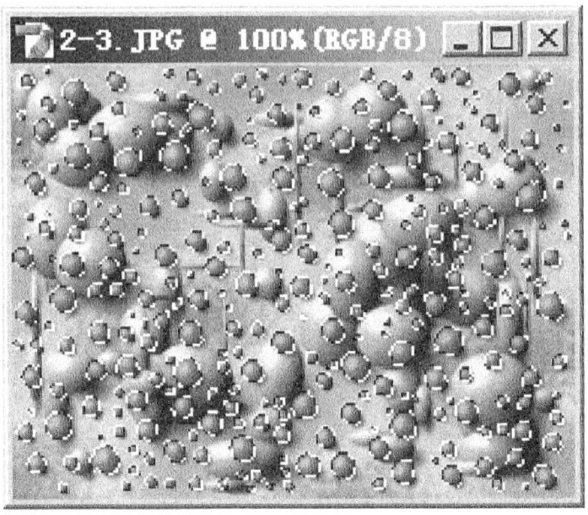

图 2－35　用【选取相似】命令选中全部小球

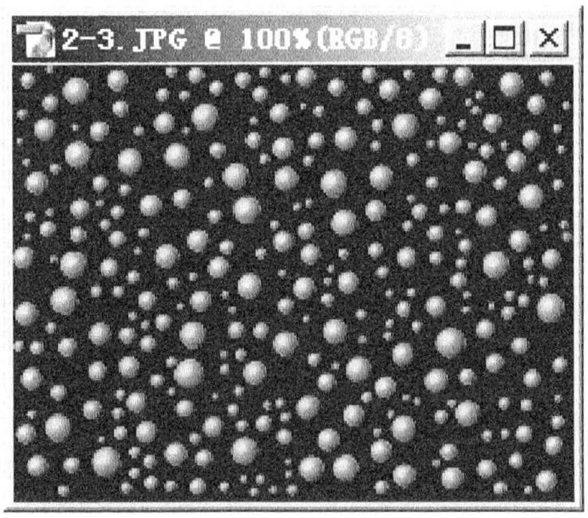

图 2－36　将图像背景填充为黑色

(4) 确认当前前景色为黑色，单击窗口菜单【选择】/【反选】命令，或者直接按＜Shift＋Ctrl＋I＞键反选图像，选中图像背景。按下＜Alt＋Del＞键将前景色填充进选区，按下＜Ctrl＋D＞键取消选区，结果如图 2－36 所示。

(5) 切换到 2－4.jpg 图像窗口，单击“魔棒工具”在图像的背景处单击鼠标，选中图像背景，按下＜Shift＋Ctrl＋I＞键反选图像，选中图像中的叶片，如图 2－37 所示。

(6) 单击窗口菜单【选择】/【修改】/【收缩】命令，在弹出的“收缩选区”对话框中输入“收缩量”为“5”，缩小选区。按下＜Del＞键删除选区中的叶片，仅保留叶片轮廓，按下＜Ctrl＋D＞键取消选区，结果如图 2－38 所示。

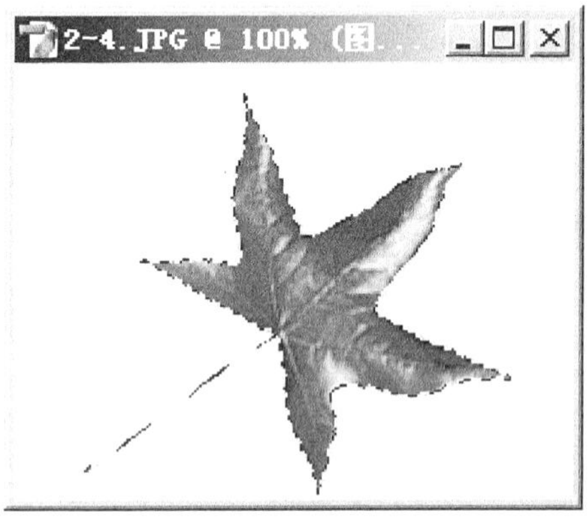

图 2－37　选中图像中的叶片

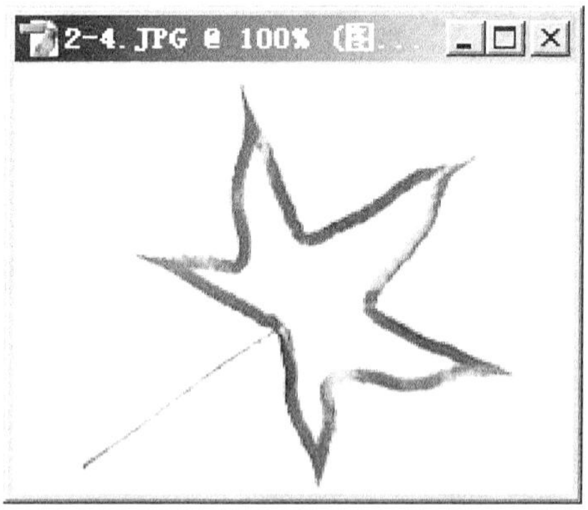

图 2－38　收缩选区，删除选区中的叶片

(7) 单击“魔棒工具”，在属性栏上不勾选“连续的”复选框，在图像的背景处单击鼠标，选中全部图像背景，按下＜Shift＋Ctrl＋I＞键反选图像，选中图像中的叶片轮廓，如图 2－39 所示。

(8) 单击“选择工具”，将鼠标指针移入选区内并拖曳鼠标，将选区拖放至 2－3.jpg 图像窗口中，做复制选区操作，最后效果如图 2－40 所示。

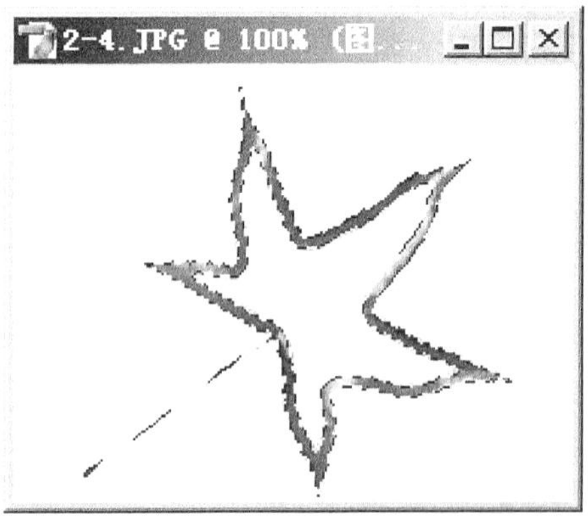

图 2－39　选中图像中的叶片轮廓

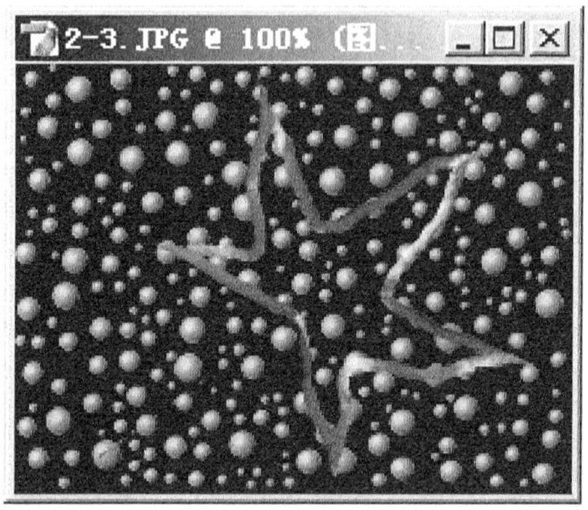

图 2－40　完成后的效果图

【知识扩展】

在图像编辑过程中，为了提高操作效率，常使用快捷键进行填充，按下＜Alt＋Del＞键可在图像中填充前景色，按下＜Ctrl＋Del＞键可在图像中填充背景色。

3）选区的保存与调用

对于已建立的选区，如果需要重复使用可以将其作为一个通道保存起来。单击窗口菜单【选择】/【存储选区】命令，弹出“存储选区”对话框，如图 2－41 所示。

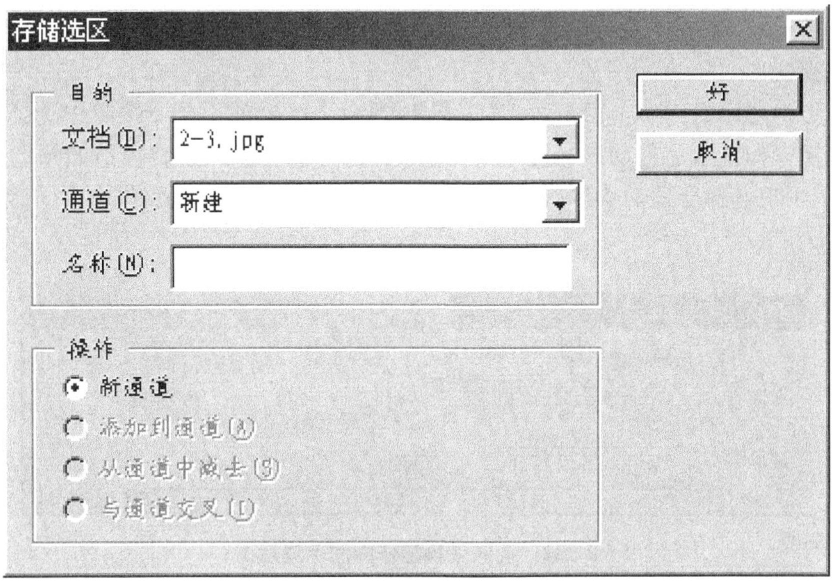

图 2－41　“存储选区”对话框

对话框中各项参数简介如下：

（1）文档　用于输入存放选区的文件名，默认状态选区随当前图像文件保存，也可以在下拉列表框中选择“新建”，将选区保存在一个新文件中。

（2）通道　用于输入存放选区的通道名称，默认为“新建”通道，也可以在下拉列表框中选择一个已有的通道。

（3）名称　用于输入新通道的名称。

（4）操作　用丁确定新选区的通道与原通道之间的运算方式，默认为“新通道”，即仅保留本次存储的选区。

选区保存后应该对存放选区的文件做一次存盘操作，选区才会随文件同时保存。需要调用选区时，可以单击窗口菜单【选择】/【载入选区】命令，在弹出的“载入选区”对话框中选择所要载入的通道名称。

2.1.5　选区的变形操作

单击窗口菜单【编辑】/【自由变换】命令，或者按下＜Ctrl＋T＞键，可以为选区或图层中的对象增加一个控制框，通过鼠标改变控制框的形态，来改变选区或图层中图像的形态。各种变形操作介绍如下：

（1）旋转图像　将鼠标指针移至控制框外，当鼠标指针变为↰时拖曳鼠标，图像围绕控制框的中心⊕旋转，如果按住＜Shift＞键的同时再拖曳鼠标，图像按 15°的间隔旋转。

（2）缩放图像　按住＜Shift＞键的同时再用鼠标拖曳控制框四角的控制点，图像按长宽等比例缩放。

（3）扭曲变形　按住＜Ctrl＞键的同时再用鼠标拖曳控制框四角的控制点，图像做扭曲变形。

（4）斜切变形　按住＜Shift＋Ctrl＞键的同时再用鼠标拖曳控制框四边中间的控制点，图像做斜切变形。

（5）透视变形　按住＜Shift＋Ctrl＋Alt＞键的同时再用鼠标拖曳控制框四角的控制点，对图像做透视变形。

各种变形也可以通过单击窗口菜单【编辑】/【变换】命令，在变换子菜单中选择所要的命令来操作。变换操作结束后移动鼠标至工具箱上，单击任意一种工具后弹出如图 2－42 所示的对话框，提示用户选择合适的操作，也可以在控制框内双击鼠标，或者单击"回车键"直接确认所做的操作。

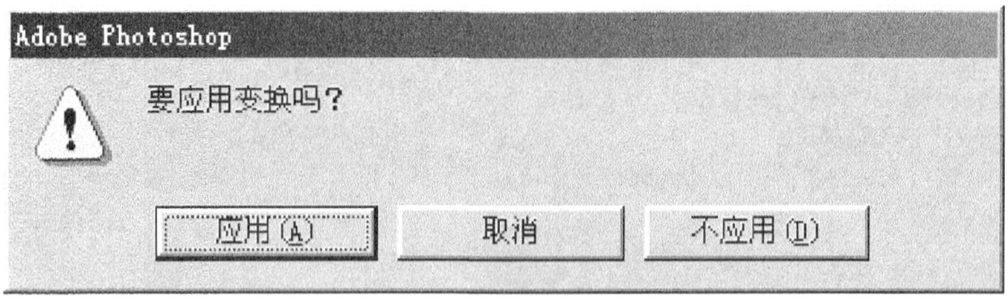

2－42　确认变换操作的提示对话框

2.1.6　快速蒙版

快速蒙版的主要功能是遮盖图像中不需要编辑的部分，以便对选取范围进行修正。蒙版就像一个透明的薄膜，位于图像选区以内的部分好比是薄膜上被挖去的部分，通常选用画笔工具来改变被挖去部分的大小和形状。"白色"可去除蒙版，扩大选区。"黑色"可增加蒙版，缩小选区。

Photoshop 提供了多种应用蒙版的方法，本节主要介绍通过快速蒙版修正选区的方法。默认状态，当前图像窗口处于标准模式状态，通过单击"快速蒙版按钮"可切换至快速蒙版编辑状态。"快速蒙版按钮"位于工具箱的下半部分，如图 2－43 所示。

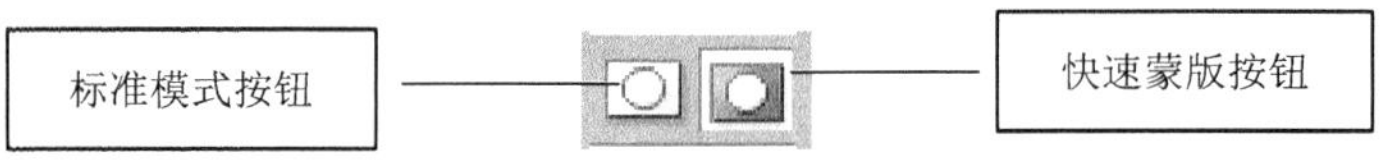

图 2－43　快速蒙版与标准模式切换按钮

应用快速蒙版的操作步骤如下：

（1）在图像中创建一个选区，如图 2－44(a)所示。

（2）单击"快速蒙版按钮"，图像选区之外部分蒙上了一层红色的半透明薄膜，如图 2－44(b)所示。

（3）在工具箱中单击"画笔工具"修改蒙版。选用"白色"在图像中"马"的身上涂抹，修去蒙版以扩大选区；选用"黑色"在图像背景中涂抹，添加蒙版以缩小选区。

（4）单击"标准模式按钮"返回选区，观察修改效果。重复步骤(2)～(3)，直到满意为止。修改后的蒙版效果如图 2－44(c)所示，选区效果如图 2－44(d)所示。

(a) 在图像中创建一个选区

(b) 加入快速蒙版后的图像

(c) 修改后的蒙版效果

(d) 蒙版转换成选区后的效果

图 2－44　快速蒙版的应用

【知识扩展】

双击“快速蒙版按钮”，可打开如图 2－45 所示的“快速蒙版”对话框，单击“颜色”色块打开“拾色器”，可以根据当前图像的背景颜色重新选择蒙版的颜色，也可以调整蒙版的透明度，还可以选择将蒙版的遮盖区域改为选区。

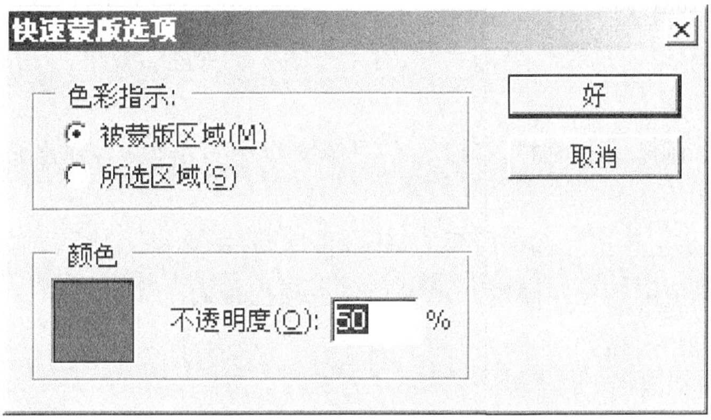

图 2－45　“快速蒙版”对话框

2.2 绘图工具

2.2.1 画笔工具

画笔工具是一种基本绘图工具，在工具箱中单击"画笔工具"，再在画笔选项面板上选用不同的笔刷，运用前景色在图像窗口中可绘制出具有毛笔效果的基本图形，如图 2－46 所示。

图 2－46 选用不同笔刷可绘制基本图形

1）画笔工具属性栏

由于画笔工具的参数比较丰富，因此要用好画笔工具还必须掌握画笔属性的设置。在工具箱中单击"画笔工具"后，其属性栏如图 2－47 所示。

属性栏上主要参数简介如下：

（1）模式　指绘图颜色与图像中的颜色叠加后的合成效果（详细内容参见第 3 章）。

（2）不透明度　用于确定画笔的透明程度。数值越大，所绘颜色越深；数值越小，所绘颜色越透明。可以直接在文本框内输入数据，也可以在下拉框中拖动滑块进行调整。

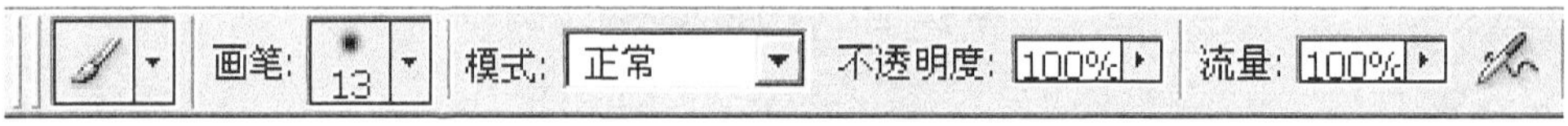

图 2－47 画笔工具属性栏

（3）流量　用于确定绘图时的笔墨流动速度，数值越大，绘制的图像颜色越深。可以直接在文本框内输入数据，也可以在下拉框中拖动滑块进行调整。

（4）喷枪　选中该项，可以将画笔工具转换成喷枪工具，使用喷枪工具绘制的线条较散，具有喷射的效果，笔刷边缘也更加柔和，常用来制作各种阴影效果。

2）画笔选项面板

在属性栏单击"画笔"样本窗，或者在图像窗口中右击鼠标，弹出画笔选项面板，如图 2－48 所示。

在画笔选项面板上单击可选中所要的笔刷，再拖动"主直径"的滑块或者直接在文本框中输入数据，可调整笔刷的直径和硬度。单击画笔选项面板右上角的菜单按钮，可通过执行画笔面板菜单中的命令，做如下操作：

（1）新画笔预设　创建新画笔。

（2）重命名画笔　对选中的画笔重新命名。

（3）删除画笔　删除选中的画笔。另外，按住＜Alt＞键的同时移动鼠标到画笔选项面板上，当鼠标指针变为时单击鼠标，也可以删除画笔。

（4）复位画笔　将画笔选项面板恢复到系统默认状态。

（5）载入画笔　将 Photoshop 自带的其他画笔加载到画笔选项面板上。

(6) 存储画笔　保存新建或修改过的画笔。

(7) 替换画笔　将 Photoshop 自带的其他画笔加载到画笔选项面板上，并替换现有的画笔。

(8) 画笔选项面板显示方式　包括“纯文本”、“小缩览图”、“大缩览图”、“小列表”、“大列表”和“描边缩览图”6 种显示方式供选择。

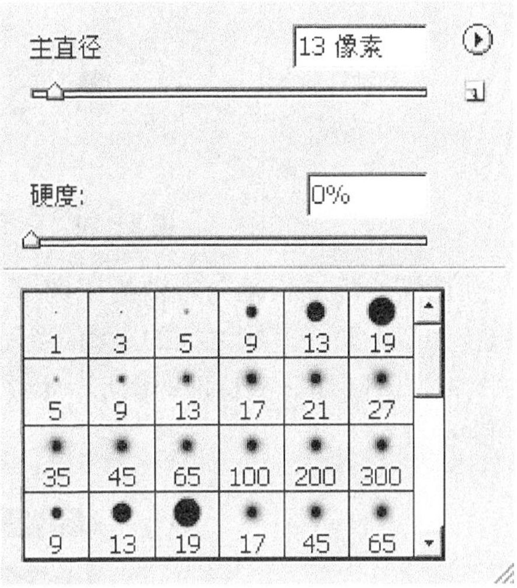

图 2－48　画笔选项面板

3）创建新画笔

创建新画笔是指通过修改画笔的预设参数制作新画笔，也可以将指定图像制作成新画笔。

(1) 修改画笔预设参数制作新画笔　单击窗口菜单【窗口】/【画笔】命令，或者单击“画笔工具属性栏”右方的“画笔”标签，打开画笔扩展视图面板，单击面板上的“画笔笔尖形状”选项，在面板右方单击准备用于修改的笔刷样本，如图 2－49 所示。

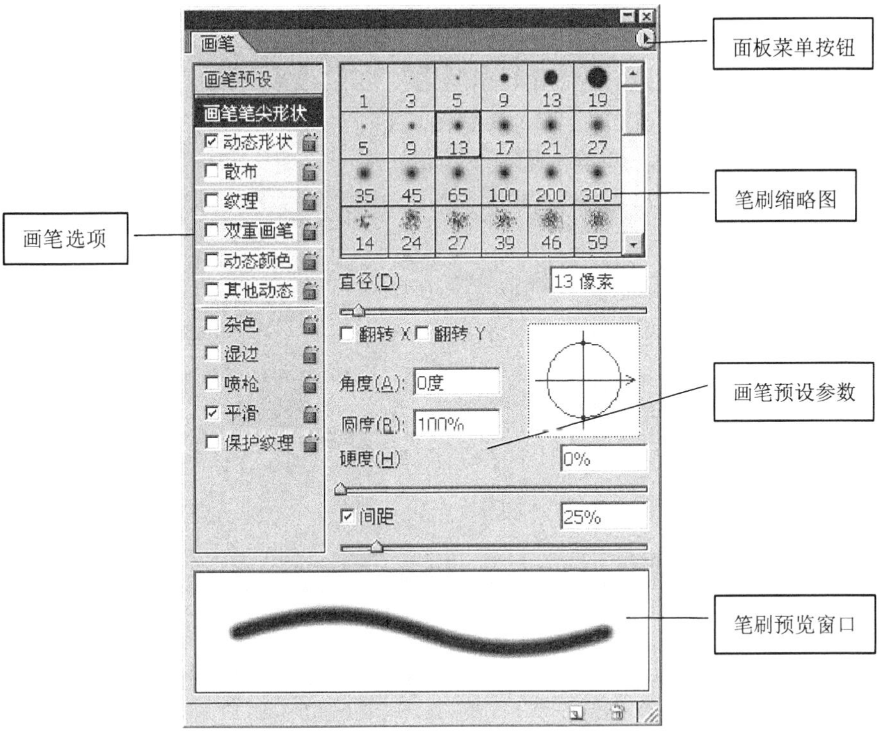

图 2－49　画笔扩展视图面板

选取的笔刷类型不同，参数也略有不同，主要参数简介如下：

① 直径　画笔的直径，可以拖动滑块调整，也可以直接在文本框内输入数据调整。

② 硬度　值越大，笔刷轮廓越清晰；值越小，笔刷轮廓越朦胧，笔刷硬度值从 100%～0% 的效果如图 2－50 所示。

③ 角度　笔刷的旋转角度。

图 2-50　直径相同，硬度不同的一组笔刷

④ 圆度　笔刷长轴与短轴的比例。

⑤ 间距　两个笔刷之间的距离，当间距值过大时，绘制过程中的笔刷轨迹可显示出来，这种方式常用于制作一些特殊的图形。设置笔刷间距分别为默认值、100％、200％绘制出来的效果如图 2-51 所示。

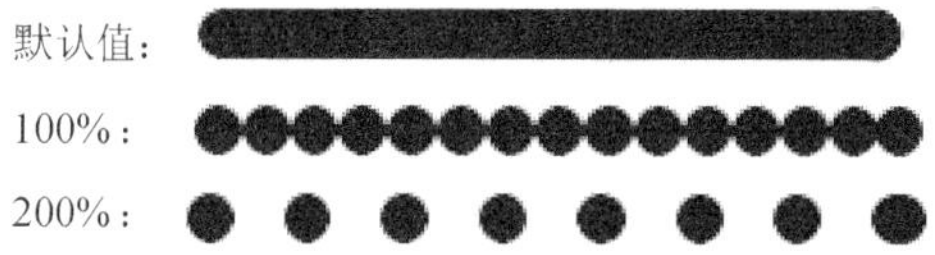

图 2-51　运用不同笔刷间距绘制成的线条

当修改了“画笔笔尖形状”选项中所需参数后，还可以在画笔扩展视图面板上选择更多的画笔选项进行修改，如：动态造型、散布、纹理、双重画笔等，直到设计出自己所需的画笔，完成后单击面板菜单【新画笔预设】命令，将修改后的新画笔保存在“画笔”面板上。

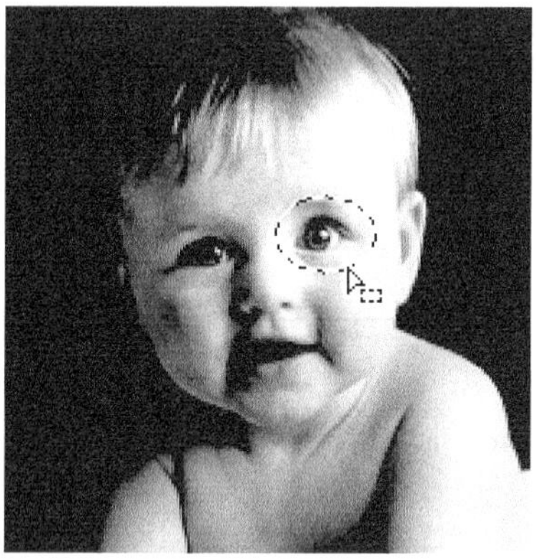

图 2-52　选中作为画笔笔刷的图像

(2) 用指定图像制作新画笔　用选取工具在图像中创建一个选区，选中作为画笔笔刷的图像，并且可以根据需要为选区设置一些羽化值，如图 2-52 所示。

单击窗口菜单【图像】/【定义画笔预设】命令，在弹出的“画笔名称”对话框中输入新画笔的名称，如图 2-53 所示。

图 2-53　在对话框中输入新画笔的名称

单击“好”按钮，完成新画笔的创建，新画笔被添加到画笔选项面板的最后，如图 2-54 所示。在画笔选项面板上单击新创建的“眼睛画笔”绘制的图形如图 2-55 所示。

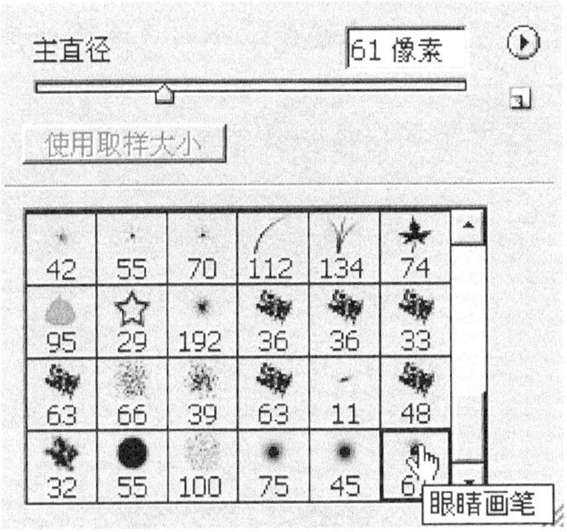

图 2－54　新画笔添加进画笔选项面板中

图 2－55　用新画笔绘制的图形

2.2.2　铅笔工具

使用铅笔工具绘图的方法与画笔工具基本相同，但是由于铅笔的笔刷硬度均为 100%，所以绘制的线条较硬，在工具箱单击“铅笔工具”后，其属性栏如图 2－56 所示。

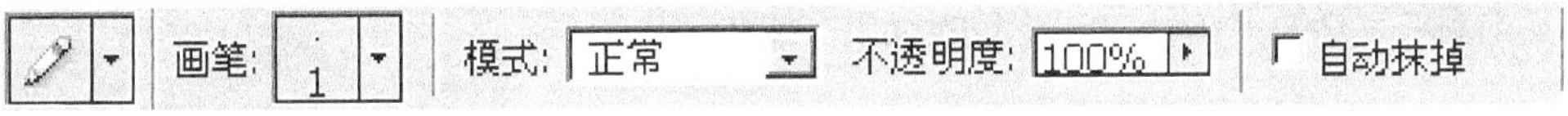

图 2－56　铅笔工具属性栏

在铅笔工具属性栏中有一个“自动抹掉”选项，选中该项后，在用前景色绘制的图形上画图可自动擦除前景色并填入背景色，而在背景色绘制的图形上画图可自动擦除背景色并填入前景色。

设置前景色和背景色为黑色和白色，并在属性栏选中“自动抹掉”选项，分别选用了直径不同的一组笔刷在同一个起点处单击鼠标绘制图形，效果如图 2－57 所示。

图 2－57　选中“自动抹掉”选项后绘制的图形

【知识扩展】

➢ 选用绘图工具后，按住<Shift>键的同时拖曳鼠标，可以绘制水平线或垂直线。按住<Shift>键的同时单击鼠标，可以绘制直线、折线或多边形。

➢ 在绘图的过程中按住<Alt>键可以随时将绘图工具切换为吸管工具，这样可以很方便地在绘图过程中改变当前的前景色。

2.3 图像的填充与描边

2.3.1 定义填充图案

Photoshop 提供了多种图案样式供填充使用，同时也可以根据用户的需要定义新图案。自定义图案的步骤如下：

(1) 单击“矩形选框工具”，在图像中拖曳鼠标创建一个选区，注意属性栏上不可设置羽化值，如图 2-58 所示。

(2) 单击窗口菜单【编辑】/【定义图案】命令，在弹出的“图案名称”对话框中输入新图案的名称，如图 2-59 所示。

(3) 单击“好”按钮，完成新图案的创建，新图案被添加到图案样式面板的最后，如图 2-60 所示。

图 2-58 选中作为图案的图像

图 2-59 在对话框中输入新图案的名称

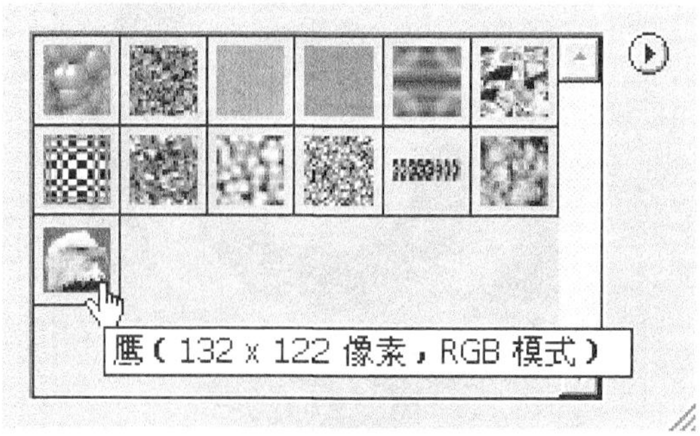

图 2-60 新图案添加进图案样式面板中

2.3.2 描边命令

使用【描边】命令可以对图像中选定区域的边缘做勾边描绘。单击窗口菜单【编辑】/【描边】命令，弹出“描边”对话框，如图 2－61 所示。

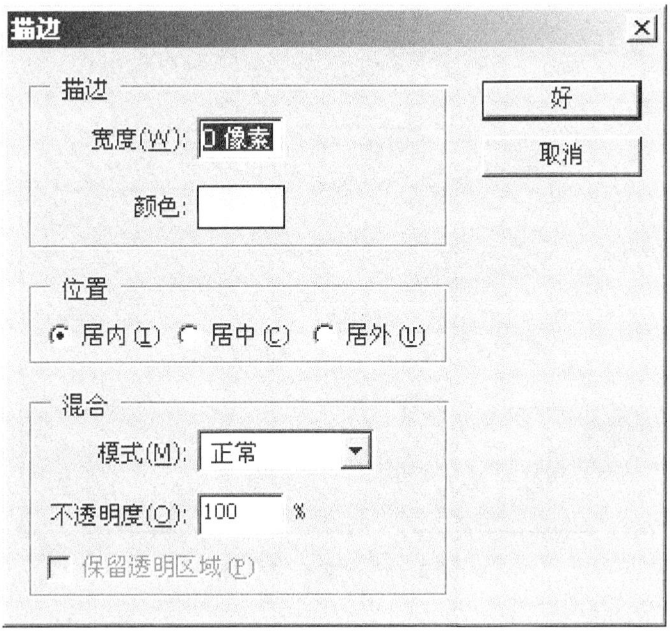

图 2－61 “描边”对话框

在对话框的“宽度”文本框中输入描边的宽度数值，单击“颜色”色块打开“拾色器”，从中选择描边的颜色。在“位置”选项中确定描边相对选区的位置。同时还可以选择描边所需要的“混合”模式(详细内容参见第 3 章)。选择了三种不同描边位置对选区进行描边的效果如图 2－62 所示。

(a) “居外”描边　　(b) “居中”描边　　(c) “居内”描边

图 2－62 三种描边位置的效果

2.3.3 填充命令

利用【填充】命令可以对图像或者图像中选定的区域进行填充。单击窗口菜单【编辑】/【填充】命令，弹出“填充”对话框，如图 2－63 所示。

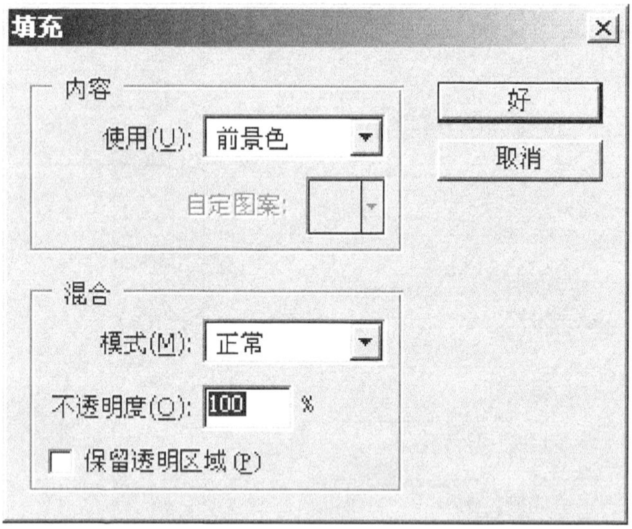

图 2－63 “填充”对话框

对话框中主要参数简介如下：

(1) 使用　可在下拉列表框中选择前景色、背景色、黑色、白色等内容进行填充。当选中“图案”后，位于下方的“自定图案”样本窗被激活。单击样本窗，可在弹出的图案样式面板上选中一种图案填充。

(2) 模式　指填充颜色与图像中的颜色叠加后的合成效果(详细内容参见第 3 章)。

(3) 不透明度　用于控制填充内容的透明程度，取值范围在 0～100％，其中 0 为完全透明，100％为完全不透明。

(a) 原图像　　(b) 在图像中填充了“前景色”与“图案”

图 2－64 填充前后的比较

（4）保留透明区域　主要用于对图层填充的限制。选中该项，填充范围限定在图层中有像素的区域；未选该项，填充范围为当前图层。

在图像的不同部分分别填充了“前景色”与“图案”两项内容后的效果如图 2－64 所示。

2.3.4　油漆桶工具

油漆桶工具与【填充】命令的功能相似，可以对图像或者图像中选定的区域进行填充。将鼠标指针移动到渐变工具组上，按住鼠标左键不放或者单击鼠标右键，在工具组中单击“油漆桶工具”，其属性栏如图 2－65 所示。

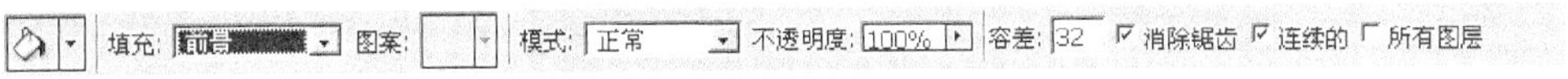

图 2－65　油漆桶工具属性栏

属性栏上主要参数简介如下：

（1）填充　在下拉列表框中包含“前景”与“图案”两项填充内容，若选择了“图案”，右方的图案样本窗被激活，单击样本窗，在弹出的图案样式面板上选中一种填充图案。

（2）容差　确定被填充范围的颜色与油漆桶工具单击处颜色的差异，值越大，填充的范围也越大。

（3）消除锯齿　用于消除填充区域边缘处的锯齿，一般该项都选。

（4）连续的　确定填充区域是在“相邻”区域内，或是在“不相邻”区域内。

（5）所有图层　选中后将对所有图层做相同的填充。

【知识扩展】

通常，对于单一颜色区域适合选用“油漆桶工具”填充，对于色彩变化丰富的区域适合用【填充】命令进行填充。在同一个选区中分别使用填充命令和油漆桶工具填充了“图案”后的效果如图 2－66 所示。

（a）原图像　　（b）填充命令填充效果　　（c）油漆桶工具填充效果

图 2－66　使用填充命令和油漆桶工具填充的效果

2.3.5 渐变工具

使用渐变工具在图像或图像的选区内拖曳鼠标，可以填充由两种以上颜色组合成的渐变效果。在工具箱单击“渐变工具”后，其属性栏如图 2－67 所示。

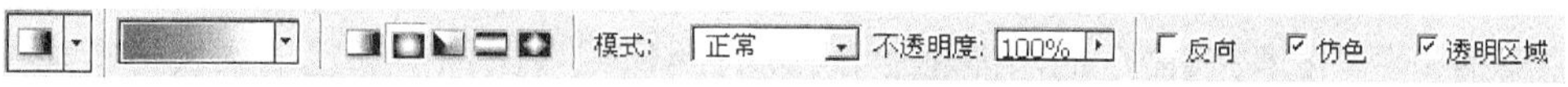

图 2－67 渐变工具属性栏

属性栏上主要参数简介如下：

(1) 渐变类型　用 5 个按钮分别表示 5 种不同的渐变类型。单击“线性渐变”按钮后拖曳鼠标，作从起点到终点的直线渐变；单击“径向渐变”按钮后拖曳鼠标，作以起点为中心的放射状渐变；单击“角度渐变”按钮后拖曳鼠标，作以起点为中心的角度渐变；单击“对称渐变”按钮后拖曳鼠标，作自中心向两侧的对称直线渐变；单击“菱形渐变”按钮后拖曳鼠标，作从中心开始的菱形渐变。各种渐变效果如图 2－68 所示。

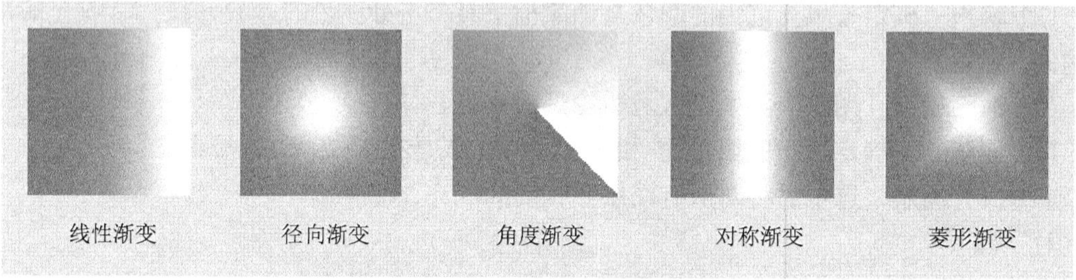

图 2－68 各种渐变效果

(2) 反向　选中此项，使渐变颜色的变化顺序与所设置的渐变色顺序相反。

(3) 仿色　选中此项，使渐变颜色的过渡更加平滑、柔和。

(4) 透明区域　选中此项，表示打开了透明蒙版，可以对渐变层做透明设置。

(5) 渐变编辑器　单击“渐变编辑器”样本窗，弹出“渐变编辑器”对话框，如图 2－69 所示，如单击旁边的按钮，也可单独打开渐变样式面板。

在“渐变编辑器”对话框中提供了多种渐变样式供用户选择，其中部分渐变样式的颜色随当前的“前景色”与“背景色”而变化。当系统提供的渐变样式仍然不能满足用户需要时，可以通过“渐变编辑器”重新定义渐变样式。自定义渐变样式的步骤如下：

(1) 单击一种用于修改的渐变样式，在渐变轴上显示出所选样式的色标和透明色标的分布状态。

(2) 在“渐变轴”的下方单击鼠标，在单击处添加了一个色标，双击色标或者单击“颜色”色块，打开“拾色器”，设置色标的颜色。

(3) 在“渐变轴”的上方单击鼠标，在单击处添加了一个透明色标，在“不透明度”文本框中输入不透明度的数值，或者直接在下拉框中拖动滑块调整不透明度。

(4) 直接拖动“渐变轴”上的色标，或者在“位置”文本框中输入数值，确定色标在“渐变轴”上的位置。

(5) 用鼠标将多余的色标拖曳出“渐变轴”，删除色标。

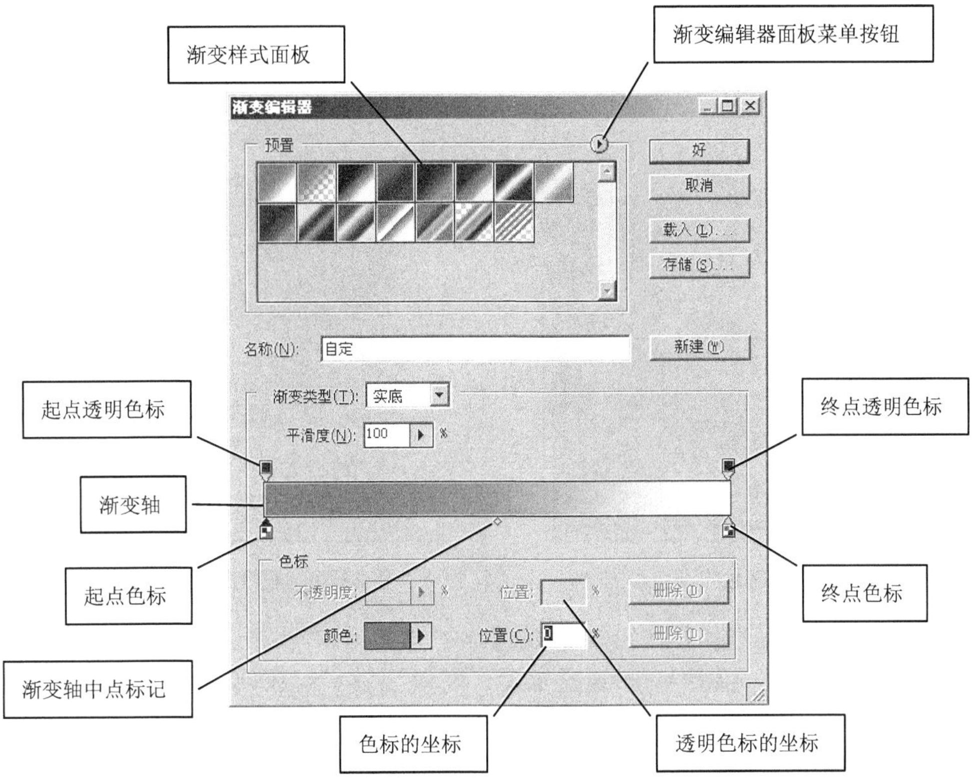

图 2-69　渐变编辑器

(6) 编辑完毕后，在名称框中输入渐变样式的名称，单击“新建”按钮，自定义的渐变样式被添加到渐变样式面板中。

【操作示例 2.3】　打开“鲜花.jpg”图像文件，如图 2-70 所示，利用选取工具、渐变工具为其添加相框，结果如图 2-75 所示。

图 2-70　“鲜花.jpg”图像文件

图 2-71　扩大图像画布

(1) 单击窗口菜单【图像】/【画布大小】命令，在弹出的“画布大小”对话框中勾选“相对”，并在数值框中输入适当的值以扩大画布，结果如图 2-71 所示。

(2) 单击窗口菜单【文件】/【新建】命令，建立一个分辨率为 72 像素/英寸、RGB 模式，文件大小同图 2-71 的新文件。

(3) 单击“矩形选框工具”在图像窗口中拖曳鼠标，选取全部图像。

(4) 设置前景色为：R－245，G－220，B－190；背景色为：R－140，G－98，B－56。单击“渐变工具”，在属性栏选中“线性渐变”，在选区内自左上向右下拖曳鼠标作渐变填充，结果如图 2－72 所示。

图 2－72　在选区内作渐变填充

图 2－73　收缩选区后再作渐变填充

(5) 单击窗口菜单【选择】/【修改】/【收缩】命令，在弹出的“收缩选区”对话框中输入“收缩量”约为“15”，缩小选区。再次单击“渐变工具”，在属性栏勾选“反向”，在选区内自左上向右下拖曳鼠标作渐变填充，结果如图 2－73 所示。

(6) 再次单击窗口菜单【选择】/【修改】/【收缩】命令，在弹出的“收缩选区”对话框中输入“收缩量”约为“15”，缩小选区。按下＜Shift＋Ctrl＋I＞键做反选操作，结果如图 2－74 所示。

图 2－74　反选操作后的效果

图 2－75　完成后的效果

(7) 单击“选择工具”，将鼠标指针移入选区内并拖曳鼠标，将选区中的图像拖放至“鲜花.jpg”图像窗口中，完成后的效果如图 2－75 所示。

2.4　编辑工具

2.4.1　历史记录控制面板

历史记录控制面板的功能是顺序记录图像编辑过程的操作步骤。在编辑图像的过程中，如需要返回至以前的某一步骤，只要在历史记录控制面板上单击该步骤，就可以从这个位置开始重新编辑。

默认状态，历史记录控制面板自动显示在窗口的右下方，若被关闭了，可以单击窗口菜单【窗口】/【历史记录】命令打开历史记录控制面板。历史记录控制面板如图 2-76 所示。

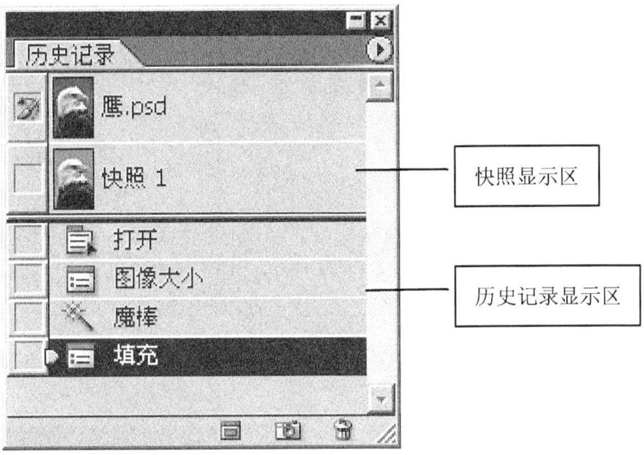

图 2-76 历史记录控制面板

1）撤消与恢复历史记录

移动鼠标到历史记录控制面板上选定的步骤处单击，图像窗口的显示内容便返回至选定步骤处，在该步骤之后的所有操作都被取消，被撤消的记录在历史记录面板上以灰色显示，历史记录面板将从该步骤开始继续向下记录操作步骤。

如果在撤消之后没有做任何操作，需要重新返回到被撤消的某一步骤处，只需在灰色记录中单击该步骤，图像窗口的显示内容将跟随返回。

2）建立新快照

建立新快照是指将图像编辑过程中的某些画面暂时存放在历史记录面板的快照显示区，在图像编辑的过程中只要单击快照，就能快速恢复到保存快照时的状态。因此在图像编辑时，当需要对图像作较大改变的操作之前，最好能适时地建立一些快照。

初次打开图片时系统将自动为其建立一个快照，单击历史记录控制面板下方的“创建新快照”按钮，在历史记录控制面板上的快照显示区将增加一个新快照，可以多次创建新快照，系统顺序为新快照命名为：快照 1、快照 2、快照 3……

由于快照仅能保存在系统内存中，当快照过多时将会占用较多内存资源，因此对不需要使用的快照应单击历史记录控制面板下方的删除按钮，及时将其删除。

3）建立新文档

在图像编辑过程中，如果需要对图像做某些操作而又不想影响到前面的编辑效果时，可以从当前操作步骤处建立一个新文档，将之前的操作过程保存到新文档中。

单击历史记录控制面板下方的“从当前状态创建新文档”按钮，系统将从当前的操作步骤处建立一个独立的文档，并将其显示在一个新建的图像窗口中。

4）重新设置历史记录数

默认状态，历史记录面板可以保存 20 步操作记录，如需要增加历史记录数，可以单击窗口菜单【编辑】/【预置】/【常规】命令，在弹出的“预置”对话框中输入新的历史记录数。

2.4.2 橡皮擦工具组

橡皮擦工具主要用于修改图像，但它具有绘图工具的特性，因此在它的属性栏也有“画笔”样本窗选项，可从中选用不同的笔刷来擦除图像。将鼠标指针移动到橡皮擦工具组上，按住鼠标左键不放或者单击鼠标右键，弹出如图 2－77 所示的橡皮擦工具组，其中包含三种不同类型的橡皮擦工具。

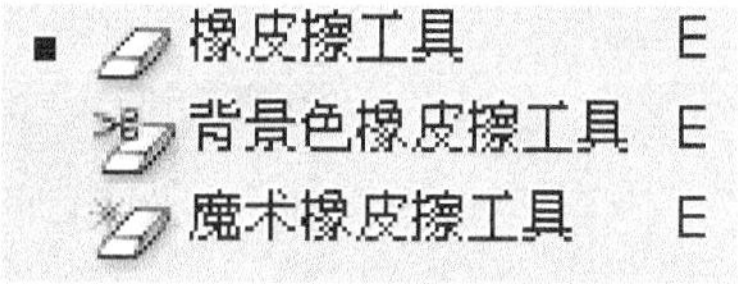

图 2－77　橡皮擦工具组

1）橡皮擦工具

单击“橡皮擦工具”，在图像窗口中拖曳鼠标可以擦除图像的颜色，并在被擦除区域填入背景色，效果如图 2－78 所示。如果在图层上擦除，被擦除区域显示为透明色，效果如图 2－79 所示。

(a) 被擦除区域填入背景色

(b) 在背景层上擦除

图 2－78　在背景层上擦除图像

(a) 被擦除区域 显示透明

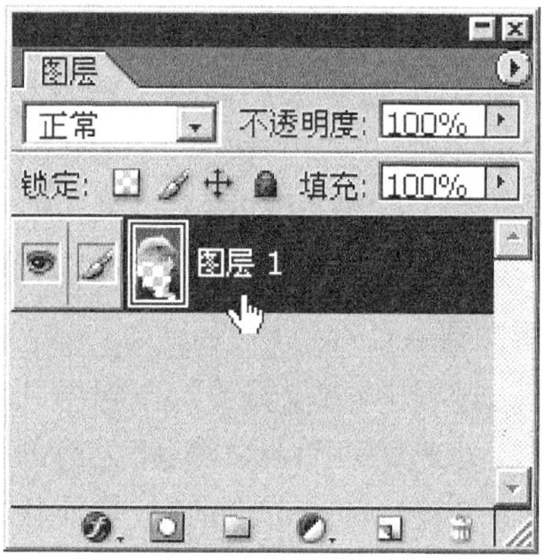

(b) 在“图层 1”上擦除

图 2－79　在图层上擦除图像

橡皮擦工具属性栏中部分参数与绘图工具相同，另有一部分为“橡皮擦工具”特有的参数，如图 2－80 所示。

图 2－80　橡皮擦工具属性栏

属性栏上相关参数简介如下：

（1）模式　在下拉列表框中有三个选项。如果选择了“画笔”或“铅笔”选项，可以单击“画笔”样本窗，在弹出的画笔选项面板上选择不同的笔刷和调整笔刷的直径。而选择了“块”选项，橡皮擦为一个大小固定的方块。

（2）抹到历史记录　使橡皮擦工具具有历史画笔的功能，可以将图像擦除到打开时的初始画面，或者擦除到历史记录控制面板上任意一个带有历史画笔图标的步骤处，所做擦除实际上相当于在做一个恢复动作。选用该项之前，一般应该在历中记录控制面板某一步骤前的方框中单击，预先定位历史记录画笔。选择“抹到历史记录”选项后对图 2－79 再次擦除的效果如图 2－81 所示。

(a)　“抹到历史记录”的擦除效果　　(b) 历史记录画笔的定位

图 2－81　“抹到历史记录”的应用

2）背景色橡皮擦工具

单击“背景色橡皮擦工具”在图像窗口中拖曳鼠标，可以擦除背景图层上的像素，使之成为透明色，并将背景层转换成“图层 0”。选用“背景色橡皮擦”并合理地设置属性栏中各项参数，可以很方便地将图像从背景中选取出来。背景色橡皮擦工具属性栏如图 2－82 所示。

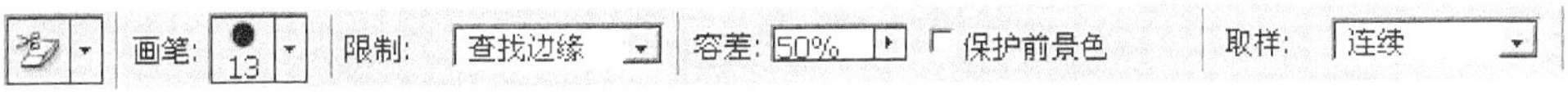

图 2－82　背景色橡皮擦工具属性栏

属性栏上相关参数简介如下：

（1）限制　在下拉列表框中有三个选项。选择“不连续”，表示将擦除当前图层上所有与取样颜色相同或相近的像素；选择“临近”，表示仅在与取样相邻的区域内擦除与取样颜色相同或相近的像素；选择“查找边缘”，表示在取样区域内擦除的同时，使图像边缘更清晰。

(2) 容差　限制被擦除的图像颜色与取样颜色之间的差异，值越大，被擦除的范围将越大。

(3) 保护前景色　保护擦除区域中与前景色相同的颜色不被擦除。

(4) 取样　用于设置颜色取样的模式，在下拉列表框中有三个选项。选择“连续”，表示拖动鼠标擦除时取样颜色跟随变化，并自动将擦除的颜色添加到背景色板中；选择“一次”，表示只擦除与鼠标第一次单击处相近的颜色；选择“背景色板”，表示仅擦除与背景色相近的区域。

3）魔术橡皮擦工具

魔术橡皮擦工具与魔棒工具的工作原理相似，具有利用颜色的变化来确定擦除范围的功能，因此属性栏中也有相似的选项。单击“魔术橡皮擦工具”在图像窗口中单击鼠标，与鼠标单击处颜色相近的像素被自动擦除，使之成为透明色，并将背景层转换成“图层 0”。选用魔术橡皮擦工具并配合属性栏中参数的设置，同样可以很方便地将图像从背景中选取出来。

“魔术橡皮擦工具”属性栏如图 2－83 所示，其中选中“临近”表示仅擦除与鼠标单击处相邻的区域，选中“用于所有图层”表示选取范围针对全部图层，改变“不透明度”的值可以使被擦除的区域不完全透明。

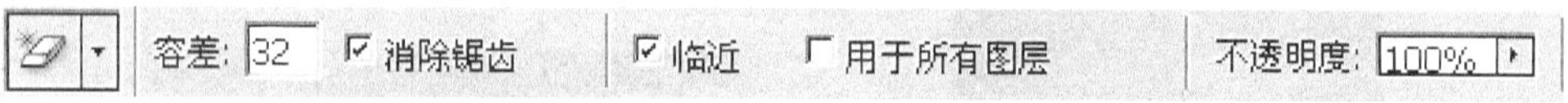

图 2－83　魔术橡皮擦工具属性栏

2.4.3　图章工具组

图章工具可用来修复图像或复制图像。将鼠标指针移动到图章工具组上，按住鼠标左键不放或者单击鼠标右键，弹出如图 2－84 所示的图章工具组。

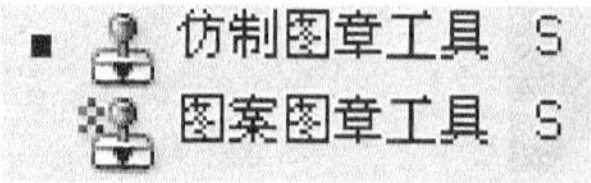

图 2－84　图章工具组

1）仿制图章工具

仿制图章工具的主要功能是通过取样，将取样点的图像复制到同一幅图像的其他位置或其他图像中。仿制图章工具属性栏中部分参数与绘图工具相同，另有一部分为“仿制图章工具”特有的参数，如图 2－85 所示。

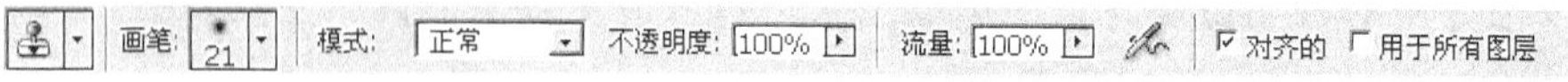

图 2－85　仿制图章工具属性栏

属性栏上相关参数简介如下：

(1) 喷枪　选中该项，使复制的图像具有喷枪工具绘画的效果。

(2) 对齐的　选中该项，复制的图像相对取样点保持一致，即使在复制过程中释放鼠标后再次单击鼠标，仍然从刚才的复制位置处延续下去。如未选该项，在复制过程中若释放鼠标后再次单击鼠标，复制将从取样点重新开始。

应用仿制图章工具做复制操作的步骤如下：

（1）在工具箱单击“仿制图章工具”，按住<Alt>键的同时在图像中的取样处单击鼠标，做取样操作。

（2）在属性栏选择大小合适的笔刷，在目标位置或者目标图像窗口中拖曳鼠标进行复制，此时取样点处出现“+”图标并跟随鼠标的移动而改变位置，所复制的内容与取样点的图像自动对应。

分别在属性栏上选中“对齐的”与未选“对齐的”选项在同一幅图像中取样复制，释放鼠标后再次单击鼠标的复制效果如图 2－86 所示。

(a) 选中“对齐的”复制效果　　(b) 未选“对齐的”复制效果

图 2－86　选中与未选“对齐的”效果对比

2）图案图章工具

图案图章工具的主要功能是将预先定制好的图案，通过拖曳鼠标复制到图像中。其基本复制动作与仿制图章相似。在工具箱单击“图案图章工具”后，其属性栏如图 2－87 所示。

图 2－87　图案图章工具属性栏

属性栏上相关参数简介如下：

（1）图案　单击图案样本窗，弹出图案样式面板，从中选择一种复制图案。

（2）印象派效果　选中该项，使复制的图像具有印象画的效果。

2.4.4　修复工具组

修复工具组主要用来修补图像中的污点、划痕、皱折以及照片中的红眼等。将鼠标指针移动到修复工具组上，按住鼠标左键不放或者单击鼠标右键，弹出如图 2－88 所示的修复工具组。

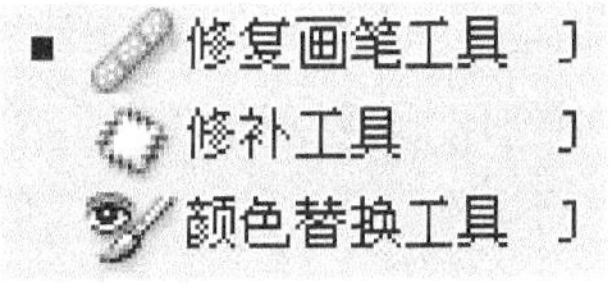

图 2－88　修复工具组

1）修复画笔工具

修复画笔工具的用法与仿制图章工具比较相似，不同的是利用修复画笔工具仅复制取样点的图像，还能保留原图像的纹理、颜色和亮度等属性。修复画笔工具属性栏中部分参数与绘图工具相同，另有一部分为“修复画笔工具”特有的参数，如图 2－89 所示。

图 2－89　修复画笔工具属性栏

属性栏上相关参数简介如下：

(1) 源　选中“取样”选项，表示通过单击鼠标取样，然后将取样处的图像复制到目标位置。选中“图案”选项，图案样本窗被激活，可以在图案样式面板中选择一种图案复制到目标位置。

(2) 对齐的　与仿制图章功能相同，选中该项，复制的图像始终与取样点保持一致，即仅能复制一幅图像。如未选该项，每次释放鼠标将重新从取样点开始复制。

应用修复画笔工具对图像做修复操作的步骤如下：

(1) 修复前先分析图像中的污点以及与其相适应的取样点，如图 6－90(a)所示。

(2) 在工具箱单击“修复画笔工具”，在属性栏选中“取样”选项，按住＜Alt＞键的同时在图像中的取样点处单击鼠标，做取样操作。

(3) 在属性栏选择大小合适的笔刷，移动鼠标到需要修改的污点上单击鼠标，污点即被取样点处的像素覆盖。重复操作直到污点被完全覆盖，如图 2－90(b)所示。

(a) A 为污点,B 为取样点　　(b) 污点被取样点处的像素复盖

图 2－90　“修复画笔工具”的应用

尽管“修复画笔工具”和“仿制图章工具”的功能与操作步骤十分相似，但是由于“修复画笔工具”具有保留原图像的纹理、颜色和亮度等属性，所以两者产生的结果有很大的区别，分别选用“修复画笔工具”和“仿制图章工具”在同一幅图像中取样复制图像的效果如图 2－91 所示。

2）修补工具

与修复画笔工具相比，修补工具是以选区为操作范围，适用于较大范围的修补。在工具箱

(a) 应用修复画笔工具复制　　(b) 应用仿制图章工具复制

图 2－91　应用修复画笔工具与仿制图章工具的效果对比

单击“修补工具”后，其属性栏如图 2－92 所示。

图 2－92　修补工具属性栏

属性栏上相关参数简介如下：

（1）修补　选中“源”选项，表示将选区作为被修复的范围。选中“目标”选项，表示将选区作为取样范围。

（2）使用图案　单击“使用图案”按钮，表示选择一种图案复制到选区范围内。

应用修补工具对图像做修复操作的步骤如下：

（1）修复前先分析图像中的污点区域以及与其相适应的取样区域，如图 2－93(a)所示。

(a) A 为污点，B 为取样点　　(b) 拖曳选区至取样区域　　(c) 污点区域被自动替换

图 2－93　“修补工具”的应用

（2）用任意一种选取工具选中污点区域，在工具箱单击“修补工具”，在属性栏选中“源”，用“修补工具”拖曳选区至取样区域，如图 2－93(b)所示。

(3) 释放鼠标,原污点区域中的图像自动被取样区域中的图像替换了,选区也自动返回原处,如图 2-93(c)所示。

3) 颜色替换工具

利用“颜色替换工具”能够快速地替换图像中的特定颜色,主要用于修复照片中的红眼,用法简便。在工具箱单击“颜色替换工具”后,其属性栏如图 2-94 所示,属性栏中的选项与背景色橡皮擦工具的选项相似。

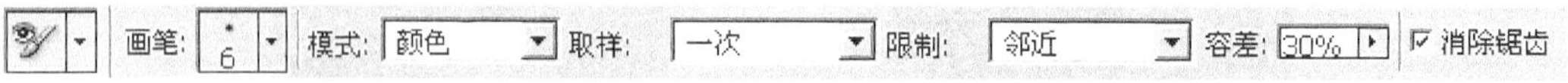

图 2-94 颜色替换工具属性栏

应用颜色替换工具修复照片中红眼的操作步骤如下:

(1) 设置前景色,作为修补眼睛的颜色。

(2) 在工具箱单击“颜色替换工具”,并在属性栏选择一个略小于眼睛的笔刷,如图 2-95(b)所示。

(3) 在属性栏“模式”框选择“颜色”,表示要用前景色替换笔刷点击处的颜色。在“取样”框选择“一次”,表示只替换与鼠标第一次单击处相近的颜色。在“限制”框选择“邻近”,表示仅替换图像中与鼠标单击处相邻区域的像素。

(4) 用笔刷单击眼睛中的红色区域,替换完成。如果红色未全部替换,可适当加大“容差”值后再操作,结果如图 2-95(c)所示。

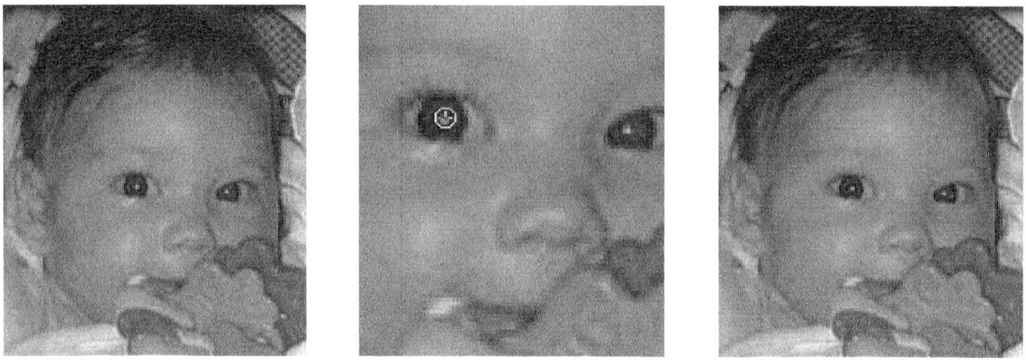

(a) 原图像　　(b) 选择一个略小于眼睛的笔刷　　(c) 红眼被前景色替换

图 2-95 “颜色替换工具”的应用

2.4.5 模糊、锐化和涂抹工具

工具箱中的模糊工具组包括模糊工具、锐化工具和涂抹工具,如图 2-96 所示。

图 2-96 模糊工具组

1) 模糊工具

模糊工具的工作原理是降低图像相邻像素之间的反差,使图像产生模糊的效果。

在工具箱单击“模糊工具”在图像中拖曳,可将图像突出的色彩和锐化的边缘进行柔化，效果如图 2－97 所示。模糊工具属性栏上的“强度”选项用于设置模糊的程度，值越大模糊效果越明显。

(a) 原图像　　(b) 对鹰的头部做了模糊处理

图 2－97　“模糊工具”的应用

2）锐化工具

锐化工具与模糊工具正好相反，它的工作原理是通过增大图像相邻像素之间的反差，从而使图像看起来更清晰。锐化工具的使用方法与模糊工具的使用方法相同，属性栏上的“强度”选项用于设置锐化的程度，值越大锐化效果越明显。在工具箱单击“锐化工具”在图像中拖曳产生的效果如图 2－98 所示。

(a) 原图像　　(b) 对鹰的身体做了锐化处理

图 2－98　“锐化工具”的应用

3）涂抹工具

涂抹工具具有模拟手指涂抹绘画的效果。涂抹工具属性栏上主要参数有“手指绘画”选项，未选该项，涂抹工具将用鼠标单击处的颜色与鼠标拖曳经过区域的颜色混合绘画，如图 2－99(a)所示。选中该项后，涂抹工具将用前景色与鼠标拖曳经过区域的颜色混合绘画。用前景色“黑色”与鼠标拖曳经过区域的颜色混合绘画效果如图 2－99(b)所示。

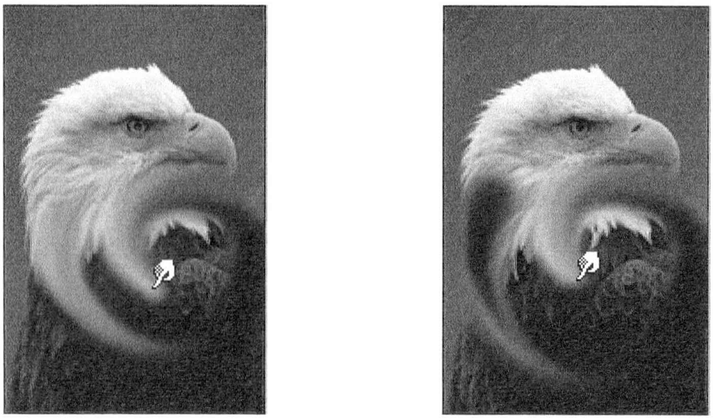

(a) 未选“手指绘画”选项的效果　　(b) 选中“手指绘画”选项的效果

图 2-99　“涂抹工具”的应用

2.4.6　减淡、加深和海绵工具

工具箱中的减淡工具组包括减淡工具、加深工具和海绵工具，如图 2-100 所示。

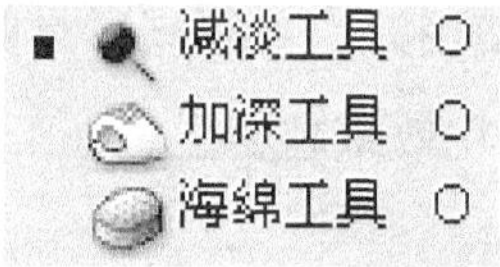

图 2-100　减淡工具组

1）减淡工具

减淡工具可以改变图像特定区域的曝光度，使图像的亮度增加，图像变淡。在工具箱单击“减淡工具”后，其属性栏如图 2-101 所示。

图 2-101　减淡工具属性栏

属性栏上主要参数简介如下：

(1) 范围　在下拉列表框选择所要处理的色调区域，包括三个选项：选中“暗调”，表示仅作用于图像中的暗调区域；选中“中间调”，表示仅作用于图像中的中间调区域；选中“高光”，表示仅作用于图像中的高亮度区域。

(2) 曝光度　用于控制处理图像时的曝光强度，值越大，减淡的效果越明显。

在属性栏的“范围”选项中选择了“中间调”，并设置“曝光度”为 100，利用减淡工具对图像处理后的效果如图 2-102 所示。

2）加深工具

加深工具与减淡工具正好相反，它是通过改变图像特定区域的曝光度，使图像的亮度降低，图像变暗，其属性栏及使用方法与减淡工具相同。利用加深工具对图像处理后的效果如

(a) 原图像

(b) 对鹰的头部做了减淡处理

图 2－102 “减淡工具”的应用

图 2－103 所示。

(a) 原图像

(b) 对鹰的头部做了加深处理

图 2－103 “加深工具”的应用

3）海绵工具

海绵工具可以用来调整图像色彩的饱和度。海绵工具属性栏上的“模式”参数包括“去色”与“加色”两个选项。选中“去色”选项表示降低颜色饱和度，选中“加色”选项表示增加颜色饱和度。

在属性栏选中“加色”选项，并设置“曝光度”为 100，利用海绵工具对图像处理后的效果如图 2－104 所示。

(a) 原图像　　(b) 增加颜色饱和度后的效果

图 2-104　“海绵工具”的应用

2.5　综合训练

2.5.1　综合训练一

利用选取工具、渐变工具,制作如图 2-109 所示的“光盘”效果图。

(1) 单击窗口菜单【文件】/【新建】命令,建立一个分辨率为 72 像素/英寸、白色背景、RGB 模式的新文件。

(2) 单击窗口菜单【视图】/【网格】命令,在图像窗口显示网格以辅助作图。

(3) 单击“渐变工具”,在属性栏单击“渐变编辑器”样本窗,在“渐变样式面板”上选中“铬黄”渐变样式,在渐变轴上对其重新编辑,适当减淡各部分颜色,完成后单击“新建”按钮,将其添加到渐变样式面板中以供调用,结果如图 2-105 所示。

(4) 单击“椭圆形选框工具”,参照网格在图像窗口确定一个中心点,按住<Shift+Ctrl>键的同时自中心向外拖曳鼠标,创建一个正圆选区。单击“渐变工具”,在属性栏单击“线性渐变”按钮,再单击“渐变编辑器”样本窗,在“渐变样式面板”上选中步骤(3)新建的渐变样式,自选区一侧向另一侧拖曳鼠标作渐变填充,结果如图 2-106 所示,取消选区。

(5) 单击“椭圆形选框工具”,按住<Shift+Ctrl>键的同时自中心向外拖曳鼠标,创建一个略小于步骤(4)但与其同心的正圆选区,单击“渐变工具”,在属性栏单击“角度渐变”按钮,再单击“渐变编辑器”样本窗,在“渐变样式面板”上选中“色谱”渐变样式,自选区中心向外拖曳鼠标作渐变填充,结果如图 2-107 所示,取消选区。

(6) 重复步骤(4),只是选区尺寸减小并保持选区同心,结果如图 2-108 所示。

(7) 再次单击“椭圆形选框工具”,创建一个略小于步骤(6)的同心圆选区,按下<Ctrl+Del>键填入背景色“白色”,完成后的效果如图 2-109 所示。

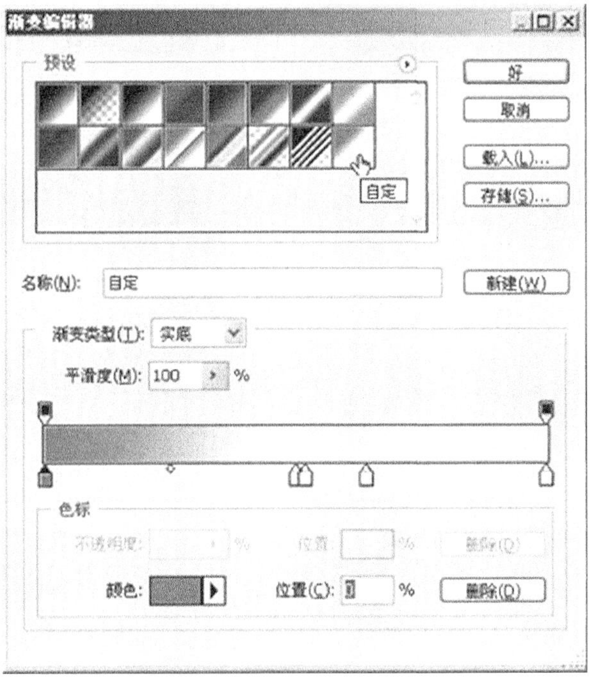

图 2－105　编辑“铬黄”渐变样式

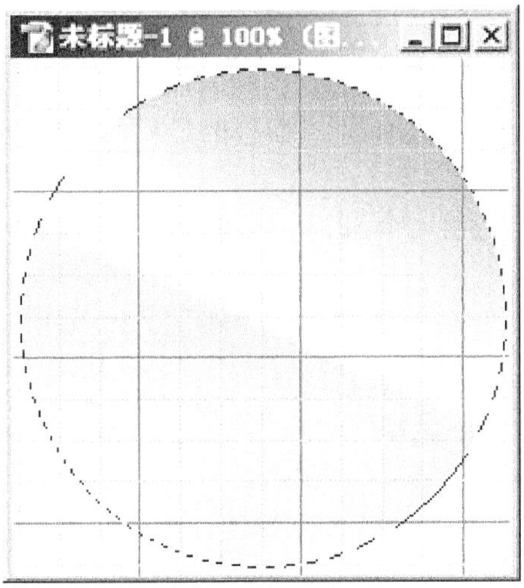

图 2－106　对选区作线性渐变

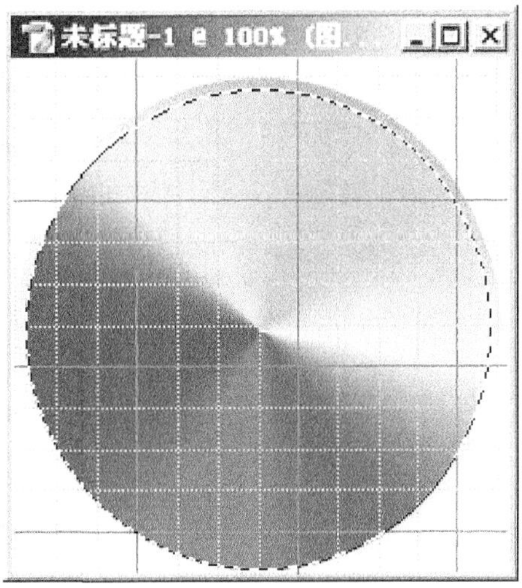

图 2－107　对选区作角度渐变

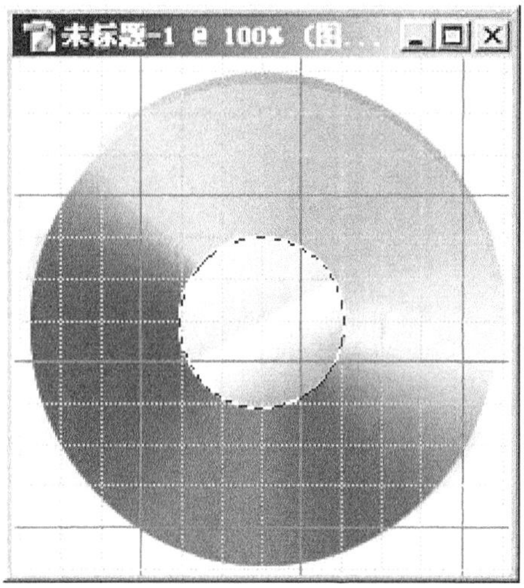

图 2－108　对缩小的选区做线性渐变

图 2－109　完成后的效果

【知识扩展】

在图像编辑的过程中为了获得准确的定位，经常需要在【视图】菜单中选择【网格】、【标尺】和【新参考线】等命令用于辅助图像编辑，有时候“网格”线的存在又会对图像的某些编辑存在干扰，所以用完后可将其及时取消。

2.5.2　综合训练二

利用选取工具、渐变工具制作如图 2－120 所示的效果图。

(1) 单击“矩形选框工具”，确认属性栏上“羽化”值为 0，在打开的 2－5.jpg 图像文件窗口中拖曳鼠标选取一朵花，如图 2－110 所示，单击窗口菜单【编辑】/【定义图案】命令，在弹出的“图案名称”对话框中确认新图案的名称，新图案被添加在图案样式面板的最后，如图 2－111 所示。

图 2－110　选中作为图案的图像

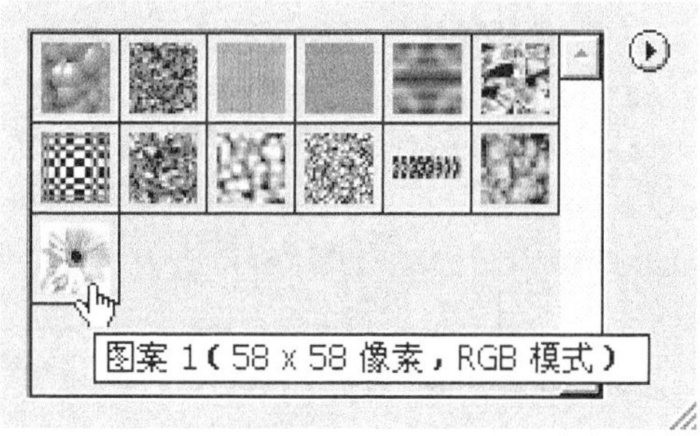

图 2－111　新图案添加进图案样式面板中

(2) 单击窗口菜单【文件】/【新建】命令，建立一个分辨率为 72 像素/英寸、白色背景、RGB 模式的新文件。

(3) 单击窗口菜单【编辑】/【填充】命令，弹出“填充”对话框，对“填充”对话框的设置如图 2－112 所示，将定义的图案填充进图像背景中，如图 2－113 所示。

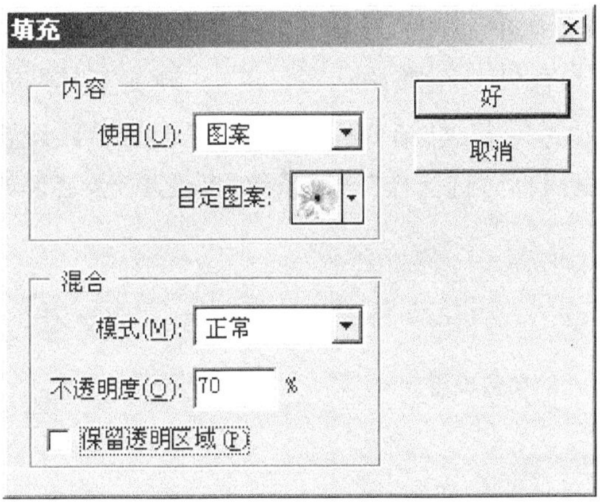

图 2-112 “填充”对话框

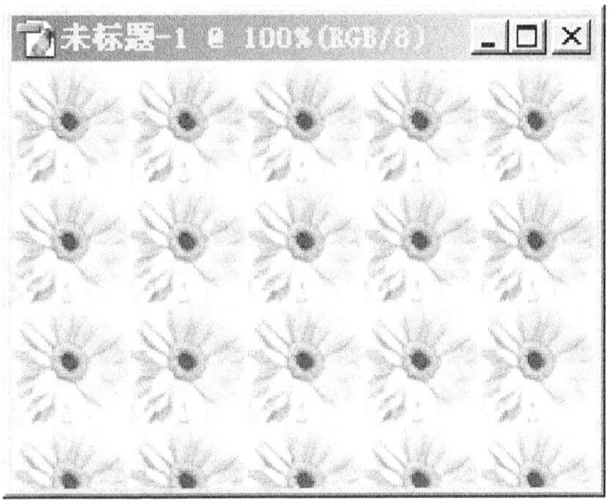

图 2-113 将定义的图案填充进图像背景中

(4) 单击“椭圆形选框工具”,按住＜Shift＞键的同时在图像窗口中拖曳鼠标,创建一个正圆选区。

(5) 在色板控制面板单击“RGB 红”色块作为前景色,按住＜Ctrl＞键的同时单击“RGB 黄”色块作为背景色。单击“渐变工具”,在属性栏单击“渐变编辑器”样本窗,选中“前景到背景”渐变样式,属性栏上的参数设置如图 2-114 所示。在选区内自左上向右下拖曳鼠标作径向渐变填充形成球体,取消选区。

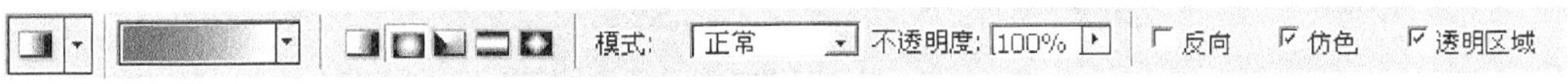

图 2-114 属性栏上的参数设置

(6) 单击“矩形选框工具”在图像窗口中拖曳鼠标,创建一个矩形选区。单击“渐变工具”,在属性栏单击“渐变编辑器”样本窗,选中“透明彩虹”渐变样式,属性栏上的参数设置如图 2-115 所示,按住＜Shift＞键的同时在选区内自左向右拖曳鼠标,将选区填充成七彩图案,取消选区,结果如图 2-116 所示。

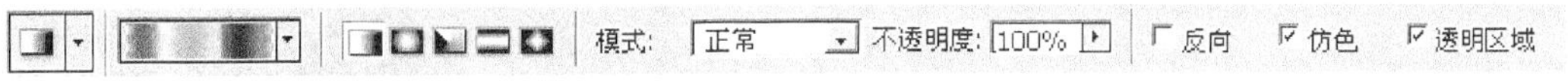

图 2-115 属性栏上的参数设置

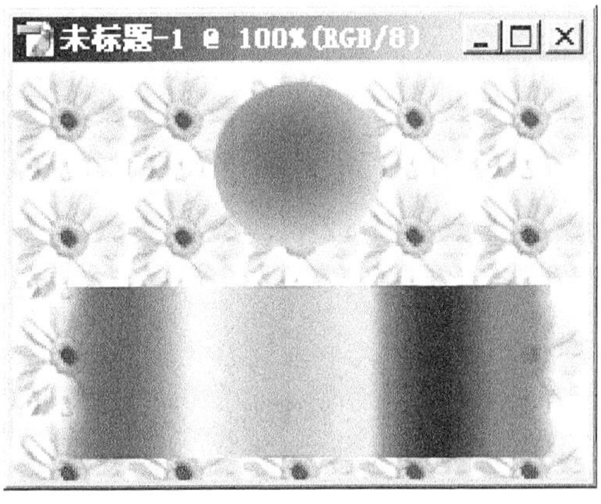

图 2-116 对选区作渐变填充后的效果

(7) 单击“多边形套索工具”,在七彩图案范围内依次单击鼠标,绘制一个封闭的多边形图形。

(8) 在工具箱上单击■按钮,将前景色和背景色恢复至默认状态。单击“渐变工具”,在属性栏单击“渐变编辑器”样本窗,选中“透明条纹”渐变样式,属性栏上的参数设置如图 2-117 所示。自选区的右上方向左下方拖曳鼠标对选区作“透明条纹”渐变填充,结果如图 2-118 所示。

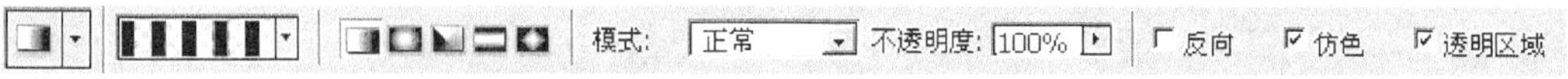

图 2-117　属性栏上的参数设置

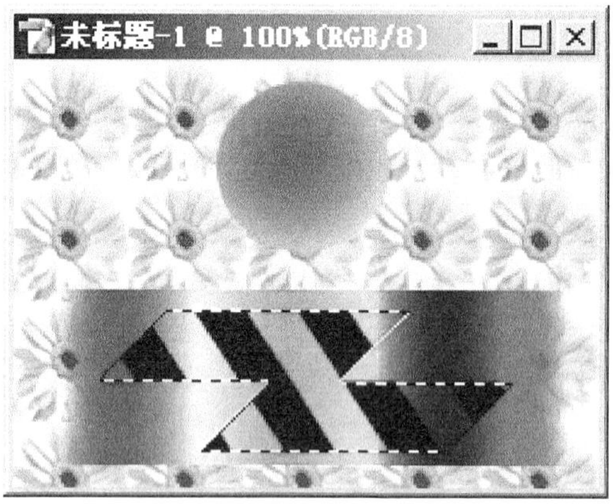

图 2-118　对选区作“透明条纹”渐变

(9) 单击窗口菜单【编辑】/【描边】命令,对“描边”对话框的设置如图 2-119 所示,为图形轮廓描上一个纯白色的轮廓,取消选区,完成后的效果如图 2-120 所示。

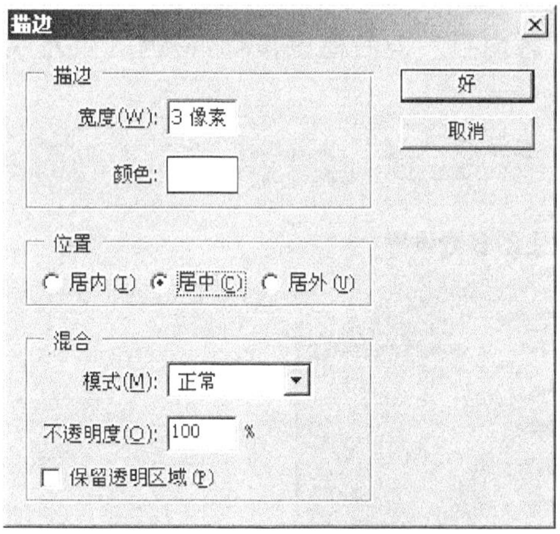

图 2-119　“描边”对话框

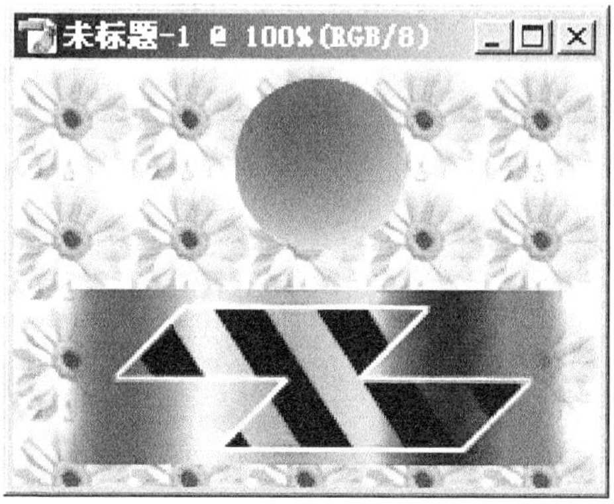

图 2-120　完成后的效果

【知识扩展】

➢ 渐变工具是图像编辑过程中使用较为频繁的一项工具。Photoshop 在渐变编辑器中提供了多种渐变样式,但是通过在“渐变编辑器”的渐变轴上添加色标和删除色标,并配合前景色、背景色的改变,还可以创建更多不同的渐变效果。

本章小结

本章主要介绍利用工具箱中的选取工具建立选区和编辑选区的方法，利用编辑菜单中的命令对选区做移动、修改、隐藏、载入、存储和取消等操作，以及对图像进行全选、反选，对选区进行扩大选取、相似选取等操作，同时还介绍了利用快速蒙版对选区进行编辑的方法。本章还介绍了绘图工具、填充工具和编辑工具的使用方法和属性设置。熟练掌握这些工具的基本使用方法和操作技巧是学习 Photoshop 的基本要求。同时，为了更好地对图像进行编辑，还必须掌握历史记录面板的使用方法。

通过本章的学习，应该掌握 Photoshop 工具箱中主要工具的使用，掌握各种工具的特性，并能够根据图像编辑的不同要求在属性栏中灵活地设置参数，以获得所需要的效果。

习　题

1. 打开 2-6.jpg、2-7.jpg、2-8.jpg 图像文件，如图 2-121 所示，利用选取工具配合属性栏上的“羽化”选项，进行复制和拷贝操作，制作出如图 2-122 所示效果图(彩色效果图见附录)，图层控制面板如图 2-123 所示。

操作提示：参照“操作示例 2.1”进行制作。

(a) 2-6.jpg 图像文件　　(b) 2-7.jpg 图像文件　　(c) 2-8.jpg 图像文件

图 2-121　习题 1 的图像文件

图 2-122　完成后的效果

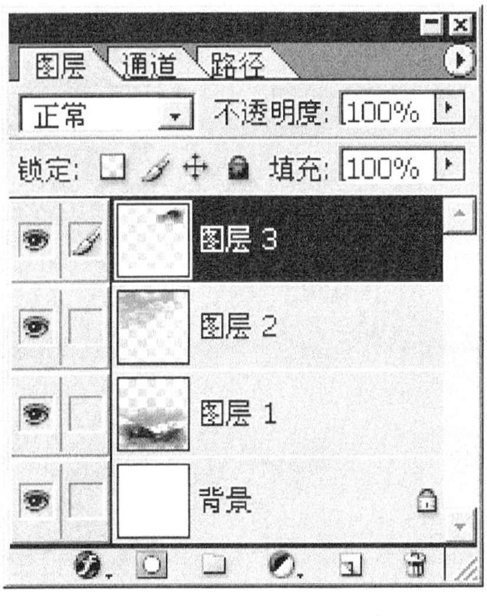

图 2-123　图层控制面板

2. 利用选取工具、渐变工具，制作如图 2－124 所示的效果图（彩色效果图见附录）。

操作提示：参照“综合训练一”进行制作，并注意以下各步骤：

（1）制作前先单击窗口菜单【视图】/【显示】/【网格】命令，在图像窗口打开网格以辅助作图。

（2）立方体制作分别选用“矩形选框工具”和“多边形套索工具”制作各个表面，并在填充时选用不同的“不透明度”，以区别上表面和侧表面。

（3）螺丝钉与按钮制作时均采用了编辑选区和交换前景色与背景色进行渐变填充的方法，以产生立体效果。

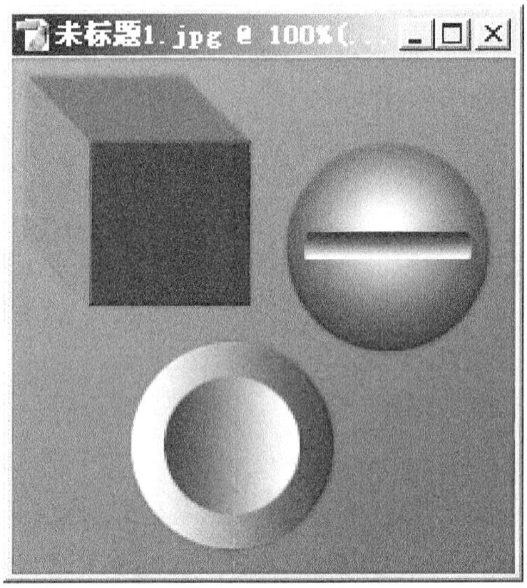

图 2－124　完成后的效果

3. 利用选取工具与编辑工具的配合使用，制作“玉镯”效果图，完成后的效果如图 2－125 所示（彩色效果图见附录）。

操作提示：

（1）制作前先单击窗口菜单【视图】/【显示】/【网格】命令，在图像窗口打开网格以辅助制作“圆环”图形，并填充合适的颜色。

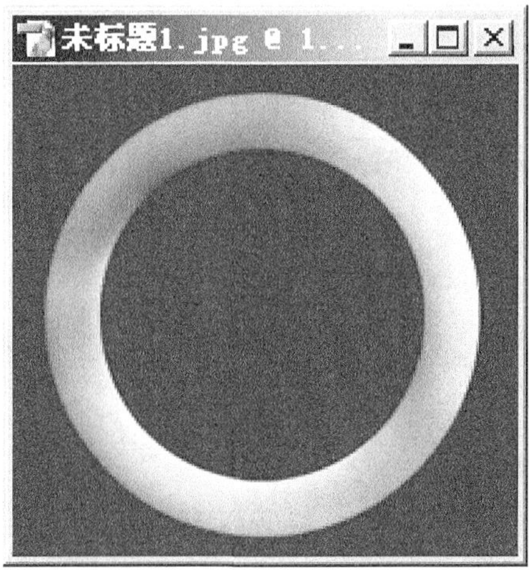

图 2－125　完成后的效果

（2）先设定图中光线的来源，选用“加深”与“减淡”工具，并选择直径较大的软边笔刷，配合属性栏上的“范围”选项，在圆环选区边缘拖曳鼠标，修饰出“玉镯”的效果。

（3）建议在“图层 1”中制作，并在背景层填充一种较深的颜色，以烘托出“玉镯”的质感。

4. 打开 Photoshop 自带图片库中“旧画像.jpg”图像文件，利用“修复工具”与“仿制图章工具”的配合使用，对图像中的瑕疵部分进行修复，修复后的效果如图 2－126 所示。

图 2－126　完成后的效果

3 图层

图层在 Photoshop 中是一项非常重要的技术。利用图层可以把一幅图像分解成多个独立的单元并分别绘制于不同的图层上，每一个图层可以看做是一张透明的纸，当将多个图层叠放在一起便构成一幅完整的图像。如果编辑其中某一个图层时，位于其他图层的图像信息不会受到影响，从而大大提高了图像编辑的效率和质量。因此可以说，在 Photoshop 中使用最频繁的操作便是对图层的编辑。

本章重点：

(1) 图层控制面板的使用；

(2) 图层的编辑方法；

(3) 图层蒙版的使用技巧；

(4) 图层样式的应用效果。

3.1 图层的基本操作

3.1.1 图层控制面板

不论是编辑图层还是管理图层，都是通过图层控制面板配合图层菜单来完成的。初次启动 Photoshop 时，图层控制面板自动显示在窗口的右下侧，若图层控制面板被关闭了，可以单击窗口菜单【窗口】/【图层】命令打开图层控制面板。图层控制面板如图 3－1 所示。

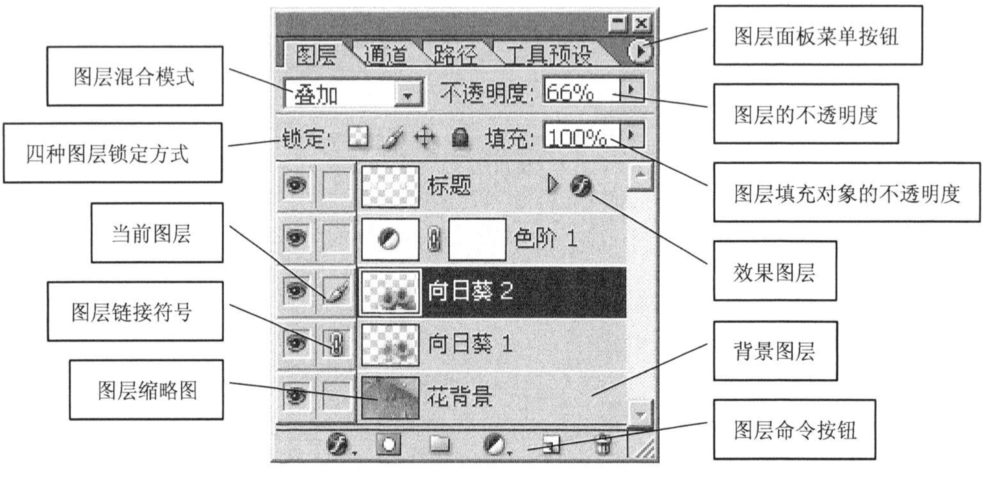

图 3－1 图层控制面板

图层控制面板中常用元素的功能简介如下：

(1) 背景图层 始终处在图层的最下方，一个图像文件只有一个背景层，它是 Photoshop

默认的图层，它既不能被调整叠放顺序，也不能应用混合模式或者调整不透明度。

（2）当前图层　当前正在工作的图层，以蓝色显示并且在其前端显示有一个笔刷图标。

（3）图层的显示与隐藏　当图层的前端显示有眼睛图标时，表示该图层的内容在图像窗口中显示出来了，通过重复单击眼睛图标所在的小方框，图层可在显示与隐藏之间切换。

（4）图层链接　当图层前端显示有链接图标时，表示该图层与其他图层建立了链接关系，通过重复单击链接图标所在的小方框，图层可在链接与取消链接之间切换。

（5）锁定透明像素　保护被锁定图层中的透明区域，将编辑范围限制在含有像素的区域内。

（6）锁定图像像素　锁定当前图层中的图像以防被编辑。

（7）锁定位置　锁定当前图层在图像中的位置以防被移动。

（8）全部锁定　锁定对当前图层或序列的全部编辑操作。

（9）不透明度　控制当前图层的透明程度，取值范围在0～100%，其中0为完全透明，100%为完全不透明，可直接输入数值或在下拉框中拖动滑块进行调整。

3.1.2　新建图层

1）新建一个空白图层

方法一：单击窗口菜单【图层】/【新建】/【图层】命令。

方法二：单击“图层面板菜单”按钮，在弹出的菜单中单击【新图层】命令。

方法三：单击图层控制面板上的“创建新的图层”按钮。

【操作示例3.1】　制作“几何体”图像，完成后的效果如图3-6所示。

（1）单击窗口菜单【文件】/【新建】命令，建立一个分辨率为72像素/英寸、白色背景、RGB模式的新文件。

（2）制作圆柱体

① 单击图层控制面板“创建新的图层”按钮，建立“图层1”。

② 单击“椭圆选框工具”在图像窗口中拖曳鼠标，在“图层1”上建立一个椭圆选区。

③ 在色板控制面板单击“RGB蓝”色块作为前景色，默认的背景色为白色。单击“渐变工具”，属性栏上的参数设置如图3-2所示，按住＜Shift＞键的同时在选区内自中心向外侧拖曳鼠标作线性渐变填充，形成圆柱底部，结果如图3-3(a)所示。

图3-2　属性栏上的参数设置

④ 同时按下＜Ctrl＋Alt＋↑＞键多次，向上复制选区，生成圆柱体，结果如图3-3(b)所示。

⑤ 按下＜Alt＋Del＞键在选区内填充前景色，生成圆柱顶部，单击窗口菜单【选择】/【修改】/【收缩】命令，在弹出的“收缩”对话框中输入“收缩量”值约为“8”，形成缩小的椭圆选区。

⑥ 单击“渐变工具”，属性栏上的参数设置同图3-2所示，按住＜Shift＞键的同时在选区

内自中心向外侧拖曳鼠标作线性渐变填充，按下＜Ctrl＋D＞键取消选区，完成圆柱制作，结果如图 3－3(c)所示。

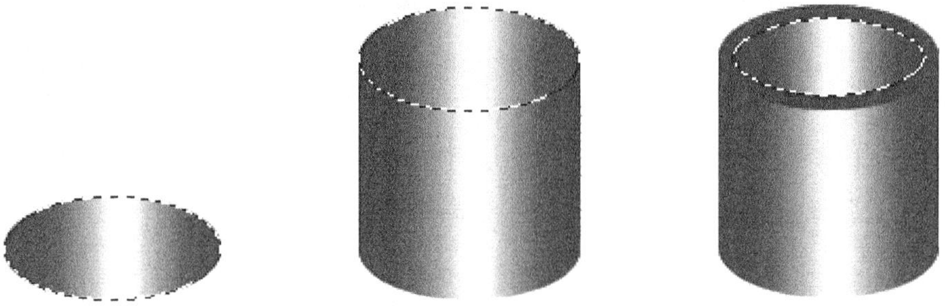

(a) 绘制圆柱底部　　(b) 复制选区生成圆柱体　　(c) 制作圆柱顶部

图 3－3　圆柱体的制作

(3) 制作圆锥体

① 单击图层控制面板“创建新的图层”按钮，建立“图层 2”。

② 单击“矩形选框工具”在图像窗口中拖曳鼠标，在“图层 2”上建立一个矩形选区。

③ 在色板控制面板单击“RGB 绿”色块作为前景色，默认的背景色为白色。单击“渐变工具”，属性栏上的参数设置同图 3－2 所示，按住＜Shift＞键的同时在选区内自中心向外侧拖曳鼠标作线性渐变填充，取消选区。

④ 按下＜Ctrl＋T＞键自由变换图像，再按住＜Shift＋Ctrl＋Alt＞键，并同时用鼠标将变换定界框右上角的控点向左拖动，直到上方三个控点重合，单击回车键结束变换，结果如图 3－4(a)所示。

⑤ 单击“椭圆选框工具”建立一个椭圆选区，位置如图 3－4(b)所示。

⑥ 按下＜Shift＋Ctrl＋I＞键反选选区，单击“橡皮擦工具”擦去选区中多余的图形，结果如图 3－4(c)所示，取消选区。

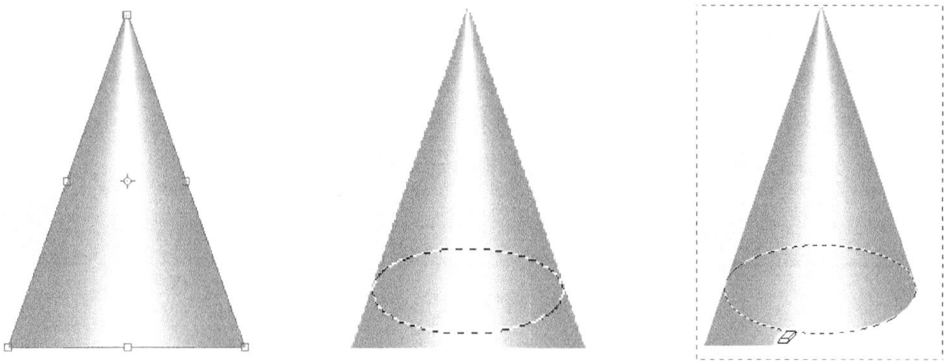

(a) 变换后的矩形选区　　(b) 椭圆选区的位置　　(c) 擦除选区中多余的图形

图 3－4　圆锥体的制作

(4) 制作球体

① 单击图层控制面板“创建新的图层”按钮，建立“图层 3”。

② 单击“椭圆选框工具”，按住<Shift>键并在图像窗口中拖曳鼠标，在“图层 3”上建立一个正圆选区。

③ 在色板控制面板单击“RGB 红”色块作为前景色，默认的背景色为白色。单击“渐变工具”，属性栏上的参数设置如图 3－5 所示，在选区内自左上向右下拖曳鼠标作径向渐变填充，形成球体。

图 3－5　属性栏上的参数设置

(5) 在图层面板上分别单击不同图层，用“移动工具”和【自由变换】命令调整三个图形的大小、形态和相对位置，结果如图 3－6 所示，所对应的图层控制面板如图 3－7 所示。

图 3－6　完成后的效果图

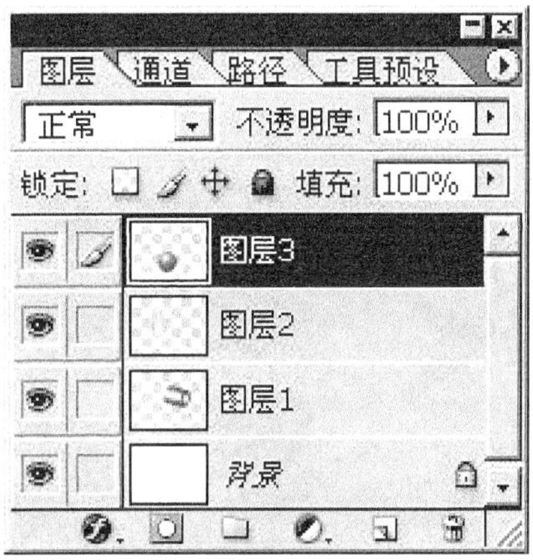

图 3－7　图层控制面板

【知识扩展】

➢ 在图层控制面板上，背景图层始终处在最下方，而新建图层自动命名为“图层 1”、“图层 2”、“图层 3”……排列在当前图层的上方，如图 3－7 所示。

➢ 在图层控制面板用鼠标双击背景图层，在弹出的“新图层”对话框中输入图层名称，即可将背景图层转换成普通图层。

➢ 为了保持各图层中图形的相对位置，可以先定位在一个图层中，再依次在其他图层前面的“方框”中单击，当图层前面显示链接符号时，表示图层之间建立了链接关系，如图 3－8 所示。

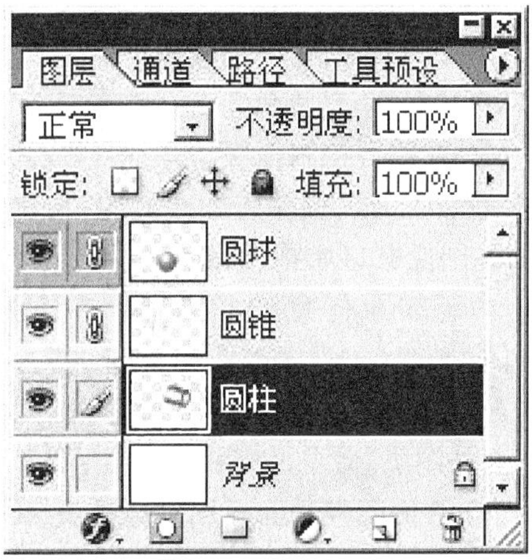

图 3－8　在图层之间建立链接并修改图层属性

➢ 当图层较多时，为了便于识别可以为图层重新命名和做识别标记，方法是：在图层控制面板上右击一个图层，在快捷菜单中单击【图层属性】命令，在弹出的“图层属性”对话框中输入新的图层名，并可以为图层选择一种颜色作为识别标记，如图 3－8 所示。

2）通过拷贝建立层

“通过拷贝建立层”是指将图像中选取的拷贝对象放置在一个新生成的图层中，并且与原图像中的位置保持一致。在选取拷贝对象后，按下列方法之一操作：

方法一：单击窗口菜单【图层】/【新建】/【通过拷贝的图层】命令。

方法二：右击图像窗口中的选区，在快捷菜单中单击【通过拷贝的图层】命令。

方法三：在图层面板上右击选区所在的图层，在快捷菜单中单击【通过拷贝的图层】命令。

3）通过剪切建立层

“通过剪切建立层”与“通过拷贝建立层”的概念和操作方法相似，不同的是将选取部分从图像中分离出来。如果是在背景层上剪切，被剪掉的部分填入背景色，若在图层上剪切，被剪掉的部分为透明，所用命令为【通过剪切的图层】。

【操作示例 3.2】 打开 3－1. psd 图像文件，如图 3－9 所示，所对应的图层控制面板如图 3－10 所示，用“通过拷贝建立层”的方法制作小鸭在水中的效果，如图 3－12 所示。

图 3－9　3－1. psd 图像文件

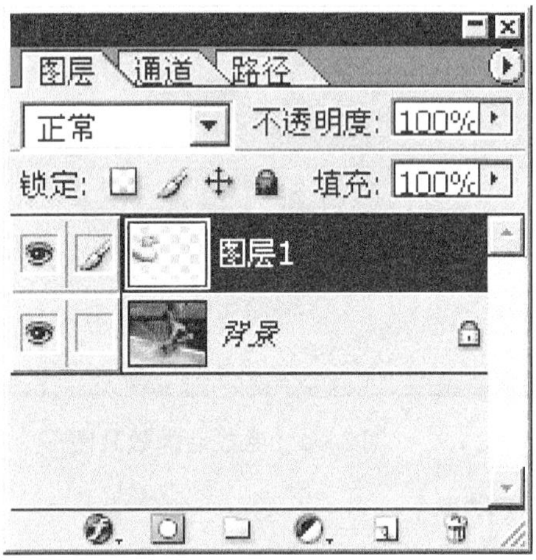

图 3－10　图层控制面板

（1）在图层控制面板单击“图层 1”，按下<Ctrl＋T>键自由变换图像至合适大小，单击“移动工具”拖动小鸭至合适位置。

（2）在图层控制面板上单击“背景”层，再单击“套索工具”，调整属性栏上的“羽化值”约为 6，在图像窗口中拖曳鼠标建立一个包含小鸭身体下部的任意形状选区，如图 3－11 所示。

（3）右击背景层，在弹出的菜单中单击【通过拷贝的图层】命令，自动建立“图层 2”。

（4）在图层控制面板用鼠标拖曳“图层 2”至“图层 1”的上方，并适当调整“图层 2”的不透明度，最后效果如图 3－12 所示，所对应的

图 3－11　拖曳鼠标建立一个任意形状选区

图层控制面板如图 3－13 所示。

图 3－12　完成后的效果图

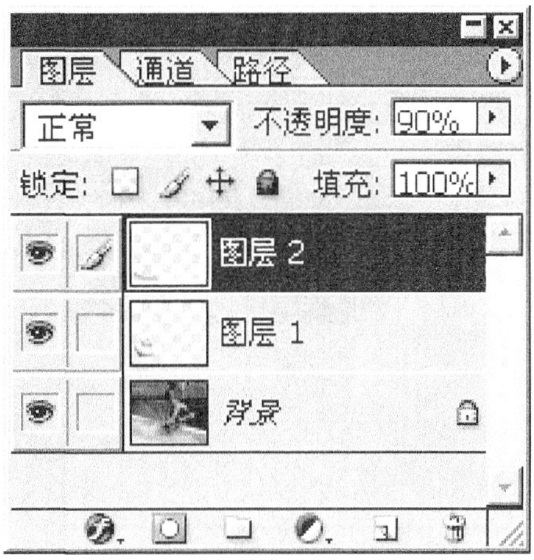

图 3－13　图层控制面板

【操作示例 3.3】 打开 3－2.jpg 图像文件，如图 3－14 所示，用“通过剪切建立层”的方法制作人物在背景上投影的效果，如图 3－17 所示。

图 3－14　3－2.jpg 图像文件

(1) 单击“魔棒工具”，适当调整属性栏上相关参数，在图像背景上单击选取图像背景，按下＜Shift＋Ctrl＋I＞键反选选区，选取图像中的人物。

(2) 在图层控制面板上右击“背景”层，在快捷菜单中单击【通过剪切的图层】命令，被选取的部分从背景层中分离出来产生“图层 1”，背景层上被剪掉的部分自动填入了当前背景色“白色”。图层控制面板如图 3－15 所示。

(3) 用鼠标拖曳“图层 1”至图层控制面板“创建新的图层”按钮上，在“图层 1”上方产生“图层 1 副本”层。

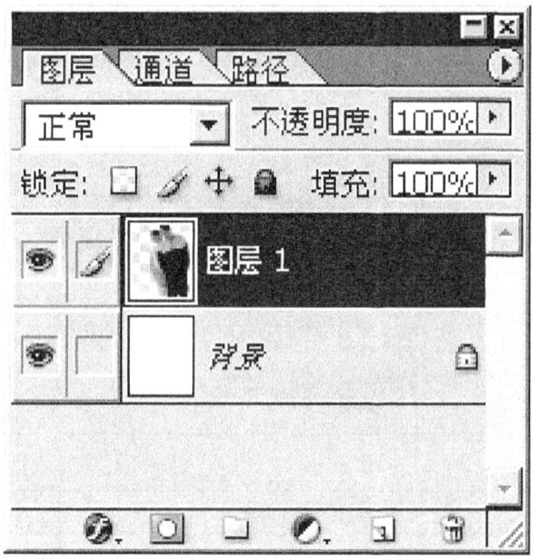

图 3－15　图层控制面板

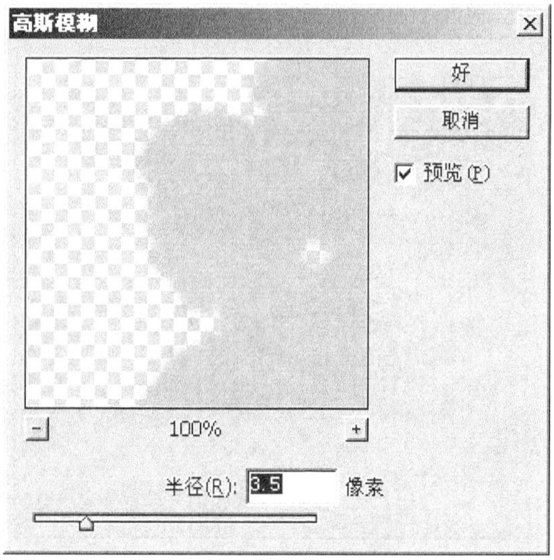

图 3－16　“高斯模糊”对话框

（4）在色板控制面板上单击“25％灰”作为前景色，确认当前定位在“图层 1”，按住＜Ctrl＞键的同时用鼠标单击“图层 1”，选中“图层 1”中的图像，按下＜ Alt＋Del ＞键在选区内填充前景色，取消选区。

（5）单击窗口菜单【滤镜】/【模糊】/【高斯模糊】命令，在弹出的“高斯模糊”对话框中设置如图 3－16 所示各项参数，单击“好”按钮，为图像添加模糊效果。

（6）按下＜Ctrl＋T＞键自由变换图像，再按住＜Ctrl＞键并同时用鼠标拖曳变换定界框上方的各个控点，调整图像使之变为倾斜的影子，单击回车键结束变换。

（7）适当调整“图层 1”的不透明度，完成后的效果如图 3－17 所示，图层控制面板如图 3－18 所示。

图 3－17　完成后的效果

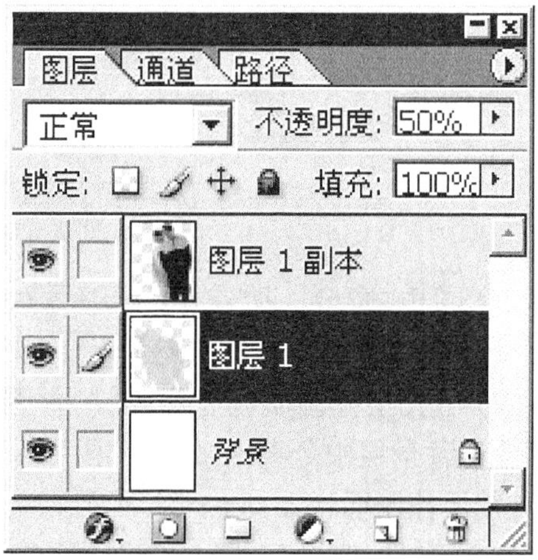

图 3－18　图层控制面板

【知识扩展】

➢ 一个图像文件常包含多个图层，而所做操作仅对当前层有效，因此操作前必须用鼠标在图层控制面板上单击所要操作的图层，以确定当前层。

➢ 通过复制或剪切产生的新图层自动排列在当前图层的上方，如需要改变各图层之间的排列顺序，可以直接在图层控制面板上用鼠标拖曳图层上下移动。

➢ 按住＜Ctrl＞键的同时用鼠标在图层控制面板上单击某个图层，可以选中该图层上除透明区域以外的全部图像，如本例的步骤(4)。

3.1.3 图层的编辑

1）复制图层

在 Photoshop 中通过复制图层的方法可以产生一个与指定图层完全相同的副本层，复制图层既可以在同一个图像中进行，也可以在不同图像之间进行。

(1) 用菜单命令操作

方法一：单击窗口菜单【图层】/【复制图层】命令。

方法二：单击“图层面板菜单”按钮，在弹出的菜单中单击【复制图层】命令。

方法三：在图层控制面板上右击指定的图层，在快捷菜单中单击【复制图层】命令。

执行命令之后将弹出“复制图层”对话框，如图 3－19 所示的。

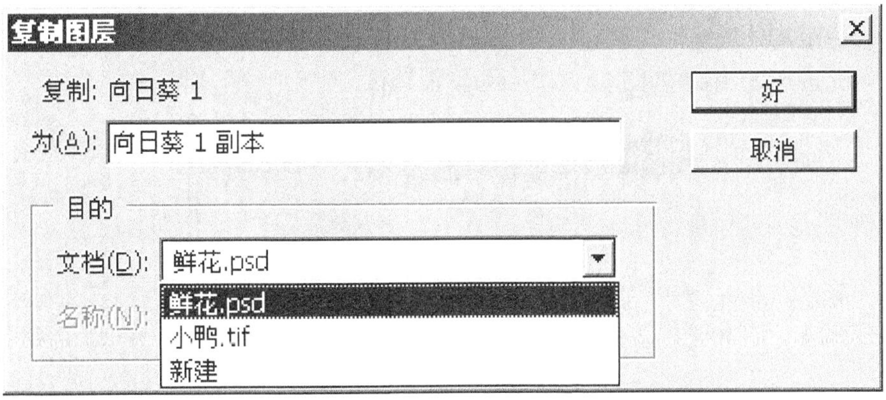

图 3－19 “复制图层”对话框

可在“为”文本中输入由复制产生的副本层的名称，在“文档”下拉列表框中可选择副本层输出目的地，其中包括：输出在当前图像文件中，如“鲜花. psd”；输出至已打开的其他图像文件中，如“小鸭. tif”；由副本层建立一个新文件。

(2) 用鼠标操作

方法一：在图层控制面板拖曳指定图层至“创建新的图层”按钮 上，表示在当前图像文件中产生一个副本层。

方法二：在图层控制面板拖曳指定图层至目标图像窗口中，表示向目标图像中输入一个副本层。

方法三：单击“移动工具”从当前图像窗口中拖曳图层至目标图像窗口中，表示向目标图像中输入一个副本层。

【操作示例 3.4】 打开 3－3. jpg 图像文件与几何体. psd 图像文件，如图 3－20 与图 3－

21 所示，合成“花与几何体”图像，完成后的效果如图 3－25 所示(彩色效果图见附录)。

图 3－20　3－3.jpg 图像文件

图 3－21　几何体.psd 图像文件

(1) 将 3－3.jpg 图像文件作为背景，处理步骤如下：

① 在色板控制面板上单击“蜡笔青”作为前景色，单击“魔棒工具”，适当调整属性栏上相关参数，在图像背景上单击选中全部白色背景，按下＜Alt＋Del＞键将前景色填充进选区，取消选区。

② 确认当前背景色为白色，单击“矩形选框工具”，在属性栏上设置“羽化值”约为 25，在距图像边缘合适距离处做矩形选区，按下＜Shift＋Ctrl＋I＞键反选选区，按下＜Ctrl＋Del＞键将背景色填充进选区，结果如图 3－22 所示，取消选区。

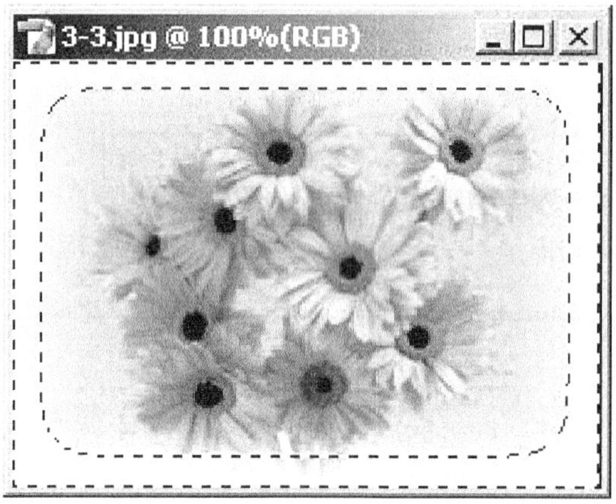

图 3－22　在图像背景处填充

(2) 切换到几何体.psd 图像窗口，在图层控制面板上单击任意一个几何体图层，再在另外两个几何体图层前面的“方框”中单击，当出现了链接符号后，表示三个图层之间建立了链接关系。从图像窗口拖曳任意一个几何体至 3－3.jpg 图像窗口内，释放鼠标，此时三个链接的几何体图层被同时复制，结果如图 3－23 所示，所对应的图层控制面板如图 3－24 所示。

图 3－23　三个链接的几何体图层被同时复制

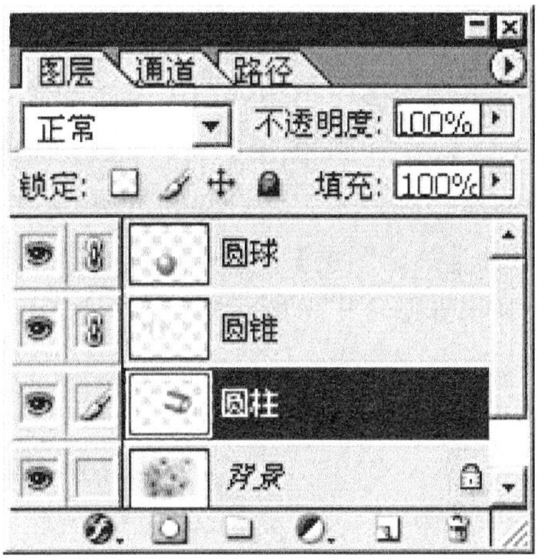

图 3－24　图层控制面板

(3) 在图层控制面板单击几何体图层前的链接符号 ，取消各图层之间的链接，再适当调整各图层的不透明度和相对位置。单击"图层面板菜单"按钮，在弹出的菜单中单击【拼合图层】命令，合并所有图层。完成后的效果如图 3－25 所示（彩色效果图见附录），所对应的图层控制面板如图 3－26 所示。

图 3－25　完成后的效果

图 3－26　图层控制面板

【知识扩展】

图层的透明度默认为 100％，此时上方图层的不透明部分完全遮住下方的图层，当调整上方图层的不透明度后下方图层便显现出来，使图层之间产生重叠的效果，如本例的步骤(3)。这种方法也常用来制作影子的效果，如【操作示例 3.3】的步骤(7)。

2）合并图层

随着对图像的编辑，图像文件中的图层将不断增加，但图层过多会占用大量的内存，影响图像处理速度，因此对已经编辑好的图层应该及时合并。在窗口菜单的【图层】命令中或图层面板菜单中提供了以下几种合并图层的命令：

(1)【向下合并】　将当前图层与位于其下方的一个图层合并成一个图层。适用于相邻两个图层之间的合并。

（2）【合并链接图层】　如当前图层与其他图层之间存在着链接关系，【向下合并】命令便转换成【合并链接图层】命令，执行该命令可将当前图层和与之有链接关系的图层合并成一个图层。适用于多个不相邻图层之间的合并。

（3）【合并可见图层】　仅将图层前面带有“眼睛图标”的可见层进行合并。适用于图层中有少量图层不需要合并的情况，先将该部分图层设置为隐藏，使之不参加合并。

（4）【拼合图层】　将所有图层合并成一个背景层。如果图层中存在隐藏图层，执行命令后会弹出如图 3－27 所示对话框，要求确认对隐藏图层的处理。

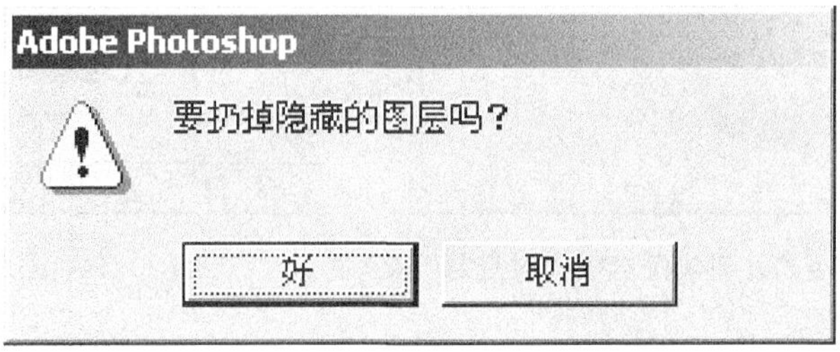

图 3－27　确认对隐藏图层的处理

3）图层组

当一个图像中含有大量图层时，要对图层做查找、定位和管理等操作便会变得非常麻烦，此时可利用“图层组”的方式来管理图层。“图层组”就像一个文件夹，其中可以收藏多个图层。图层组可以折叠和展开，可以直接在其中创建图层，也可以任意加入或移出图层。

（1）建立一个空白的图层组

方法一：单击窗口菜单【图层】/【新建】/【图层组】命令。

方法二：单击“图层面板菜单”按钮，在弹出的菜单中单击【新图层组】命令。

方法三：单击图层控制面板上的“创建新组”按钮。

（2）自链接的图层创建图层组

方法一：单击窗口菜单【图层】/【新建】/【由链接图层组成的图层组】命令。

方法二：单击“图层面板菜单”按钮，在弹出的菜单中单击【由链接图层新建组】命令。

【操作示例 3.5】　打开花与几何体.psd 图像文件，其图层控制面板如图 3－28 所示，要求

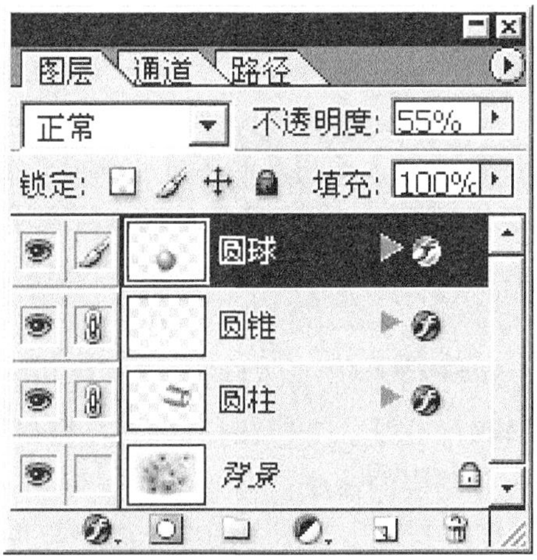

图 3－28　图层控制面板

按图层组管理图层。

(1) 单击图层控制面板上的“创建新组”按钮，在图层面板增加了一个图层组，系统自动为其命名为“序列 1”，如图 3-29 所示。

图 3-29　创建“序列 1”图层组

(2) 用鼠标拖曳“圆球”图层至“序列 1”图层组上，释放鼠标，将“圆球”图层放入了图层组内。对“圆锥”图层与“圆柱”图层做同样的操作，结果如图 3-30 所示，单击图层组前面的▽标记，折叠图层组，结果如图 3-31 所示。

图 3-30　在图层组中加入图层

图 3-31　折叠后的图层组

【知识扩展】

➢ 对于放入图层组的图层仍然可以对其编辑，如设置不透明度、调整图层之间的位置、隐藏图层等。

➢ 通过鼠标拖曳的方法，可以随时向图层组内添加图层或移出图层。

➢ 如要取消已建立的图层组可在图层控制面板上右击图层组，在快捷菜单中单击【删除图层组】命令，弹出如图 3－32 所示的对话框。单击其中的“组和内容”按钮，表示将图层组及其所包含的图层一起删除，如单击“仅限组”按钮，表示取消图层组，保留图层组中的图层。

图 3－32 “删除图层组”对话框

4）图层剪辑组

图层剪辑组是一种特殊的图层组，它将相邻的图层组成一个组，其中，位于组内下方图层的透明区域起着蒙版作用，能遮盖位于组内上方的各个图层。操作方法如下：

方法一：单击窗口菜单【图层】/【创建剪贴蒙版】命令，将当前图层与其下方的图层编组。

方法二：在参加编组的多个图层之间建立链接，单击窗口菜单【图层】/【从链接图层创建剪贴蒙版】命令

方法三：按住<Alt>键，在图层控制面板上移动鼠标至两个图层分界线处，当鼠标指针变成时单击鼠标，将相邻两个图层编组。若再次按住<Alt>键移动鼠标至该处时，鼠标指针变成了，单击鼠标可以取消剪辑组。

【操作示例 3.6】 分别打开 3－4.jpg、3－5.jpg 图像文件，如图 3－33、图 3－34 所示，应用图层剪辑组技术制作如 3－40 所示的效果图。

图 3－33 3－4.jpg 图像文件

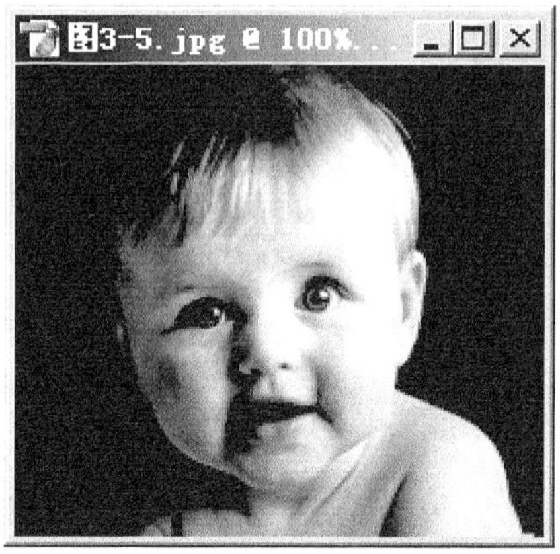

图 3－34 3－5.jpg 图像文件

(1) 以 3－4.jpg 图像文件为当前操作窗口，单击“魔棒工具”，在图像背景上单击选取图像背景，按下<Shift＋Ctrl＋I>键反选选区，选中图像中的叶片。

(2) 在图像中右击鼠标，在快捷菜单中单击【通过剪切的图层】命令，被选取的部分从背景层中分离出来产生“图层 1”，背景层上被剪掉的部分自动填入了当前的背景色“白色”，图层控制面板如图 3－35 所示。

(3) 在色板控制面板上单击“浅洋红”作为前景色，确认背景色为白色，定位在背景层，单

图 3－35　图层控制面板增加了“图层 1”

击窗口菜单【滤镜】/【渲染】/【云彩】命令，为背景层添加云彩效果，如图 3－36 所示，所对应的图层控制面板如图 3－37 所示。

图 3－36　为背景层添加云彩效果

图 3－37　图层控制面板

（4）单击“移动工具”，将 3－5.jpg 图像拖曳至当前图像窗口，在当前图像窗口增加了一个“图层 2”，结果如图 3－38 所示，所对应的图层控制面板如图 3－39 所示。

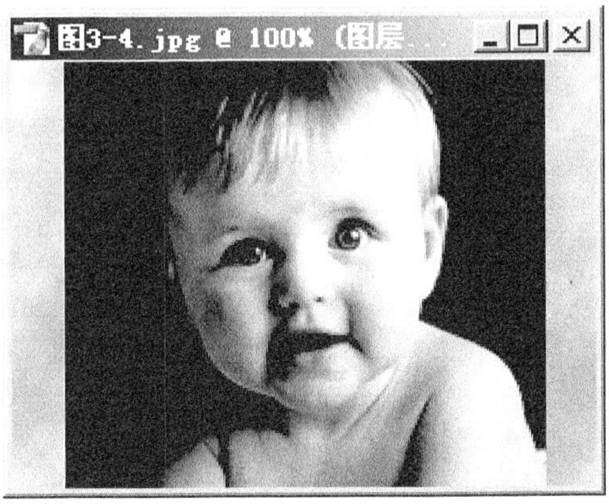

图 3－38　复制后的图像窗口

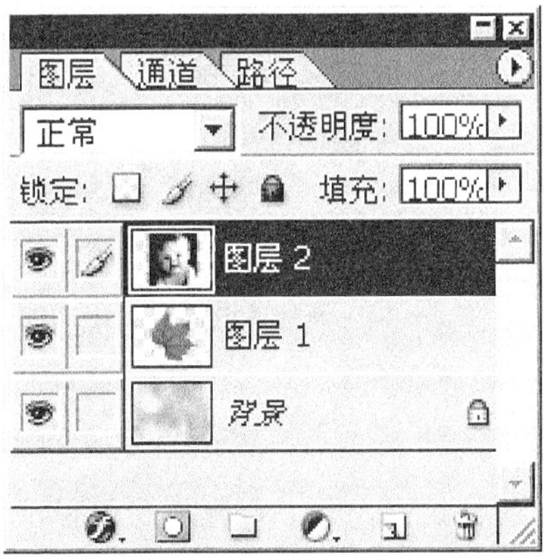

图 3－39　图层控制面板增加了“图层 2”

(5) 按住＜Alt＞键，移动鼠标至图层控制面板上“图层 1”与“图层 2”的分界线处，当鼠标指针变成时单击鼠标，将相邻两个图层编组，最后效果如图 3－40 所示，所对应的图层控制面板如图 3－41 所示。

图 3－40　完成后的效果

图 3－41　图层控制面板

【知识扩展】

➢ 在本例中，“图层 1”的透明区域对“图层 2”形成了蒙版效果，使“图层 2”中的图像仅显示了“树叶形”范围之内的部分，而由于“图层 1”的透明区域不能遮挡背景层，背景层的“云彩纹理”又从“图层 1”的透明区域中显示了出来。

➢ 对于已建立了剪辑组的图层仍然可以对其编辑，如图 3－42 所示(彩色效果图见附录)。如果需要保持剪辑组中各图层之间的相对位置，同样可以对这些图层做链接操作，如图 3－43 所示。

图 3－42　调整并链接剪辑组内的图层

图 3－43　图层控制面板

3.1.4　图层蒙版

图层蒙版就像一个透明的薄膜，利用它可以遮盖指定图层中不需要编辑的部分。蒙版上的黑色区域表示图层中被遮盖的部分，白色区域表示图层中未被蒙版遮盖的部分，而灰色区域则表示图层上的图像未被完全遮盖，呈现为半透明状态。利用图层蒙版这一特性可以对图层中的某些部分作渐隐效果，但背景图层不能应用图层蒙版。

1）添加图层蒙版

方法一：单击窗口菜单【图层】/【添加图层蒙版】/【显示全部】命令。

方法二：单击图层控制面板“添加图层蒙版”按钮。

【操作示例 3.7】 分别打开 3－6.jpg、3－7.jpg 图像文件，如图 3－44、图 3－45 所示，应用图层蒙版技术制作如图 3－48 所示的效果图。

图 3－44 3－6.jpg 图像文件

图 3－45 3－7.jpg 图像文件

（1）单击“矩形选框工具”，在 3－6.jpg 图像窗口中选取头像部分复制进 3－7.jpg 图像窗口中，生成“图层 1”。调整其位置在花心处，如图 3－46 所示，图层控制面板如图 3－47 所示。

图 3－46 复制后的图像窗口

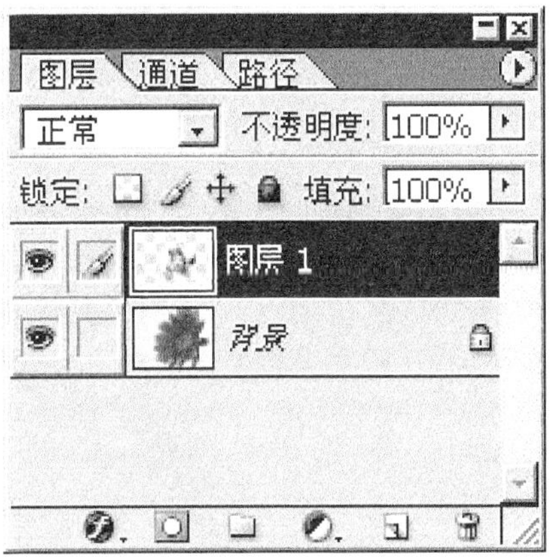

图 3－47 图层控制面板增加了“图层 1”

（2）单击图层控制面板“添加图层蒙版”按钮，为“图层 1”添加蒙版。

（3）确认当前的前景色为白色，背景色为黑色，单击“渐变工具”，在属性栏单击“径向渐变”按钮，自头像的中心向右下角拖曳鼠标，在图层蒙版上作由白到黑的渐变填充，结果如图 3－48 所示。

图 3－48　完成后的效果

【知识扩展】

➢ 在图层蒙版上作由“白色至黑色”的径向渐变是因为蒙版上的白色区域可以完全显示“图层 1”中的图像，黑色区域能完全遮盖蒙版下方的图像，而中间的渐变为灰色过渡区，因而产生了透明而朦胧的过渡效果。

➢ 在图层蒙版上作渐变时应该注意鼠标拖曳距离的大小，如图 3－49 所示的图像便是由于鼠标拖曳距离过大，使得图层 1 中不需要显示的部分也被显示了出来。此时，可选用较大直径的“毛笔工具”，并设置“软边”笔刷，对蒙版的遮盖部分进行修正直到满意为止。

图 3－49　因鼠标拖曳距离过大而产生的效果

➢ 当在图层上添加了图层蒙版之后，蒙版与图层之间自动加上了链接符号，此时，如果在图像窗口中移动“图层 1”，蒙版跟随移动。若要单独移动图层或蒙版，首先应该单击链接符号取消链接，然后在图层控制面板单击“图层缩览图”，在图层缩览图前面的方框中显示为，表示当前操作仅对图层有效，若单击“图层蒙版缩览图”，在图层缩览图前面的方框中显示为，表示当前操作仅对图层蒙版有效，也可以再次将两者链接起来。带有蒙版的图层控制面板如图 3－50 所示。

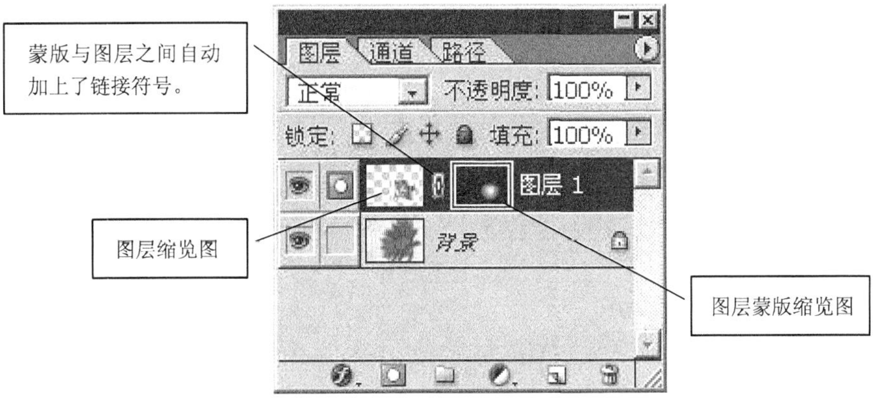

图 3-50　带有蒙版的图层控制面板

2）移去图层蒙版

在图层中应用图层蒙版会加大图像文件的存储容量，因此当确认了图层蒙版的效果后应及时将其移去，操作方法如下：

方法一：单击窗口菜单【图层】/【移去图层蒙版】/【应用】命令，表示将图层蒙版产生的效果直接应用到图层上，并去除图层蒙版。

方法二：单击窗口菜单【图层】/【移去图层蒙版】/【扔掉】命令，表示去除图层蒙版并且放弃其对图层的作用效果。

3）停用图层蒙版

当需要暂时去除图层蒙版的效果而并不真正删除图层蒙版时，可以单击窗口菜单【图层】/【停用图层蒙版】命令，此时的图层控制面板如图 3-51 所示，当再次单击【图层】/【启用图层蒙版】命令，蒙版的效果重新恢复。

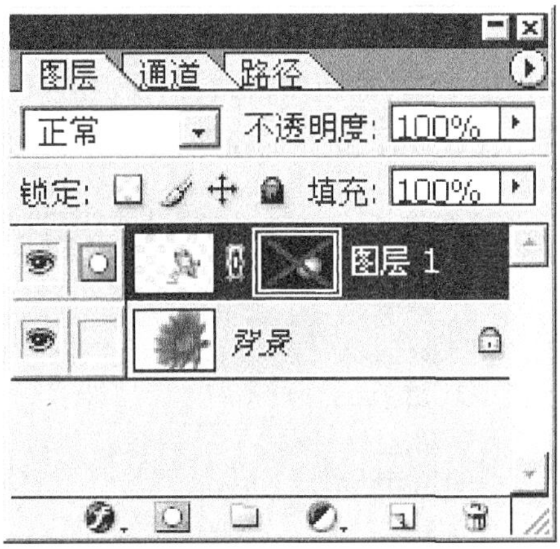

图 3-51　图层蒙版被暂时停用

3.2　图层样式

图层样式是制作图像特效的重要手段之一，它可以作用于除背景层以外的任意一个图层上。图层样式的设置是在如图 3-52 所示的“图层样式”对话框中进行的，对话框的左侧包含了三项内容，即：样式、图层混合选项和各种图层效果，中间是各种效果的不同选项，在右边小窗口可预览所设定的效果。

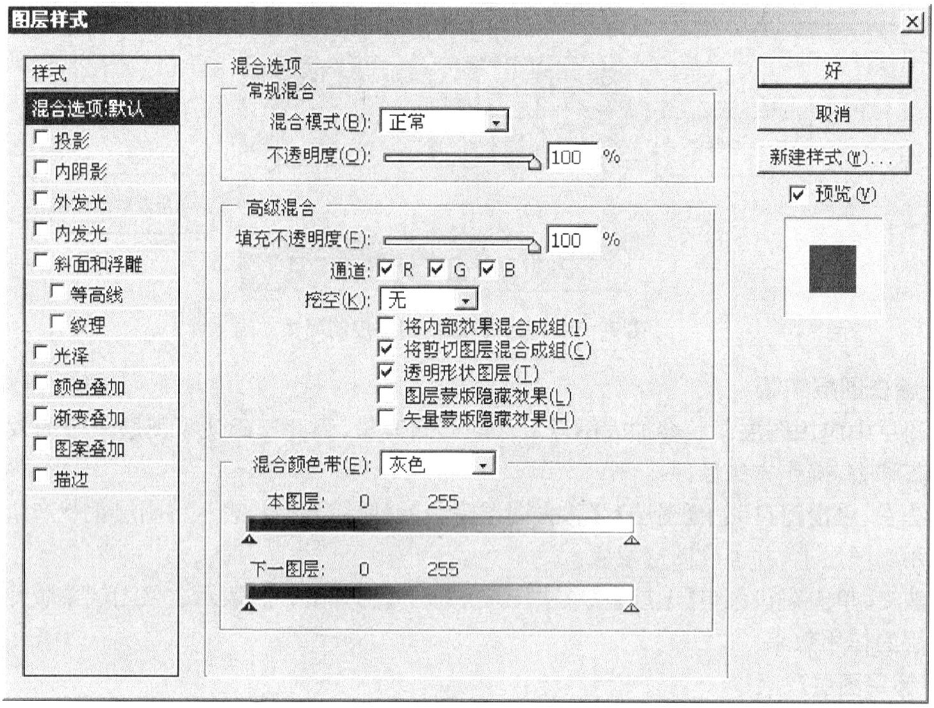

图 3-52 “图层样式”对话框

打开“图层样式”对话框的方法如下：

方法一：单击窗口菜单【图层】/【图层样式】命令，在弹出的如图 3-53 所示菜单中单击任意一个命令。

方法二：单击图层控制面板上的“添加图层样式”按钮 。

方法三：用鼠标在图层控制面板上双击要添加图层样式的图层。

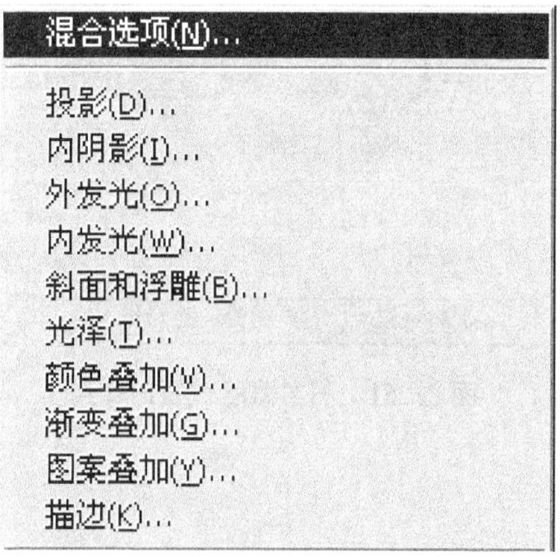

图 3-53 【图层样式】命令子菜单

3.2.1 图层混合选项

图层混合选项可分为常规混合、高级混合和混合颜色带等三个部分。其中，常规混合包括了混合模式和不透明度两项，是最基本的图层选项，它既可在“图层样式”对话框中进行操作，也可以直接在图层控制面板上的“混合模式”和“不透明度”框中进行操作。

1）图层不透明度和填充不透明度

图层不透明度用以控制当前图层上所有元素的透明程度，而填充不透明度只能控制当前图层上图像像素的透明程度，对由“图层样式”和“混合模式”产生的效果不起作用。

【操作示例 3.8】 打开花与几何体.psd 图像，如图 3－54 所示，所对应的图层控制面板如图 3－55 所示。分别调整各个几何体图层的不透明度和填充不透明度。

图 3－54 “花与几何体.psd”图像

图 3－55 图层控制面板

（1）用鼠标在图层控制面板上双击“圆柱”图层，弹出如图 3－52 所示的“图层样式”对话框，在对话框中单击“投影”复选框，设置角度为 47 度，距离为 13，其余均为默认值，为“圆柱”添加一个影子。

（2）在图层控制面板上右击“圆柱”图层，在快捷菜单中单击“拷贝图层样式”命令，分别在“圆锥”、“圆球”图层上右击鼠标，在快捷菜单中单击“粘贴图层样式”命令，为这两个图层添加一个与“圆柱”图层相同的图层样式，结果如图 3－56 所示，所对应的图层控制面板如图 3－57 所示。

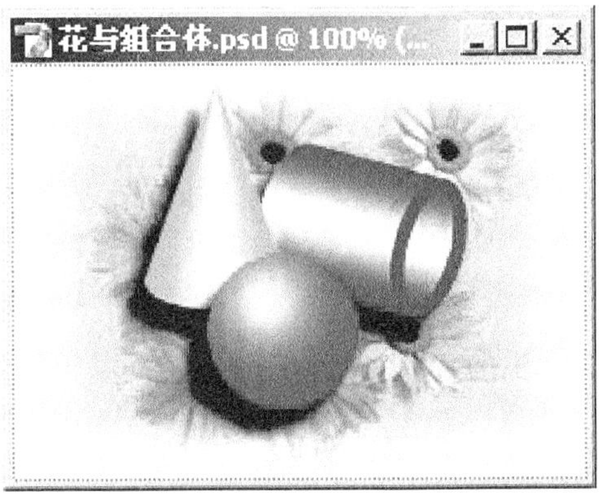

图 3－56 为几何体添加“投影”图层样式

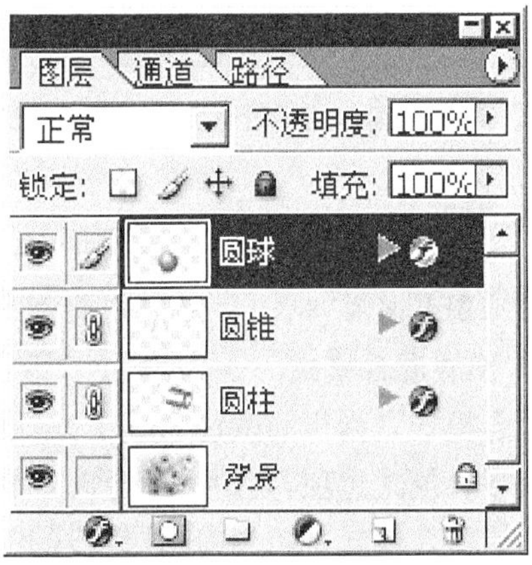

图 3－57 图层控制面板

(3) 分别定位在各个几何体所在图层，向左拖动图层控制面板上“不透明度”下拉框中的滑块，此时几何体与其投影的不透明度同时改变，如图 3 - 58 所示，所对应的图层控制面板如图 3 - 59 所示。

图 3 - 58　几何体与其投影的不透明度同时改变

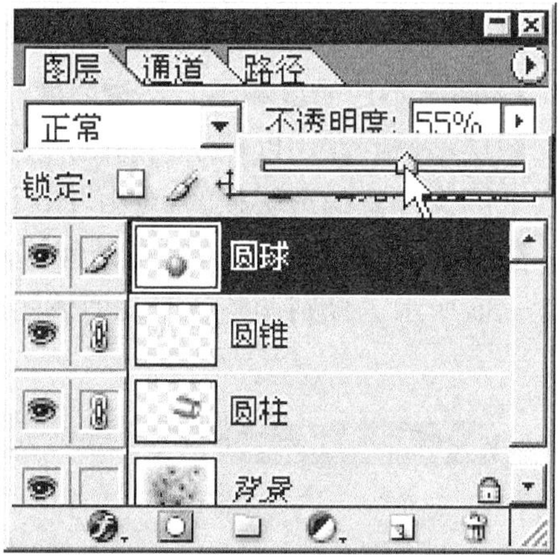

图 3 - 59　图层控制面板

(4) 在历史记录面板上撤消步骤(3)所做操作，再次分别定位在各个几何体所在图层，向左拖动图层控制面板上“填充”下拉框中的滑块，此时几何体的不透明度发生改变，而其投影没有任何变化，如图 3 - 60 所示，所对应的图层控制面板如图 3 - 61 所示。

图 3 - 60　几何体的不透明度改变，投影没有变化

图 3 - 61　图层控制面板

【知识扩展】

如按本例步骤(1)所述方式打开“图层样式”对话框，应注意在图层名称的右方双击鼠标，如果对准图层名称双击，所做操作是为图层重命名。

2）图层混合模式

混合模式是指当前颜色与其下方颜色叠加后产生的合成效果。在 Photoshop 中有多种工具具有混合模式选项，其用法和合成后的效果均相似。

图层混合模式是指当前图层与其下方的一个图层叠加后产生的合成效果，同样的图像应用了不同的图层混合模式会获得不同的效果。在图 3 - 52 所示“图层样式”对话框的“混合模式”下拉列表框中，或者在图层控制面板上的“混合模式”下拉列表框中显示有各种图层混合模式。

在图层混合中，当前图层称作“混合色”，位于其下方的一个图层称作“基色”，而混合后得到的颜色称“结果色”。在如图 3－62 所示的图像中新建一个图层并任意填充了一种颜色，所对应的图层控制面板如图 3－63 所示，对该图像应用不同的图层混合模式后，所产生的效果可参见图 3－64 至图 3－69。

图 3－62　原图像

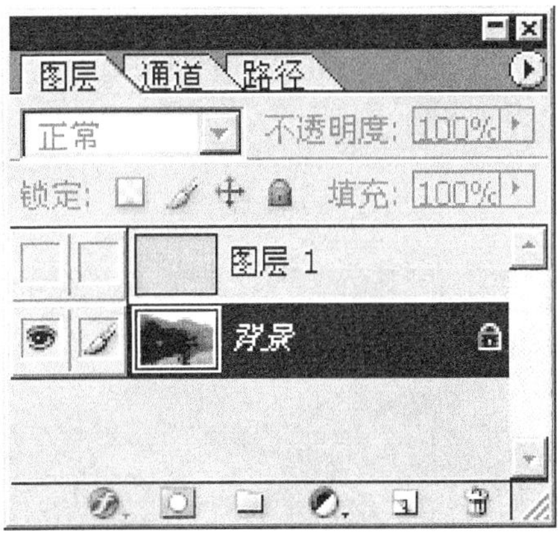

图 3－63　图层控制面板

（1）一般模式　一般模式包含：正常、溶解，是图层混合的基本模式，混合效果仅与混合色的不透明度有关，调整不透明度为 50%混合后的效果如图 3－64 所示。

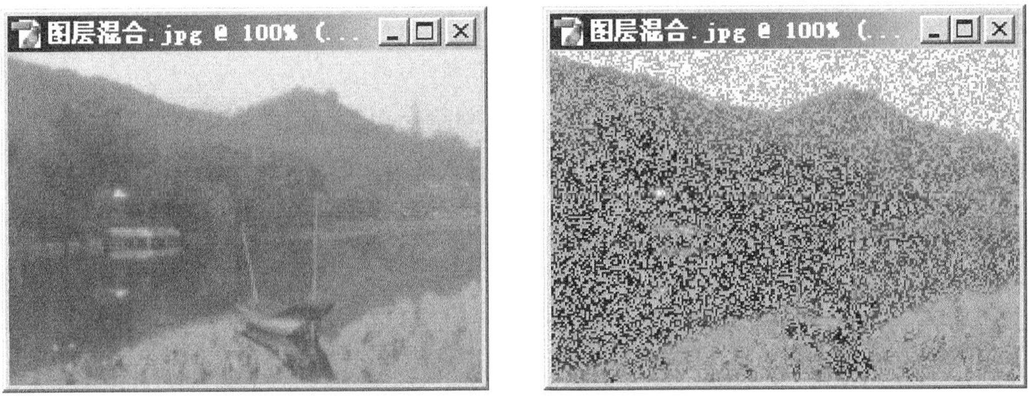

(a) 正常　　(b) 溶解

图 3－64　一般模式混合效果

（2）变暗模式　变暗模式包含：变暗、正片叠底、颜色加深、线性加深，混合后以较暗的颜色作为结果色，但不同模式变暗的效果略有不同，混合后的效果如图 3－65 所示。

(a) 变暗

(b) 正片叠底

(c) 颜色加深

(d) 线性加深

图 3-65 变暗模式混合效果

(3) 变亮模式 变亮模式包含:变亮、滤色、颜色减淡、线性减淡,混合后以较亮的颜色作为结果色,但不同模式变亮的效果略有不同,混合后的效果如图 3-66 所示。

(a) 变亮

(b) 滤色

(c) 颜色减淡

(d) 线性减淡

图 3-66 变亮模式混合效果

（4）叠加模式　叠加模式包含：叠加、柔光、强光、亮光、线性光、点光、实色混合，混合后的效果如图 3-67 所示。

(a) 叠加

(b) 柔光

(c) 强光

(d) 亮光

(e) 线性光

(f) 点光

(g) 实色混合

图 3－67　叠加模式混合效果

(5) 差值与排除模式　差值与排除模式混合后的效果如图 3－68 所示。

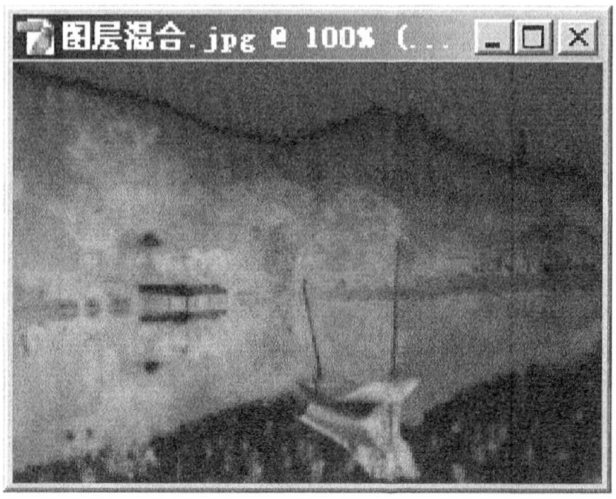

(a) 差值

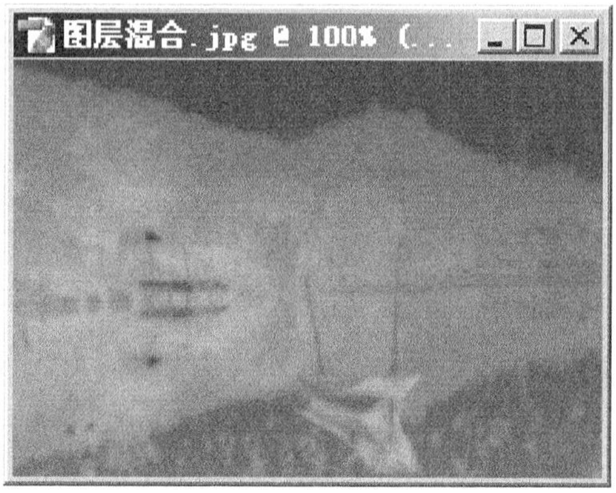

(b) 排除

图 3－68　差值与排除混合效果

(6) 颜色模式　颜色模式包含：色相、饱和度、颜色、亮度，均是与色彩相关的叠加模式，混合后的效果如图 3－69 所示。

(a) 色相

(b) 饱和度

(c) 颜色

(d) 亮度

图 3－69　颜色模式混合效果

【操作示例 3.9】 打开 3－8.jpg 图像文件，如图 3－70 所示，应用图层混合模式制作如 3－77 所示的效果图(彩色效果图见附录)。

图 3－70　3－8.jpg 图像文件

(1) 单击图层控制面板“创建新的图层”按钮，建立“图层 1”。

(2) 设置前景色为:R－201、G－230、B－251,单击“画笔工具”在图像窗口的“雪人”处涂抹,如图 3－71 所示,所对应的图层控制面板如图 3－72 所示。

图 3－71　用画笔工具在“图层 1”涂抹雪人

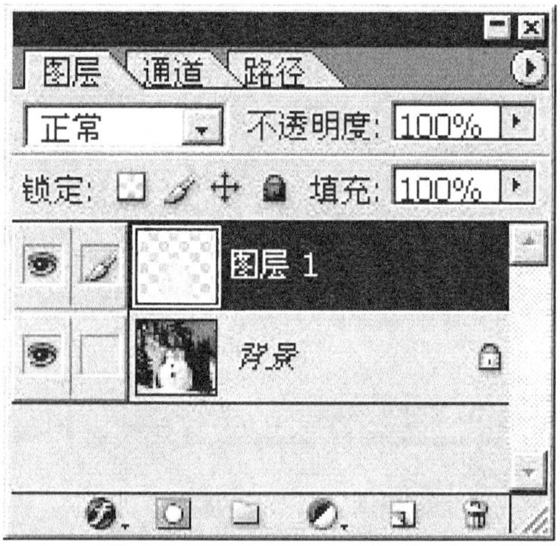

图 3－72　图层控制面板

(3) 在图层控制面板上的“混合模式”下拉列表框中单击“颜色”模式,使“图层 1”的色相与背景层的颜色混合,雪人的颜色由原来的白色调整成白色偏蓝。确认当前背景色为白色,单击“橡皮擦工具”在“图层 1”涂抹,将雪人眼睛、鼻子、纽扣等部位的颜色擦去,结果如图 3－73 所示,所对应的图层控制面板如图 3－74 所示。

图 3－73　在“图层 1”应用了“颜色”混合模式

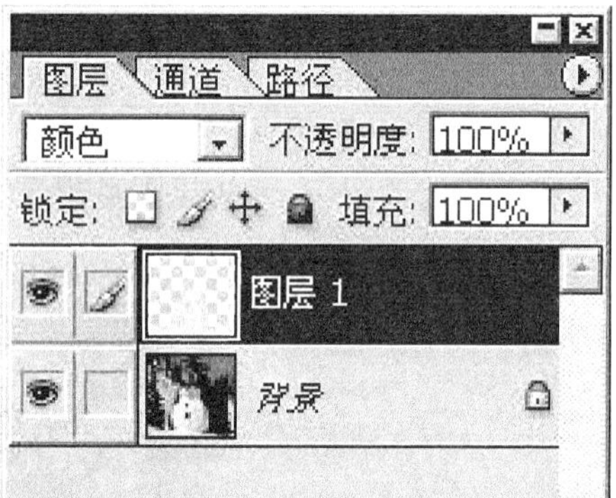

图 3－74　图层控制面板

(4) 单击图层控制面板“创建新的图层”按钮,建立“图层 2”,以白色填充“图层 2”,在图层控制面板上的“混合模式”下拉列表框中单击“溶解”模式,并适当调整图层的不透明度,结果如图 3－75 所示,所对应的图层控制面板如图 3－76 所示。

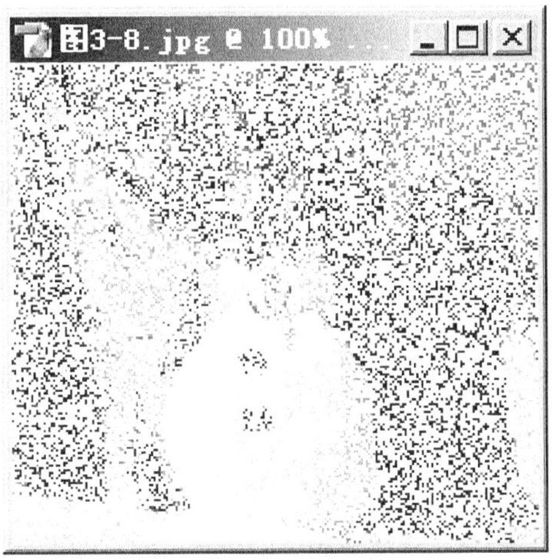

图 3－75　在“图层 2”应用了“溶解”混合模式

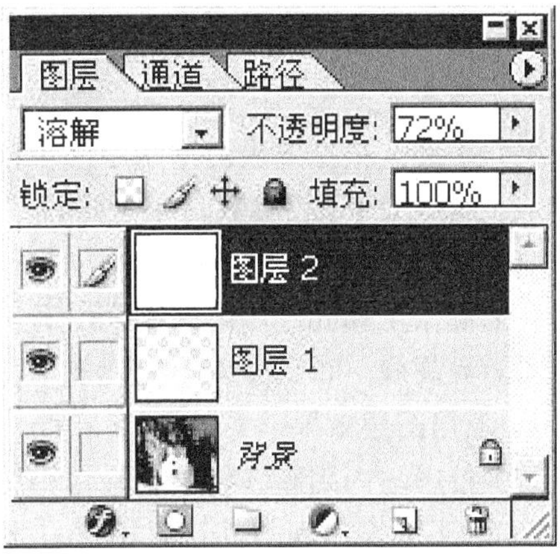

图 3－76　图层控制面板

(5) 单击“橡皮擦工具”，在属性栏选择软边笔刷，并适当调整笔刷的不透明度，在“图层 2”的雪人处随意擦除，形成隔着冬日结霜的玻璃向外观看的效果，如图 3－77 所示(彩色效果图见附录)，所对应的图层控制面板如图 3－78 所示。

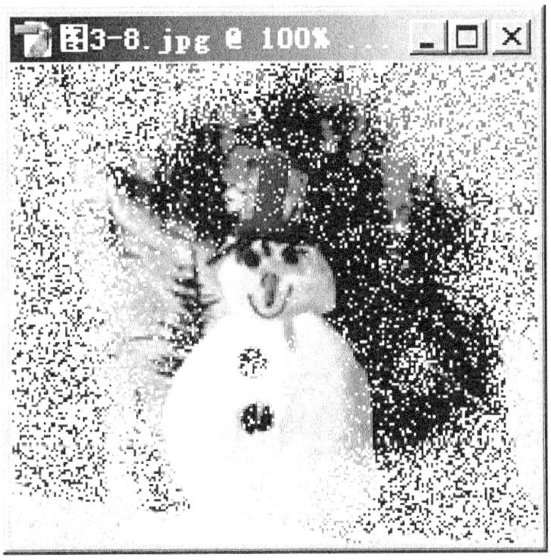

图 3－77　完成后的效果

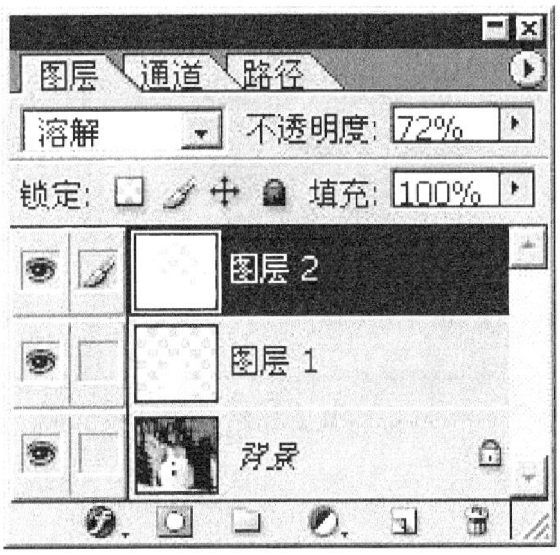

图 3－78　图层控制面板

【知识扩展】

由于图层中存储了丰富的颜色信息，因而图层混合后将产生色彩各异、变化多端的混合效果，在实际使用时不必死记硬背，而是通过不断试验和比较来获得满意的图层混合效果。

3.2.2　图层效果

1) 图层效果的主要参数

应用图层效果可以快速地为图层中的对象添加阴影、发光、浮雕等效果。在图 3－52 所示“图层样式”对话框中有 10 种 Photoshop 默认的图层效果，虽然应用不同的图层效果，“图层样式”对话框中所对应的参数选项会不同，但主要参数及设置方法还是比较相近的，简介如下：

(1) 混合模式和不透明度　这是每种效果都有的选项，即效果图层与下一图层之间的合成模式以及效果层的不透明度。

（2）颜色框　单击颜色框可打开“拾色器”，从中选择图层效果所需要的颜色。

（3）角度　根据效果类型的不同，可以是投影或者光源照射的角度。

（4）距离　阴影与图像之间的距离。

（5）扩展　根据效果类型的不同，可以是阴影或者发光效果边缘的模糊程度，对于内阴影或内发光来说，“扩展”参数转变为“阻塞”参数。

（6）大小　根据效果类型的不同，可以是阴影或者发光效果的范围大小。

（7）使用全局光　用以控制在所有图层中均使用相同的投影或者光源照射角度。

（8）等高线　在阴影或者发光效果范围内改变默认的外观形状，形成特殊轮廓。

2）应用图层效果

（1）投影与内阴影　投影是最常用的图层效果之一。当为图层中的对象添加了投影效果后，在它的下方会出现与其轮廓相同的“影子”。内阴影效果和投影效果基本相同，不过是向对象的内侧添加阴影，形成简单的立体效果。应用“投影”后的效果以及所对应的参数设置如图3－79所示。在应用“投影”的同时，又设置了不同的“等高线”，效果如图3－80所示。应用“内阴影”后的效果以及所对应的参数设置如图3－81所示。

(a)　投影效果

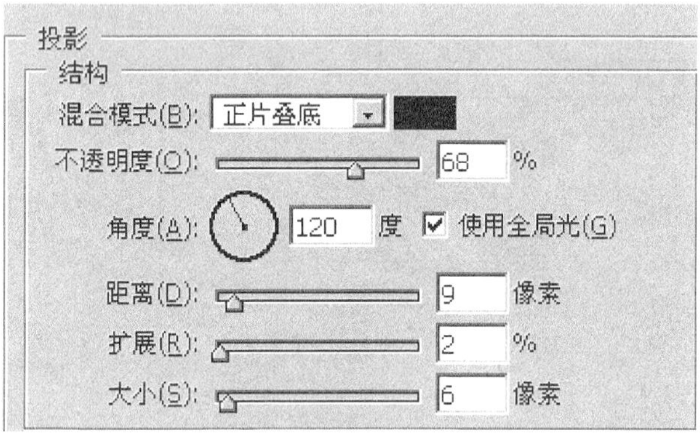

(b)　投影效果参数设置

图3－79　投影效果及其参数设置

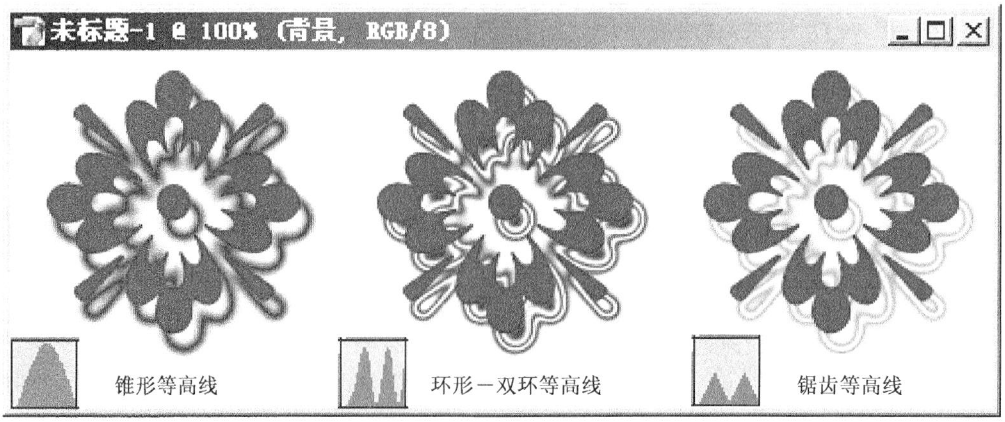

图3－80　在应用“投影”的同时，又设置了不同的“等高线”

(a) 内阴影效果

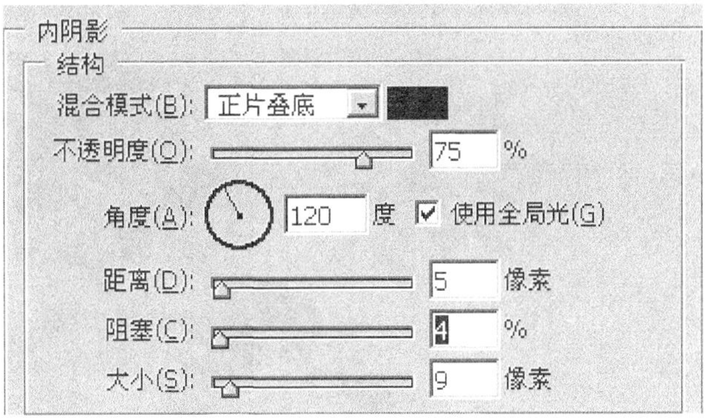

(b) 内阴影效果参数设置

图 3－81 内阴影效果及其参数设置

(2) 外发光和内发光　在图层对象的外边缘和内边缘添加发光效果。应用了"外发光"和"锥形等高线"后的效果如图 3－82 所示，应用了"内发光"和"光源居中"后的效果如图 3－83 所示。

图 3－82 外发光效果

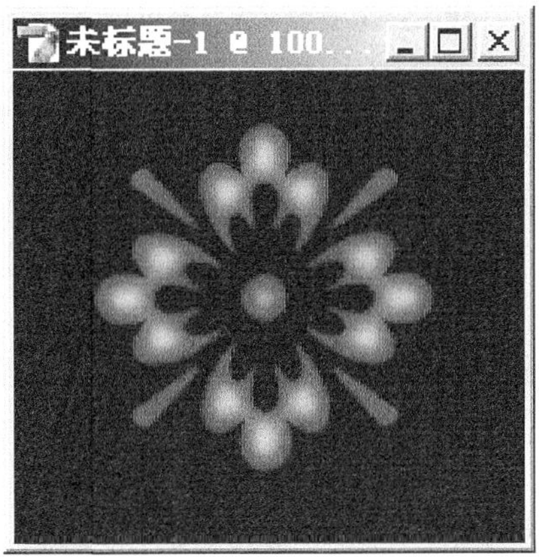

图 3－83 内发光效果

(3) 斜面和浮雕　为图层中的对象添加立体效果。在图 3－52 所示"图层样式"对话框的"样式"框中有 5 种立体效果供选择，包括外斜面、内斜面、浮雕效果、枕状浮雕和描边浮雕。其中，外斜面样式从对象边缘向外创建斜面，内斜面是从对象边缘向内创建斜面，浮雕效果使对象相对于下一图层呈现浮雕状，枕状浮雕创建了一种嵌入效果，而描边浮雕只有在"图层样式"对话框中同时选中了"描边"类型，才能显现出浮雕效果。同时在"方法"框中有三种斜面模式供选择，包括平滑、雕刻清晰和雕刻柔和。应用了"斜面和浮雕"后的效果如图 3－84 所示。

(4) 光泽　根据图层中对象的形状产生阴影，并通过"等高线"控制阴影形状，形成柔和的绸缎效果。

(5) 颜色叠加、渐变叠加、图案叠加　"颜色叠加"是用选定的颜色填充图层中的对象；"渐变叠加"是用选定的渐变类型填充图层中的对象；而"图案叠加"则是用选定的图案样式填充图层中的对象，填充后通过调整混合模式和不透明度等参数可获得特殊的效果。应用了"叠加"后的效果如图 3－85 所示。

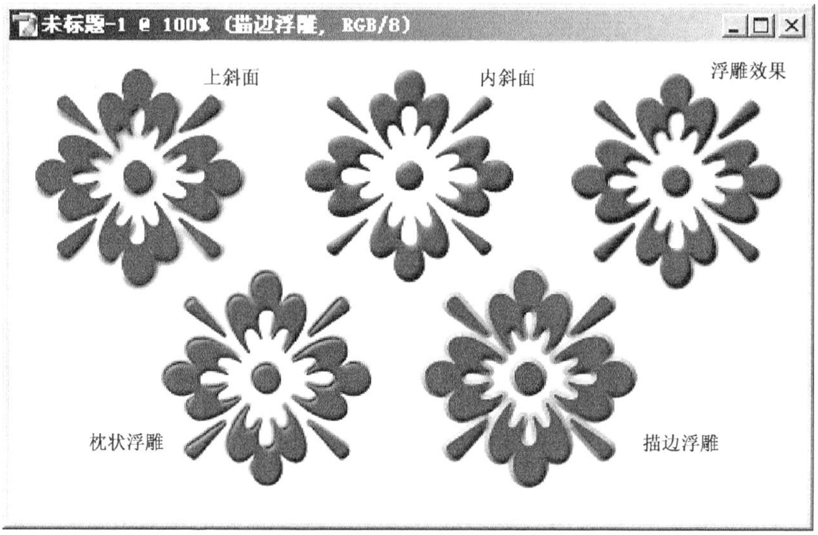

图 3－84　斜面和浮雕效果

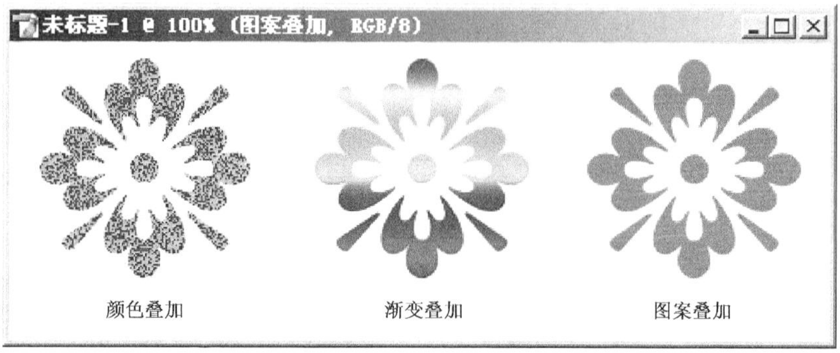

图 3－85　叠加效果

（6）描边　为图层中的对象加上一个边框，通过设置描边的大小、位置、混合模式、不透明度等参数，以及选择不同的填充类型，可获得丰富的描边效果。应用“描边”后的效果以及所对应的参数设置如图 3－86 所示。

3）编辑图层效果

当一个图层应用了图层效果后，它不仅作用于当前图层中已有的对象上，还能作用于该图层新创建的对象上。同时，在图层名称的右侧会增加一个图层效果图标。单击按钮可以展开应用在当前图层上的所有效果进行查看。

（1）复制图层效果

方法一：右击“效果”图层，在快捷菜单中单击【拷贝图层样式】命令，然后右击目标图层，在快捷菜单中单击【粘贴图层样式】命令。

运用方法一不仅可以在当前图像的不同图层中进行复制，还可以将图层效果复制到已打开的其他图像的图层中。若要将图层效果同时复制到多个图层中，只要将各个图层进行链接，然后右击其中任意一个链接图层，在快捷菜单中单击【将图层样式粘贴到链接图层】命令。

方法二：展开“效果”图层上所有的效果，用鼠标选择其中所需要的图层效果拖曳到目标图

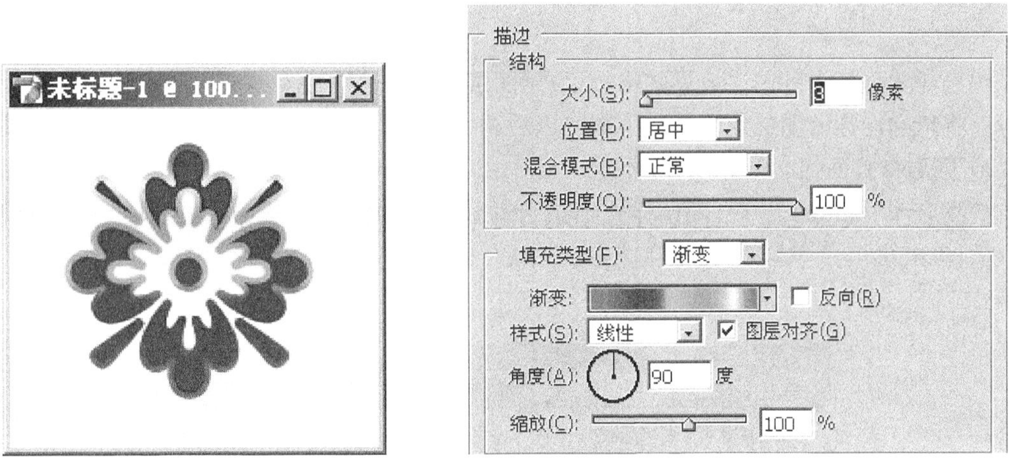

(a) 描边效果　　　　(b) 描边参数设置

图 3－86　描边效果及其参数设置

层。若当前图层中含有多种效果，从中直接拖曳“效果”到目标图层，可同时复制全部图层效果，如图 3－87 所示。

运用方法二操作灵活，同样可用于在同一图像的不同图层之间进行复制以及在不同图像之间进行复制，但不能同时将图层效果复制到多个图层中。

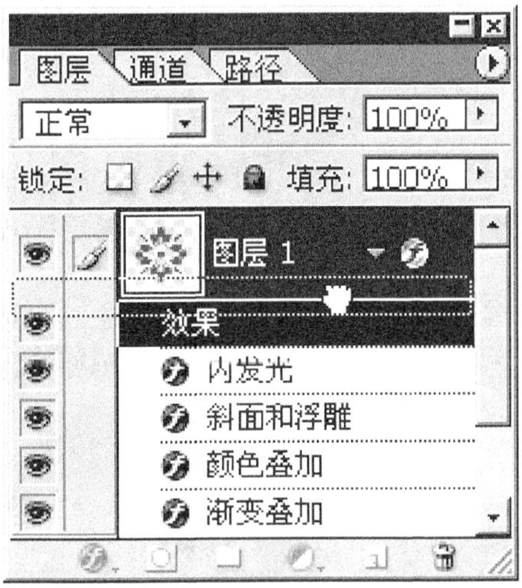

图 3－87　直接拖曳“效果”

（2）隐藏与显示图层样式　右击“效果”图层上的效果图标，在快捷菜单中单击【隐藏所有效果】命令，应用在图层中的效果被暂时关闭，同时该命令变成【显示所有效果】，再次执行可恢复图层效果。

（3）修改图层效果　双击“效果”图层，在弹出的“图层样式”对话框中单击所要修改的效果类型，使之反相显示，然后重新设置相关参数。

（4）清除图层效果　右击“效果”图层，在快捷菜单中单击【清除图层样式】命令。

3.2.3 图层样式

图层样式是指多种图层效果的组合，应用图层样式既可以快速地获得所需要的图层效果，也可以将精心设计的图层效果保存下来供以后调用。

1）图层样式面板

初次启动 Photoshop 时，图层样式面板自动显示在窗口的右侧，若图层样式面板被关闭了，可以单击窗口菜单【窗口】/【样式】命令打开图层样式面板。图层样式面板如图 3－88 所示。

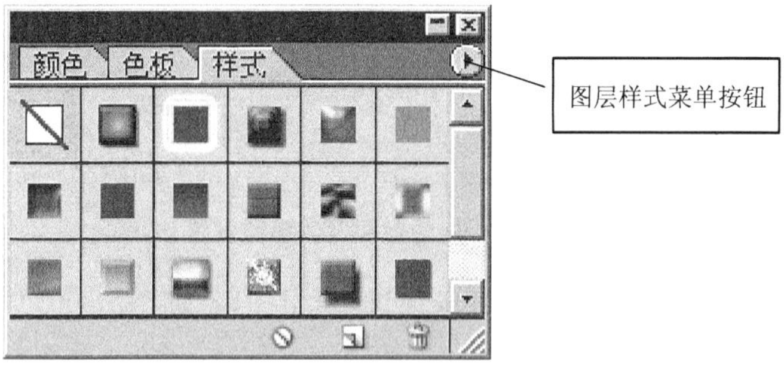

图 3－88 图层样式面板

在图层样式面板中存放着 Photoshop 预设的图层样式，单击图层样式菜单按钮，从中选择【载入样式】命令可以调入更多预设的图层样式；选择【复位样式】命令，可使图层样式面板恢复到初始状态。

2）应用图层样式

在图层样式面板上单击选中的样式，样式中所包含的各种图层效果便直接应用到当前图层中。图 3－89 中显示了在各个图层应用了一种不同的图层样式后的效果，所对应的图层控制面板如图 3－90 所示。

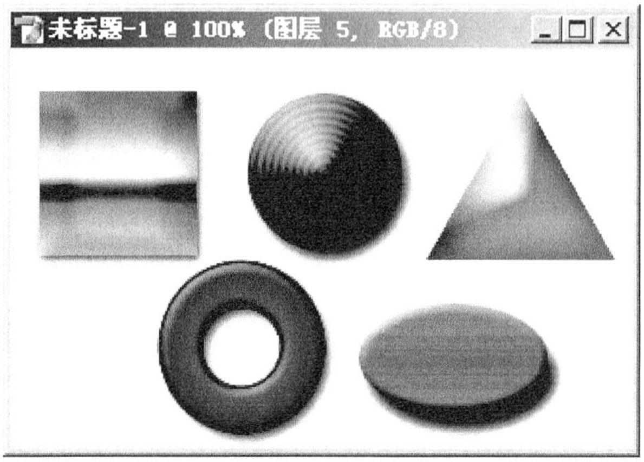

图 3－89 直接应用图层样式后的效果

3）新建图层样式

当为图层设计好了一组理想的图层效果后，可单击图层样式菜单按钮，从中选择【新样式…】命令，在弹出的如图 3－91 所示的“新样式”对话框中输入一个名称，新建的图层样式被添加到图层样式面板的最后，供以后调用。

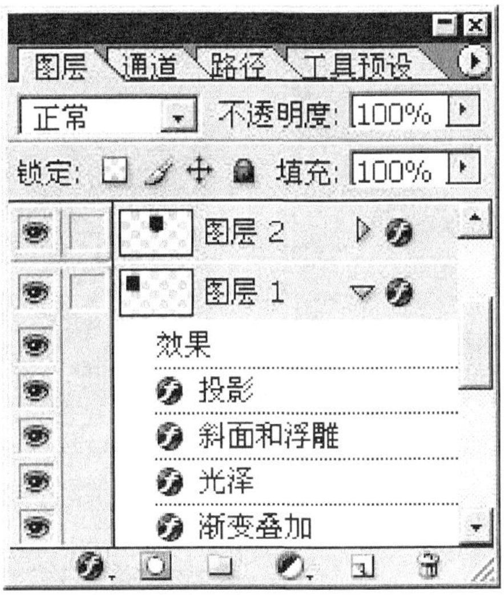

图 3-90 图层控制面板

图 3-91 "新样式"对话框

3.3 综合训练

3.3.1 综合训练一

分别打开 3-9.jpg、3-10.jpg、3-11.jpg 图像文件，如图 3-92 所示，通过图层技术的综合运用，制作出树林背后有花园，汽车停放树后的效果，如图 3-97 所示。

(1) 以 3-10.jpg 图像为当前操作窗口，按下<Ctrl+A>键选取全部图像，按下<Ctrl+C>键复制图像，取消选区。

(2) 以 3-9.jpg 图像为当前操作窗口，单击"魔棒工具"，在属性栏不要勾选"连续的"选项，适当调整"容差"参数，在树缝中单击选取图像中全部白色天空。

(3) 单击窗口菜单【编辑】/【粘贴入】命令，将 3-10.jpg 图像粘贴进当前选区中，生成"图层 1"，形成树林后有花园的效果。用移动工具适当调整"图层 1"相对背景层的位置，效果如图 3-93 所示，所对应的图层控制面板如图 3-94 所示。

(a) 3 -9. jpg 图像文件

(b) 3 -10. jpg 图像文件

(c) 3 -11. jpg 图像文件

图 3－92　综合训练一的图像文件

图 3－93　将 3－10. jpg 图像粘贴进当前选区

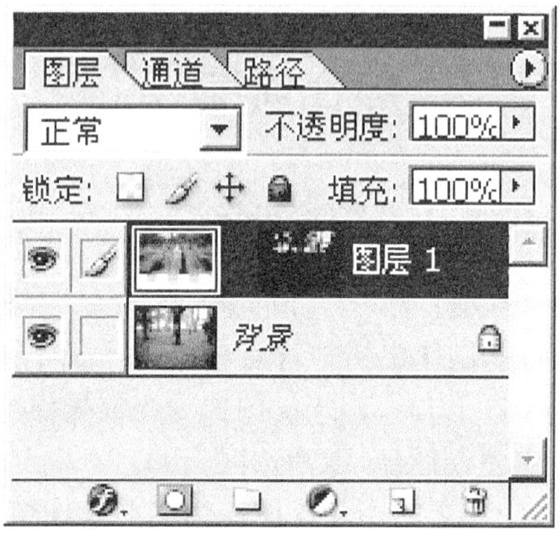

图 3－94　图层控制面板

(4) 以 3－11. jpg 图像为当前操作窗口，单击“魔棒工具”，在属性栏勾选“连续的”选项，在图像背景上单击选取图像背景，按下＜Shift＋Ctrl＋I＞键反选选区，选取图像中的汽车。单击“移动工具”将选中的汽车拖曳至 3－9. jpg 图像窗口中，生成“图层 2”。

(5) 确认当前为 3－9. jpg 图像窗口，定位在背景图层，单击“磁性套索工具”选取部分树干，如图 3－95 所示，所对应的图层控制面板如图 3－96 所示。

图 3－95　选取部分树干

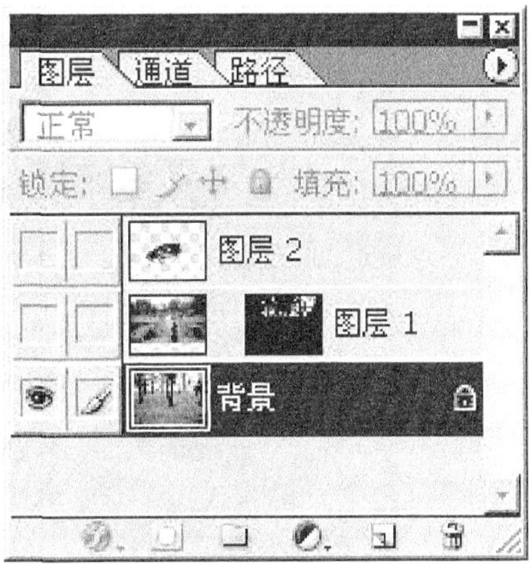

图 3－96　图层控制面板

(6) 在图像中右击鼠标，在快捷菜单中单击【通过拷贝的图层】命令，被选取的“树干”部分生成“图层 3”，用鼠标拖曳“图层 3”至“图层 2”的上方，单击图层面板上的“锁定全部”按钮，锁住“图层 3”。

(7) 定位在“图层 2”，单击“移动工具”，在图像窗口中调整汽车相对树干的位置，完成后的效果如图 3－97 所示，图层控制面板如图 3－98 所示。

图 3－97　完成后的效果

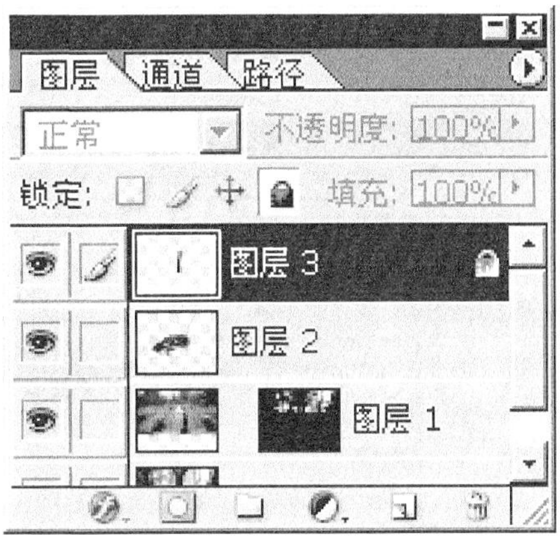

图 3－98　图层控制面板

【知识扩展】

➢ 利用编辑菜单的【粘贴入】命令可以将剪贴板上的内容粘贴进图像的选择区域中，生成一个新的图层，并且在这个图层上自动加上一个图层蒙版，从而将选择区域之外的部分遮住，该命令常用于在背景层中嵌入一个图像的操作，如本例步骤(3)。

➢ 由于图层 3 是从背景层中拷贝出来的，为了防止调整图层时使这两个图层之间产生错位，所以在步骤(6)中将图层 3 锁定。

3.3.2　综合训练二

分别打开 3－12.jpg、3－13.jpg 图像文件，如图 3－99 所示，通过图层技术的综合运用，制作出室内的人物透过窗玻璃向外观看的效果，如图 3－102 所示。

(a) 3－12.jpg 图像文件　　(b) 3－13.jpg 图像文件

图 3－99　综合训练二的图像文件

(1) 以 3－13.jpg 图像为当前操作窗口，单击“魔棒工具”，在属性栏单击“添加到选区”按钮，勾选“连续的”选项，选取图像中全部灰色玻璃。

(2) 确认当前背景色为黑色，在图像中右击鼠标，在快捷菜单中单击【通过剪切的图层】命令，被选中的灰色玻璃从背景层中分离出来产生“图层 1”，背景层上被剪掉的部分自动填入了当前背景色“黑色”，图层控制面板如图 3－100 所示。

图 3－100　灰色玻璃从背景层中分离出来产生“图层 1”

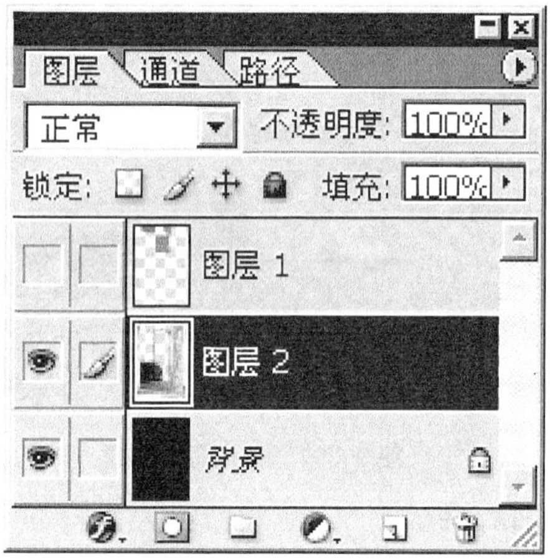

图 3－101　窗框从背景层中分离出来产生“图层 2”

(3) 定位在背景层，再次用“魔棒工具”选取窗框中全部黑色区域，按下<Shift＋Ctrl＋I>键反选选区，选取图像中的窗框。在图像中右击鼠标，在快捷菜单中单击【通过剪切的图层】命令，被选中的窗框从背景层中分离出来产生“图层 2”，背景层上被剪掉的部分自动填入了当前背景色“黑色”，图层控制面板如图 3－101 所示。

(4) 单击“移动工具”将 3－12.jpg 图像拖曳至 3－13.jpg 图像窗口中，生成“图层 3”，调整各个图层的顺序，并在图层控制面板上适当调整“图层 1”的不透明度值，完成后的效果如图 3－102 所示，图层控制面板如图 3－103 所示。

图 3－102　完成后的效果图

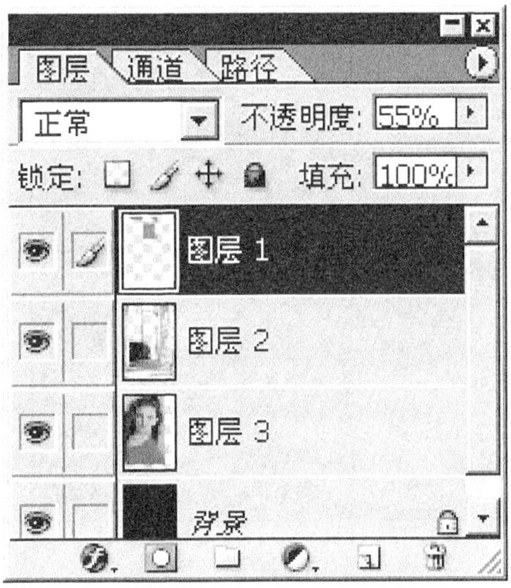

图 3－103　图层控制面板

3.3.3　综合训练三

分别打开 3－14.jpg、3－15.jpg 图像文件，如图 3－104 所示，通过图层技术的综合运用，制作出云彩在建筑物之间缭绕的效果，如图 3－106 所示(彩色效果图见附录)。

(a) 3－14.jpg 图像文件

(b) 3－15.jpg 图像文件

图 3－104　综合训练三的图像文件

(1) 以 3－14.jpg 图像为当前操作窗口，单击“移动工具”将 3－15.jpg 图像拖曳至 3－14.jpg 图像窗口中，生成“图层 1”。

(2) 用鼠标在图层控制面板上双击“图层 1”，弹出“图层样式”对话框，确认“图层样式”对话框左侧的“混合选项:默认”被选中，移动鼠标至“混合颜色带”区域，按住<Alt>键的同时用鼠标单击“下一图层”渐变条上白色滑块中左边三角形，并向左拖动至 131 左右，释放<Alt>键。再次向左拖动右边的三角形滑块至 215 左右，混合后的效果如图 3－105(a)所示，所对应的参数设置如图 3－105(b)所示。

(3) 定位在“图层 1”，单击图层控制面板“添加图层蒙版”按钮 ，为“图层 1”添加蒙版。

(a) 高级混合后的效果　　(b) 分开调整“下一图层”渐变条上的白色滑块

图 3-105　对图像应用了高级混合后的效果及其参数设置

(4) 确认当前的前景色为白色，背景色为黑色，单击“渐变工具”，在属性栏单击“线性渐变”按钮，自图像的中心向左拖曳鼠标，在图层蒙版上作由白到黑的渐变填充，完成后的效果如图 3-106 所示(彩色效果图见附录)，图层控制面板如图 3-107 所示。

图 3-106　完成后的效果

图 3-107　图层控制面板

【知识扩展】

➢ 应用“混合颜色带”不仅能调整当前图层中的像素使之产生不相同的透明度效果，还可以控制下一图层的显示方式。渐变条从左自右用以表示图像中的像素从 0 到 255 的亮度级别，通过移动黑色或白色滑块来控制当前图层或下一图层中可见像素的范围。如本例向左移动滑块的目的就是让下一图层中亮度高于 215 的像素全部显示出来，而亮度位于 131～215 之间的像素呈朦胧显示，最终产生“云雾缭绕”的效果。

➢ 由于“图层 1”的宽度尺寸比背景图层小，如图 3-105 所示，为了使两个图层自然融合，所以在“图层 1”上添加了图层蒙版，并通过在图层蒙版上作“白色至黑色”的线性渐变来遮盖两个图层的衔接处，在两个图层之间产生了自然的过渡效果，如图 3-106 所示，这种方法也常用来制作物体倒影的效果。

本章小结

本章介绍了图层的基本概念，讲解了图层控制面板中各个组成部分的功能，通过操作示例详细地讲解了图层编辑的基本方法以及应用图层剪辑组和图层蒙版技术编辑图像的技巧。其中，图层样式是制作图像特效的重要方法之一，因此对图层样式作了重点介绍。由于图层中存储着丰富的颜色信息，在应用了图层样式后的效果将会是变化多端的，只有通过在使用时不断积累经验，才能逐步掌握图层样式的使用方法和技巧。

习　题

1. 打开 3－16.jpg、3－17.jpg 图像文件，如图 3－108 所示，通过图层技术的综合运用，制作出如图 3－109 所示效果，图层控制面板如图 3－110 所示。

操作提示：参照“综合训练一”进行制作。

(a) 3-16.jpg 图像文件　　(b) 3-17.jpg 图像文件

图 3－108　习题 1 的图像文件

图 3－109　完成后的效果

图 3－110　图层控制面板

2. 打开 3－18.jpg、3－19.jpg 图像文件，如图 3－111 所示，通过图层技术的综合运用，制作出如图 3－112 所示效果(彩色效果图见附录),图层控制面板如图 3－113 所示。

操作提示:参照“综合训练三”进行制作。

(a) 3－18.jpg 图像文件　　(b) 3－19.jpg 图像文件

图 3－111　习题 2 的图像文件

图 3－112　完成后的效果

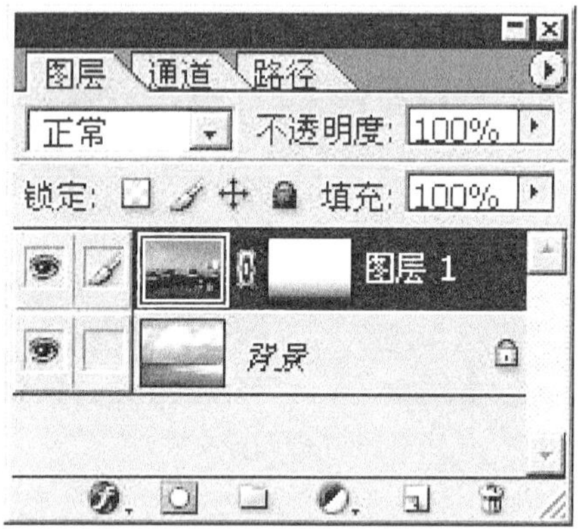

图 3－113　图层控制面板

3. 打开 3－20.jpg、3－21.jpg 图像文件,如图 3－114 所示,通过图层技术的综合运用,制

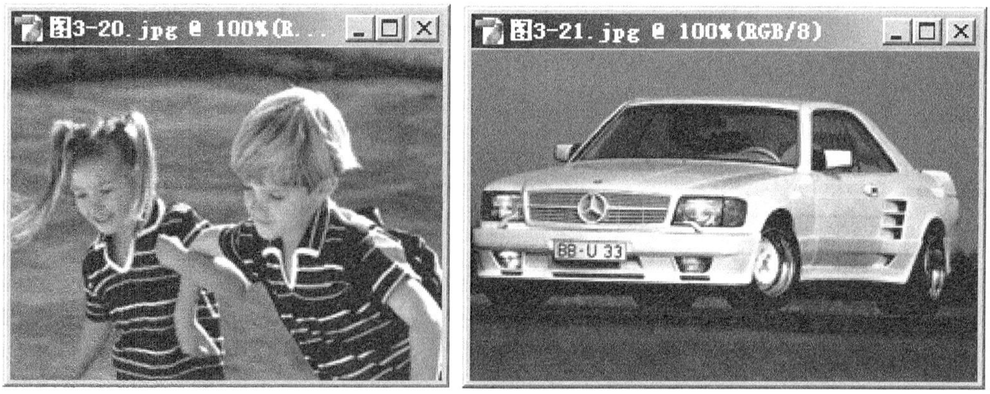

(a) 3－20.jpg 图像文件　　(b) 3－21.jpg 图像文件

图 3－114　习题 3 的图像文件

作出如图 3－115 所示效果，图层控制面板如图 3－116 所示。

操作提示：参照“综合训练二”进行制作。

图 3－115 完成后的效果

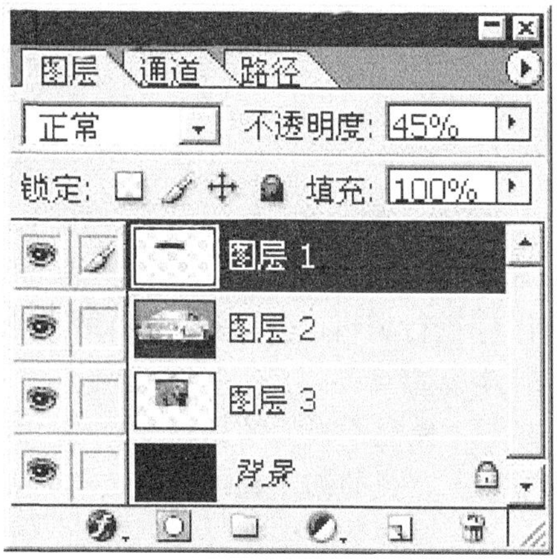

图 3－116 图层控制面板

4. 打开 3－22.jpg 图像文件，如图 3－117 所示，通过图层技术的综合运用，制作出如图 3－118 所示效果，图层控制面板如图 3－119 所示。

操作提示：参照“操作示例 3.3”进行制作。

图 3－117 习题 4 的图像文件

图 3－118 完成后的效果

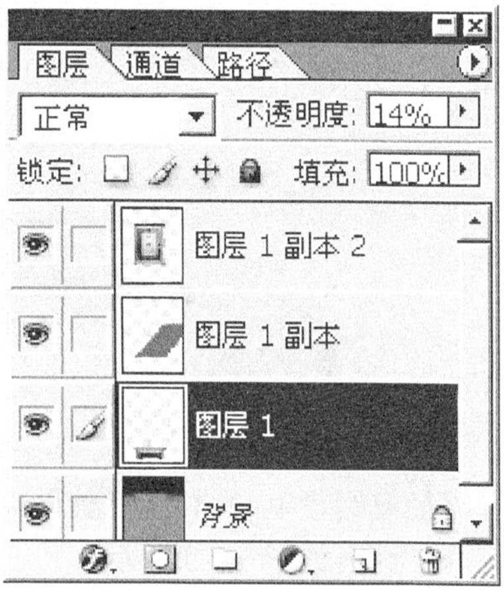

图 3－119 图层控制面板

4　路径

路径工具是 Photoshop 提供的一种矢量绘图工具，利用它可以对绘制出来的线段或曲线做描边、填充等操作，可以精确地选取图像并将其转化为选区，可以按照编辑矢量图的方法来对图像进行编辑，并可将其输出到其他的矢量图形处理软件中，如 CorelDraw、PageMaker 等。

本章重点：

(1) 路径面板的使用；

(2) 路径的创建和编辑方法；

(3) 路径的应用。

4.1　路径的基本操作

4.1.1　路径工具

工具箱中用于路径创建和编辑的工具有：路径选择工具组、钢笔工具组和形状工具组，如图 4－1 所示。

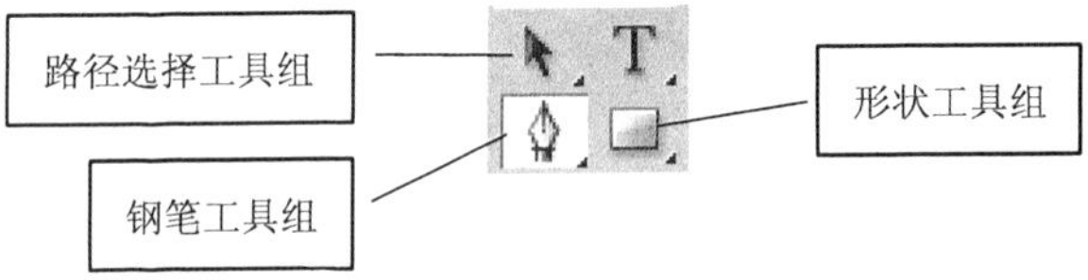

图 4－1　路径工具

其中钢笔工具组中的工具主要用于路径的建立与编辑；路径选择工具组中的工具用于选择路径或路径上的锚点，以辅助路径编辑；形状工具组中的工具主要用于绘制各种路径形状。各个工具组如图 4－2 所示。

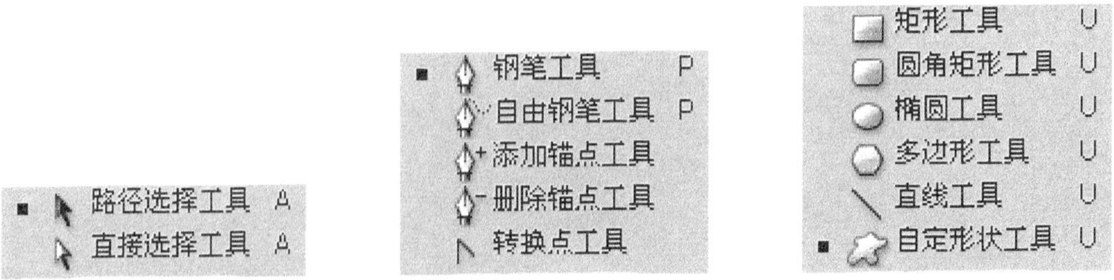

（a）路径选择工具组　（b）钢笔工具组　（c）形状工具组

图 4－2　各个工具组

4.1.2 创建路径

1）绘制直线路径

在工具箱中单击“钢笔工具”，在图像窗口中单击创建第一个锚点；释放鼠标后再移动鼠标依次单击创建多个锚点；在两锚点之间以直线相连接。移动鼠标回到起点处时指针变为，单击鼠标路径闭合，结果如图 4－3 所示。

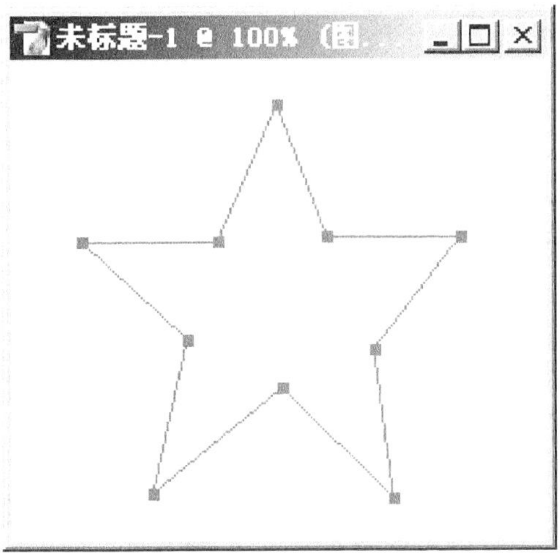

图 4－3　直线路径

钢笔工具属性栏如图 4－4 所示，与钢笔工具相关的参数简介如下：

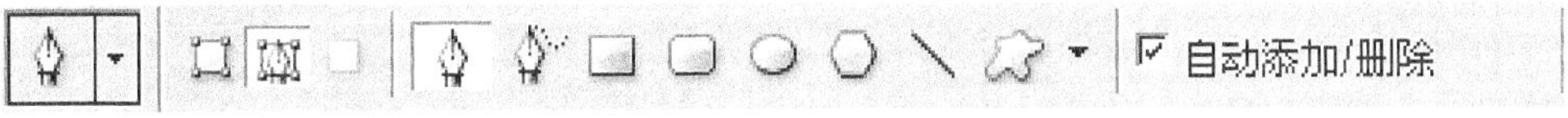

图 4－4　钢笔工具属性栏

（1）路径按钮　单击该按钮，表示创建一个工作路径。

（2）几何选项按钮　单击该按钮，弹出如图 4－5 所示的几何选项面板，如选中其中的“橡皮带”选项，在单击鼠标绘制路径时会有一条线段跟随鼠标而移动。

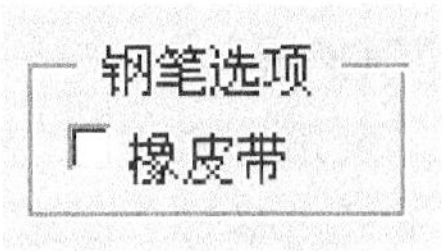

图 4－5　钢笔选项面板

2）绘制曲线路径

在工具箱中单击“钢笔工具”，在图像窗口中单击创建第一个锚点，移动鼠标再次单击并拖曳鼠标出现控制柄，连接两个锚点之间的线段随着控制柄的移动变为曲线，如图 4－6 所示。重复操作，直到鼠标回到起点处指针变为，单击鼠标路径闭合。

3）绘制任意形状路径

在工具箱中单击“自由钢笔工具”，按住鼠标左键在图像窗口中拖曳鼠标绘制路径，结果如图 4－7 所示。

自由钢笔工具属性栏如图 4－8 所示，其中部分参数与钢笔工具相同，另有一部分为“自由钢笔工具”特有的参数，简介如下。

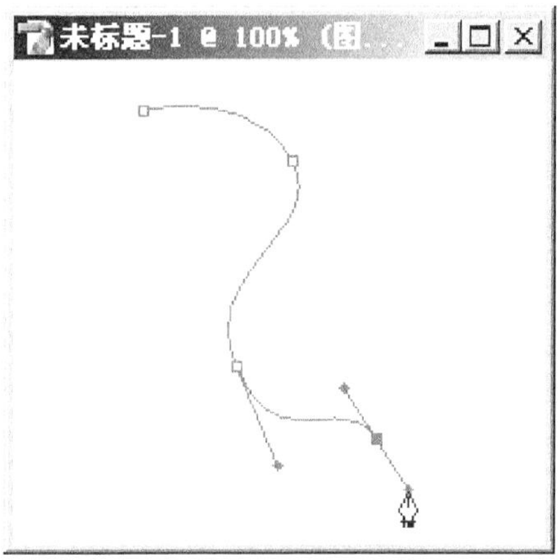

图 4－6　曲线路径

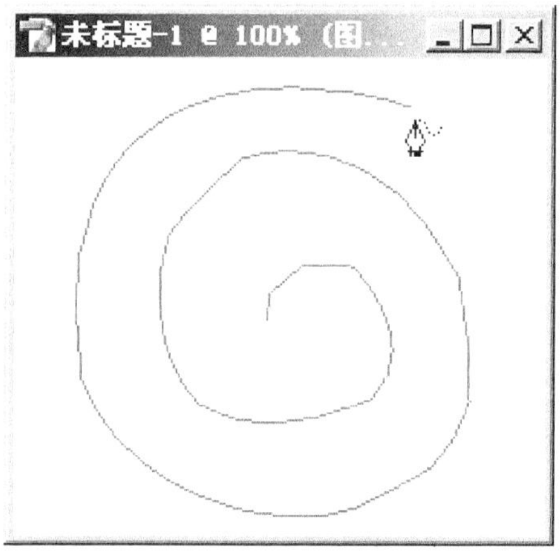

图 4－7　任意形状路径

图 4－8　自由钢笔工具属性栏

(1) 磁性的　选中该项，自由钢笔工具自动转换成磁性钢笔工具，鼠标指针变为。

(2) 几何选项按钮　自由钢笔工具的选项面板如图 4－9 所示，它分为两部分：上方是曲线拟合选项，用于控制曲线上锚点的数量，数值越小路径上形成的锚点越多，也越符合物体边缘，但输入的值必须在 0.5～10 像素之间。下方是磁性钢笔选项，如选中“磁性的”选项后，可设置磁性钢笔的宽度、对比度、频率等参数，这些参数含义同“磁性套索”工具。此时绘制路径时，只要单击鼠标确定起点，然后释放鼠标沿着图形的边缘移动鼠标，鼠标能根据所设置的参数值自动沿图像边缘进行绘制。

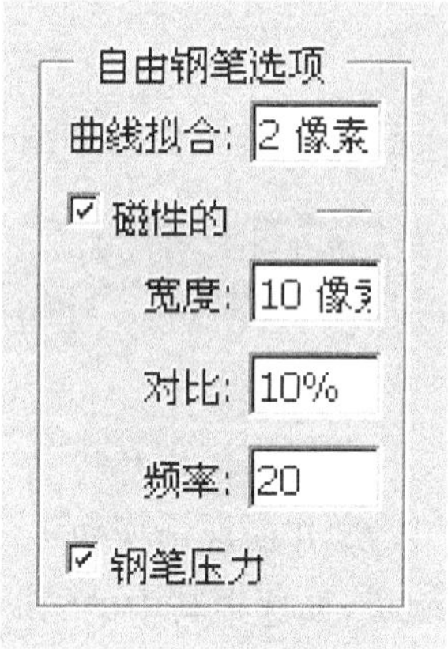

图 4－9　几何选项面板

【知识扩展】

使用自由钢笔工具绘制的是开放路径，而使用钢笔工具绘制的是封闭路径。如果要用钢笔工具绘制开放路径，应在路径结束前先按下<Ctrl>键，此时钢笔工具被切换为直接选择工具，单击鼠标结束绘制。或者在路径结束处向下多绘制一个锚点，然后单击<Del>键删除该锚点，结束绘制。

4.1.3　编辑路径

路径绘制好以后，通常还需要利用路径编辑工具来调整路径的形态。在工具箱中与路径调整有关的工具有：路径选择工具、直接选择工具、添加锚点工具、删除锚点工具和转换点工具。

1) 选择与移动锚点

(1) 单击“直接选择工具”，移动鼠标单击路径上的一个空心锚点，此时该锚点变为黑色实心锚点，表示被选中。如按住<Shift>键后用鼠标分别单击多个锚点，可以同时选中多个锚点，如图 4－10(a)所示。

(2) 在被选中的任意一个锚点上单击并拖曳鼠标，可以同时移动单个或多个锚点，如图 4－10(b)所示。

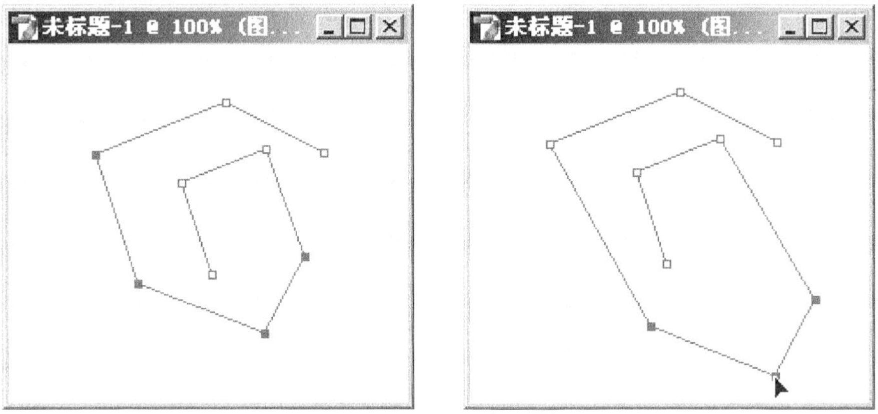

(a) 同时选中多个锚点　　(b) 同时移动多个锚点

图 4－10　选择与移动锚点

2）增加锚点

单击“添加锚点工具”，移动鼠标到路径上单击，单击处增加了一个锚点，同时显示了一条双向控制柄，如图 4－11 所示，拖动控制柄可调整路径的形态。

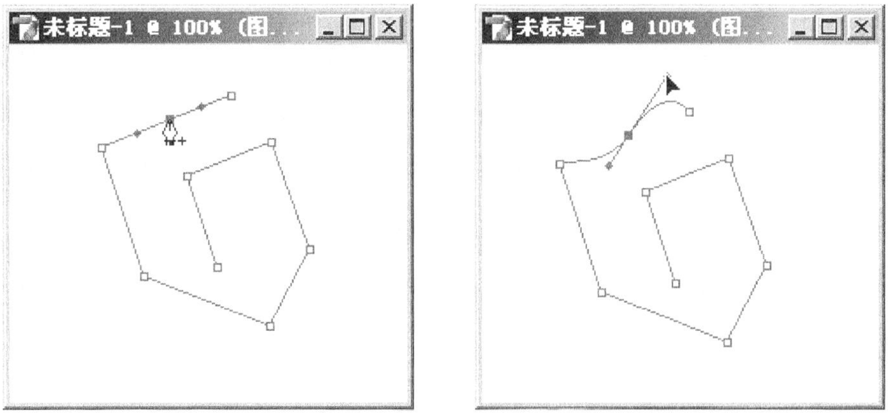

(a) 在单击处增加了一个锚点　　(b) 拖动控制柄可调整路径的形态

图 4－11　增加锚点

3）减少锚点

单击“删除锚点工具”，移动鼠标在一个锚点上单击，单击处的锚点被删除。删除后的路径不会被拆断，只是路径形态发生变化，如图 4－12 所示。

4）删除锚点

单击“直接选择”工具在一个锚点上单击，选中该锚点，按下<Del>键，选中的锚点连同两侧连接的线段被删除，路径被拆断，如图 4－13 所示。若是封闭路径，删除锚点后变为开放路径。

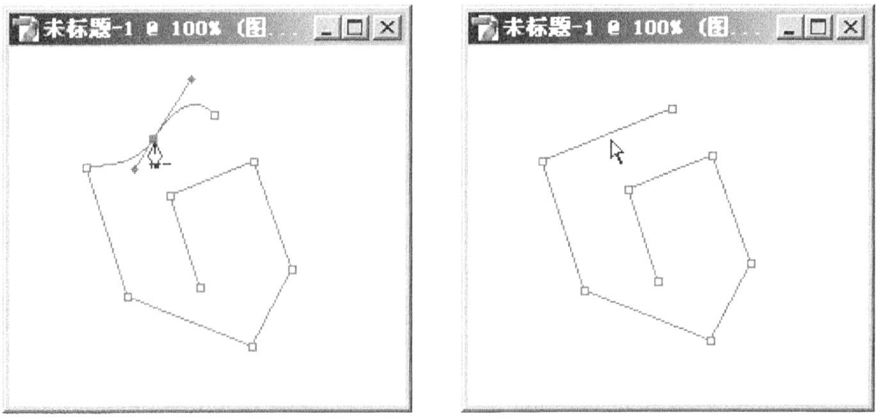

(a) 单击处的锚点将被删除　　(b) 删除锚点后路径形态发生变化

图 4－12　减少锚点

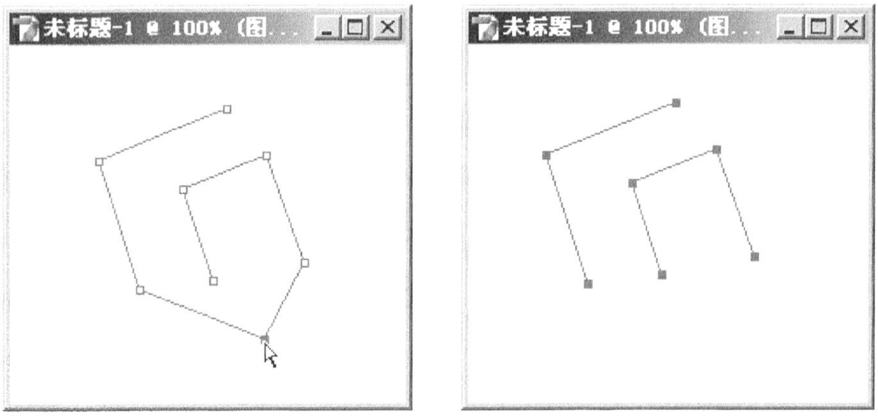

(a) 单击选中一个锚点　　(b) 路径被拆断

图 4－13　删除锚点

5）转换锚点

根据锚点两端连接的线段不同，路径上的锚点可分为角点、平滑点和拐点，如图 4－14 所

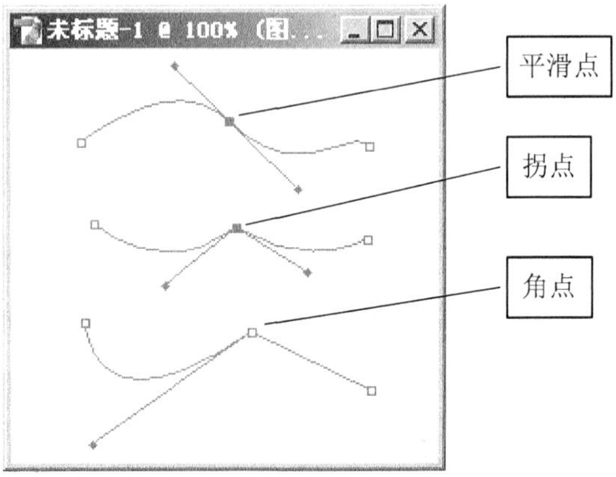

图 4－14　不同类型的锚点

示。平滑点是指位于两个曲线段之间的锚点，角点是指位于曲线段与直线段或两直线段之间的锚点，而当一个平滑点被转换成带有两个独立控制柄的点之后，就称作拐点。不同性质的锚点对路径形态的调整有着不同的影响，利用转换点工具可以使不同类型的锚点互相转换。

（1）角点转换成平滑点　单击“转换点工具”，移动鼠标到路径的一个角点上，按住鼠标拖曳出控制柄，此时角点两侧的直线段转化为曲线，角点转变成了平滑点。

如果连接控制柄的锚点是平滑点时，单击“直接选择工具”拖动一侧的控制柄时，另一侧的控制柄也会随着移动。

（2）平滑点转换成拐点　单击“转换点工具”，移动鼠标到平滑点一侧的控制柄上，按住鼠标拖曳控制柄，平滑点转换成拐点。

如果连接控制柄的锚点是拐点时，单击“直接选择工具”拖动一侧的控制柄时，另一侧的控制柄保持不变。

（3）平滑点和拐点转换成角点　平滑点和拐点转换成角点的方法相同，只要单击“转换点工具”，将鼠标移动到平滑点或是拐点上单击，此时锚点两侧的线段转化成直线，该点就被转换成了角点。

6）移动路径

单击“路径选择工具”，移动鼠标到需要移动的路径上单击，路径上所有的锚点均被激活并显示为黑色。如按住＜Shift＞键后用鼠标分别单击多条路径，可以同时选中多条子路径。用鼠标拖曳路径到目标位置，或者按下键盘上的光标键微移路径。

7）连接两个开放的子路径

单击“钢笔工具”在子路径1末端的锚点上单击，然后移动鼠标至子路径2末端的锚点上单击，两个锚点被连接，如图4－15所示。对另一对锚点做同样的操作，两个开放的子路径被连接。

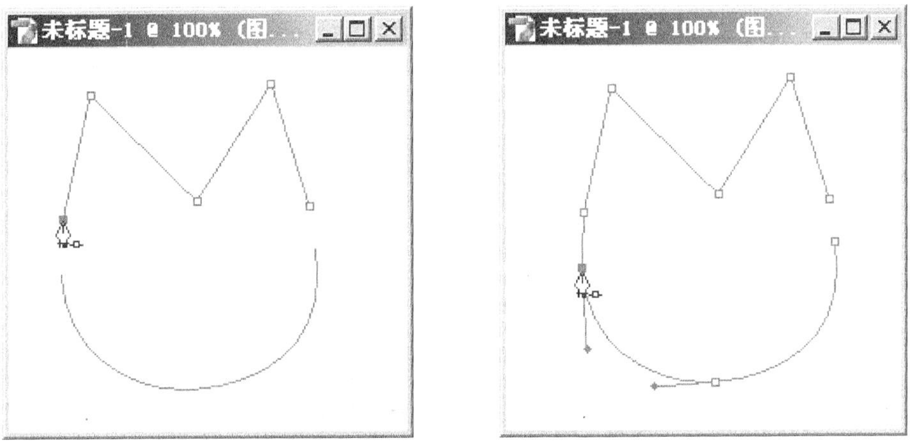

(a) 在子路径1末端的锚点上单击　　(b) 再在子路径2末端的锚点上单击

图4－15　连接两个开放的子路径

4.2 路径控制面板

路径控制面板是对路径进行编辑、填充和描边，以及实现路径与选区互换的重要界面。初次启动 Photoshop 时，路径控制面板与图层控制面板位于同一面板组。若路径控制面板位置发生变化或是被关闭，只需单击【窗口】/【路径】命令重新打开路径控制面板，也可以单击【窗口】/【工作区】/【复位调板位置】命令将路径控制面板还原至默认位置。路径控制面板如图 4－16 所示。

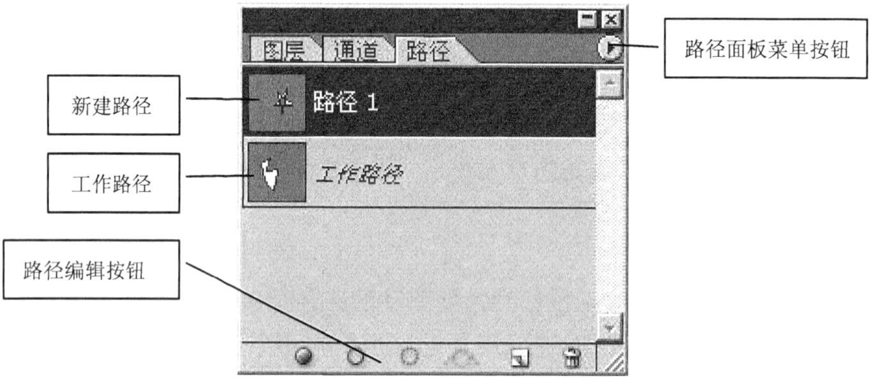

图 4－16　路径控制面板

4.2.1　创建新路径

可以通过以下两种方法创建新路径：

方法一：单击路径控制面板上的“创建新路径”按钮，在路径面板上创建了一个新路径，系统自动命名为:路径 1。可以建立多个路径，系统为新路径顺序命名为:路径 1、路径 2、路径 3……如图 4－17 所示。

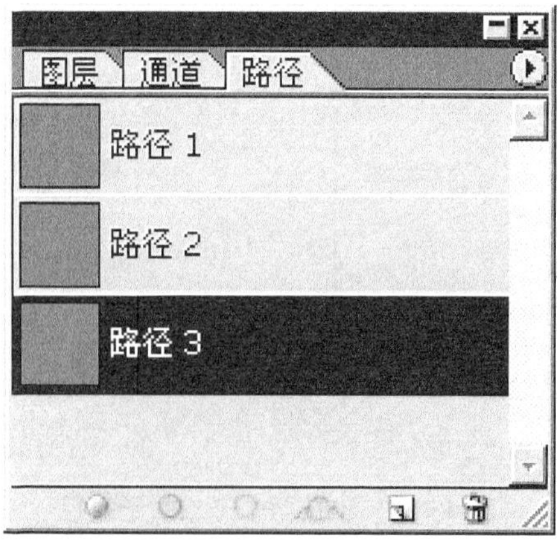

图 4－17　在路径控制面板上建立了 3 个新路径

方法二：若在绘制路径之前没有预先创建新路径，系统将自动在路径控制面板上建立一个工作路径，用于临时存放所创建的路径，如图 4－16 所示。但是工作路径只能存放最后一次创建的路径，对于需要保留的工作路径可单击路径面板菜单中的【存储路径】命令，在弹出的“存储路径”对话框中输入一个路径名，将其转换成新路径。

4.2.2　复制路径

方法一：在路径控制面板拖曳指定路径到“创建新路径”按钮，释放鼠标，路径控制面板上增加了一个副本路径，如图 4-18 所示。

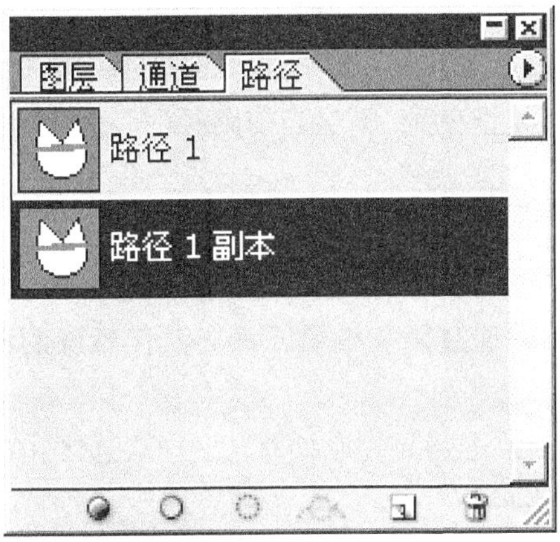

图 4-18　在路径控制面板上增加了 1 个副本路径

方法二：在路径控制面板上单击指定路径，然后单击路径控制面板菜单中的【复制路径】命令，在弹出的“复制路径”对话框中为副本路径输入一个名称，图层控制面板上增加了一个副本路径。

方法三：在路径控制面板上单击指定路径，单击窗口菜单【编辑】/【拷贝】命令，定位在目标位置，再次单击窗口菜单【编辑】/【粘贴】命令。这种方法适用于在不同图像文件之间复制路径。

方法四：单击“路径选择工具”，按住<Alt>键的同时在图像窗口中单击并拖曳指定路径，在“路径 1”中增加了一个子路径，如图 4-19 所示。

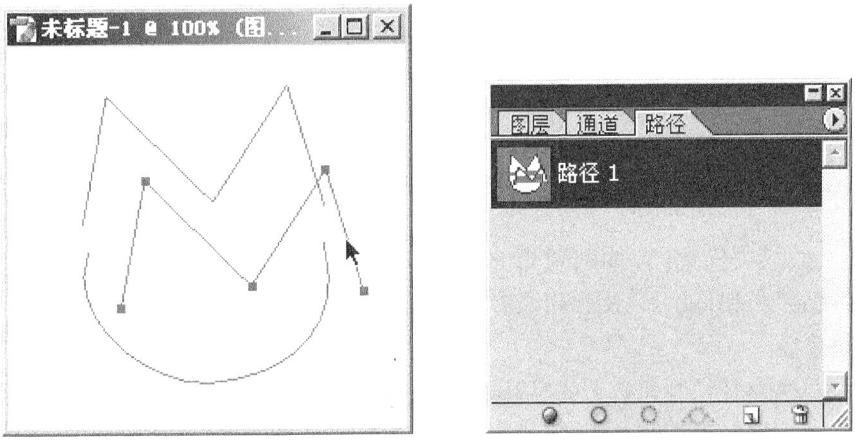

(a) 复制一个子路径　　(b) 路径控制面板

图 4-19　在“路径 1”中增加了 1 个子路径

4.2.3　路径的隐藏、显示与删除

1）隐藏和显示路径

默认状态，图像窗口中仅显示在路径控制面板上被选中的路径，对于暂不使用的路径，可以单击路径控制面板上的空白区域使其变为灰项，该路径在图像窗口同时被隐藏，若再次在路径控制面板上单击该路径，又会恢复显示。

2）删除路径

对于已经编辑并使用过的路径，可以用"路径选择工具"将其选中，按＜Del＞键将其删除，或者在路径控制面板上将其拖曳到"删除当前路径"按钮上做删除操作。

4.2.4　路径与选区互换

由于路径具有一组实用的编辑工具，所以利用选区与路径的相互转换，可以将图像中的选区转换成一个封闭的路径，然后通过路径编辑工具对其作精确的调整后再转换成选区，从而使得选区编辑变得更为准确。

（1）将选区转换为路径　单击路径控制面板上的"从选区生成工作路径"按钮，图像窗口中的选区被转换为工作路径。

（2）将路径转换为选区　单击路径控制面板上的"将路径作为选区载入"按钮，当前被选中的路径转换为选区。

【知识扩展】

按住＜Ctrl＞键的同时单击路径面板中的路径，可以将路径转换成选区；按住＜Ctrl＋Shift＞键的同时单击路径控制面板上的路径，可以将路径转换为选区并添加到原有选区中；按住＜Ctrl＋Alt＞键的同时单击路径控制面板上的路径，可以将路径转换为选区并从原有选区中减去；按住＜Ctrl＋Shift＋Alt＞键的同时单击路径控制面板上的路径，可以将路径转换为选区，并得到与原有选区相交的区域。

4.2.5　路径的填充与描边

利用路径编辑技术不仅可以对图像中的选区进行调整，也可以对所创建的路径进行填充和描边操作，制作成精致的图形。

1）填充路径

方法一：单击路径控制面板上的"用前景色填充路径"按钮，用当前设定的前景色填充路径。

方法二：单击路径面板菜单中的【填充路径…】命令，在弹出的"填充路径"对话框中设置所需参数，按"确定"按钮，就可以用自定义方式完成路径的填充。

2）描边路径

方法一：单击路径控制面板上的"用画笔描边路径按钮"，用前景色描边路径。

方法二：单击路径面板菜单中的【描边路径…】命令，在弹出的"描边路径"对话框中选择所设定的绘图工具，完成用前景色描边路径的操作。

【操作示例 4.1】　绘制一个心形路径，对路径做渐变填充和描边操作，结果如图 4－25 所示。

（1）单击窗口菜单【文件】/【新建】命令，建立一个分辨率为 72 像素/英寸、白色背景、RGB

模式的新文件。

(2) 单击“自由钢笔工具”，按住鼠标左键在图像窗口中拖曳，绘制出半个心形路径；单击“删除锚点工具”在路径上单击，逐个删除路径上多余的锚点。单击“转换点工具”，单击路径上的锚点并拖曳控制柄调整路径的形状，结果如图 4－20 所示。

(3) 单击“路径选择工具”，按住<Alt>键的同时单击并拖曳路径，复制了一个子路径。单击窗口菜单【编辑】/【自由变换路径】命令，将路径做“水平翻转”变换，按回车键结束变换。调整两个子路径的相对位置，结果如图 4－21 所示。

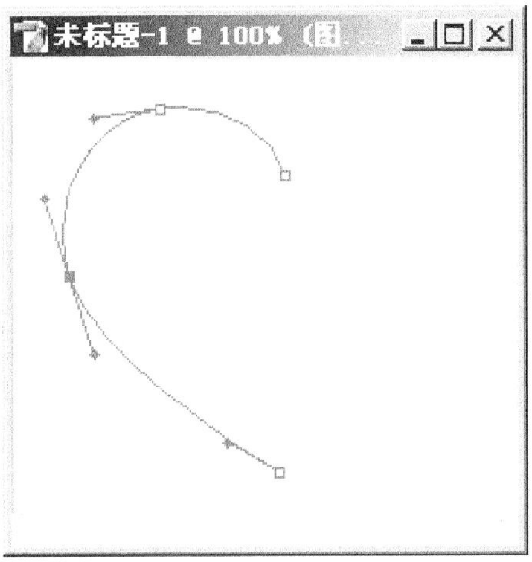

图 4－20　绘制半个心形路径

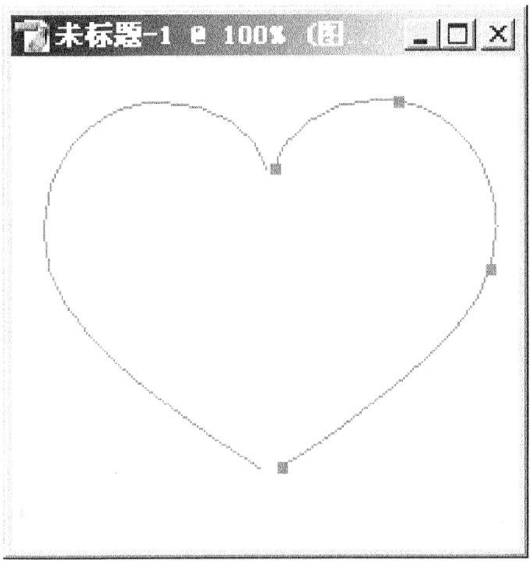

图 4－21　复制一个子路径

(4) 单击“钢笔工具”在子路径 1 末端的锚点上单击，然后移动鼠标至子路径 2 末端的锚点上单击，两个锚点被连接，对另一对锚点做同样的操作，形成一个封闭的“心形”路径。单击“删除锚点工具”将连接处多余的锚点删除，并再次调整各个锚点处的控制柄，结果如图 4－22 所示。

(5) 单击路径控制面板上“将路径作为选区载入”按钮，将编辑好的“心形”路径转换为选区，如图 4－23 所示。

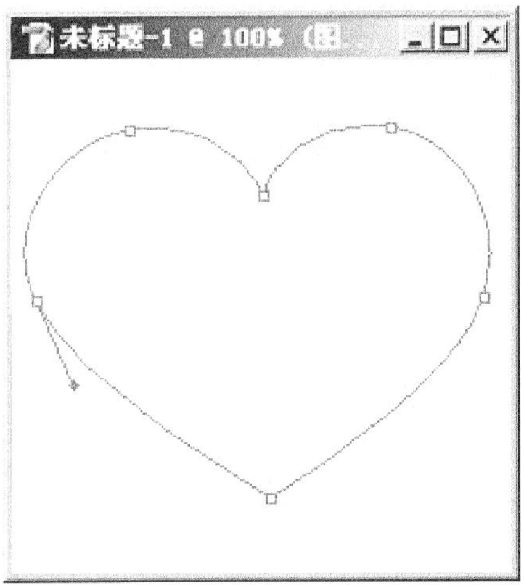

图 4－22　连接两个子路径

图 4－23　将路径转换为选区

(6) 在色板控制面板上分别选择“RGB 红”和“RGB 黄”为前景色和背景色，单击“渐变工具”，对选区作“前景到背景”的“径向渐变”，结果如图 4－24 所示，取消选区。

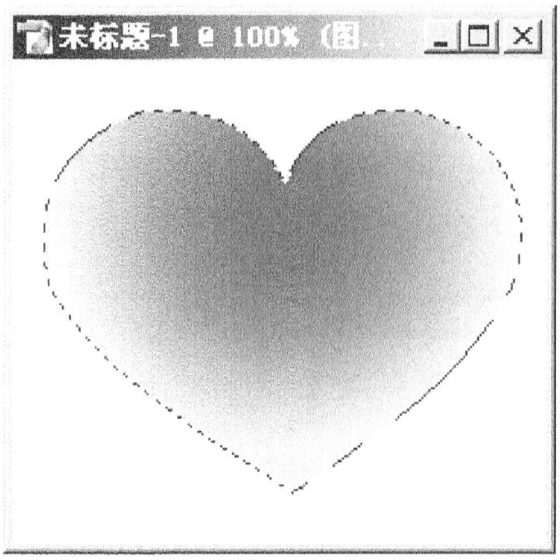

图 4－24　对选区作“径向渐变”

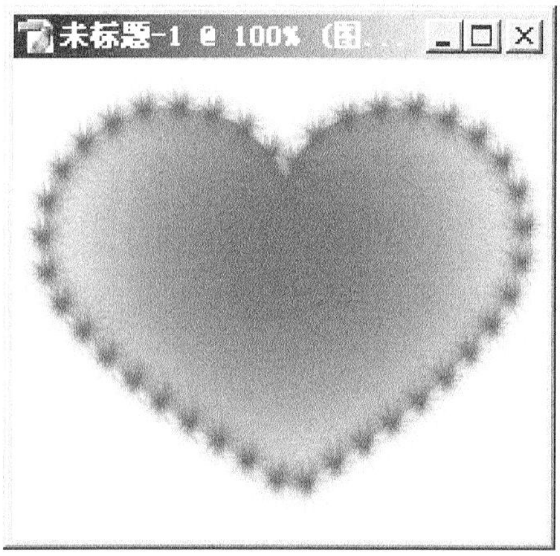

图 4－25　完成后的效果

(7) 单击路径控制面板上的“工作路径”，使其显示。

(8) 单击“画笔工具”，打开“画笔扩展视图”面板，从中选择“绒毛球”笔刷，适当调小笔刷的直径并加大笔刷的间距。

(9) 单击路径面板上的“用画笔描边路径按钮”，在路径上自动生成描边效果，结果如图 4－25 所示。最后在路径控制面板上的空白区域单击，隐藏路径。

【知识扩展】

➢ 当所选操作对象为路径时，原先【编辑】菜单中的【自由变换】和【变换】命令，会自动转变成【自由变换路径】和【变换路径】命令。

➢ 可以使用各种绘图工具对路径进行描边，但在描边前必须在工具箱单击选中一种绘图工具，同时在属性栏上设置好绘图工具的相关参数，还要确定描边所需的前景色，然后再执行描边命令，如本例的步骤(8)。

【操作示例 4.2】　打开 4－1.jpg 图像文件，如图 4－26 所示，运用路径工具和路径控制面板制作如图 4－35 所示的图像。

图 4－26　4－1.jpg 图像文件

(1) 单击窗口菜单【文件】/【新建】命令，建立一个分辨率为72像素/英寸、白色背景、RGB模式的新文件。

(2) 以4－1.jpg图像文件为当前操作窗口，单击“自由钢笔工具”，在属性栏单击“路径”按钮，并勾选“磁性的”选项，在“小鸟”轮廓处单击鼠标确定第一个锚点，释放鼠标并沿着小鸟的轮廓边缘拖曳，绘制一条封闭路径。

(3) 单击“删除锚点工具”，单击路径上多余的锚点将其删除，仅保留沿图像轮廓各个转折点处的锚点。

(4) 单击“转换点工具”，在锚点上单击并拖曳鼠标，调整控制柄的方向与长短，使路径形状贴近“小鸟”轮廓，结果如图4－27所示。按下＜Ctrl＋C＞键拷贝所绘制的路径。

图4－27　绘制小鸟路径

(5) 切换到新建文件窗口，按下＜Ctrl＋V＞键将路径复制到新文件中。

(6) 单击窗口菜单【编辑】/【自由变换路径】命令，将路径变换为合适大小，按回车键结束变换。单击“路径选择工具”，按住＜Alt＞键的同时单击并拖曳路径，复制了一个子路径，调整两个子路径的相对位置，结果如图4－28所示，所对应的路径控制面板如图4－29所示。

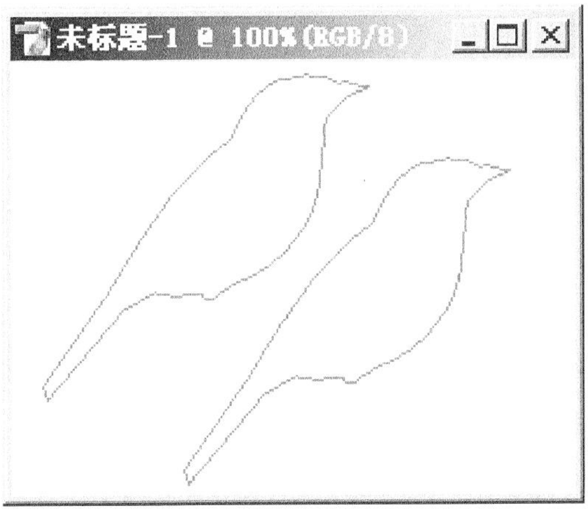

图4－28　复制一个子路径

图4－29　路径控制面板

(7) 切换到图层控制面板，单击“创建新的图层”按钮，建立“图层1”，并定位在“图层1”。

(8) 设置前景色为“RGB 蓝”，单击“路径选择工具”，在图像窗口中单击位于左上方的“小鸟”子路径，再在路径控制面板上单击“用前景色填充路径”按钮，将子路径 1 填充为蓝色，如图 4－30 所示，所对应的图层控制面板如图 4－31 所示。

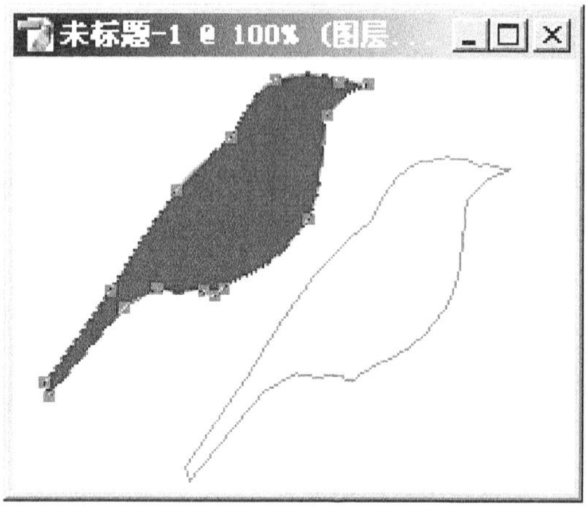

图 4－30　用前景色填充子路径 1

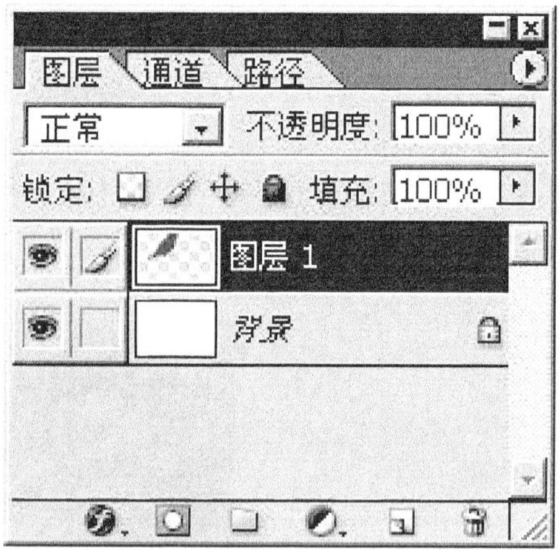

图 4－31　图层控制面板

(9) 设置前景色为“RGB 黄”，单击“路径选择工具”，在图像窗口中单击位于右下方的“小鸟”子路径，再在路径控制面板上单击“用前景色填充路径”按钮，将子路径 2 填充为黄色。

(10) 设置前景色为“RGB 红”，单击路径控制面板上“将路径作为选区载入”按钮，将子路径 2 转换为选区。单击“画笔工具”，选用软边笔刷，并在属性栏单击按钮，沿选区的边缘处喷画，制作出彩色羽毛的效果，如图 4－32 所示。

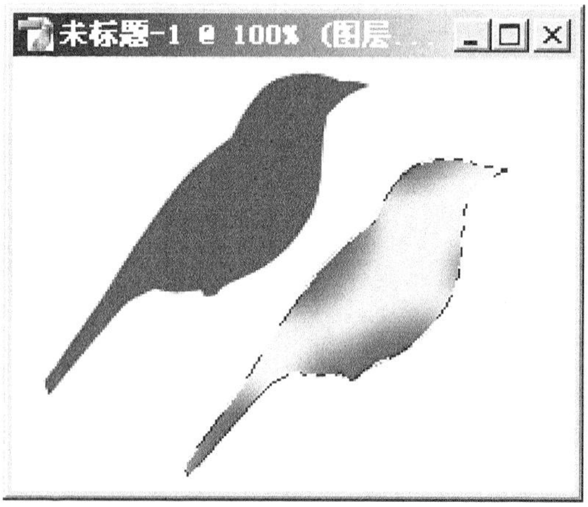

图 4－32　填充子路径 2 并绘制彩色羽毛

(11) 单击图层控制面板上“创建新的图层”按钮，建立“图层 2”，设置前景色为浅灰色，按下＜Ctrl＋Alt＞键填充选区，制作成小鸟的影子，取消选区，结果如图 4－33 所示，所对应的图层控制面板如图 4－34 所示。

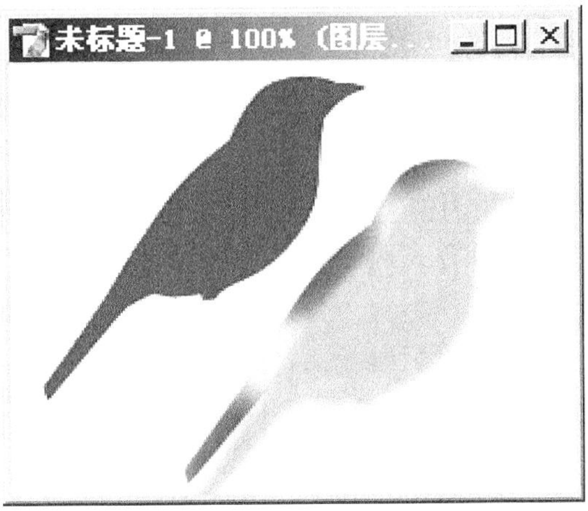

图 4-33　制作小鸟的影子

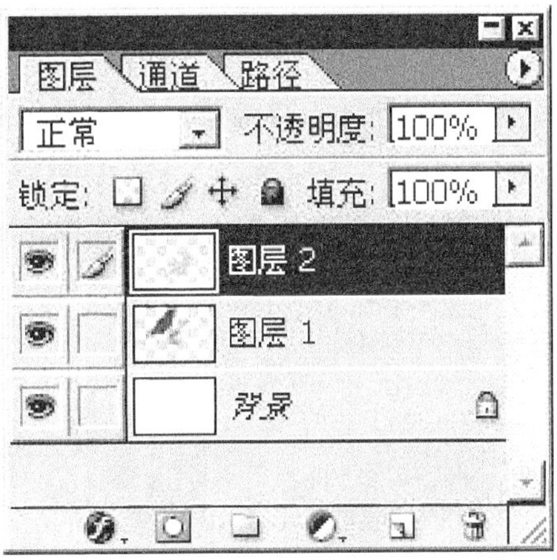

图 4-34　图层控制面板

(12) 调整图层控制面板上图层的顺序,使“图层 2”位于“图层 1”的下方;单击“画笔工具”,分别给两只小鸟添加眼睛,完成后的效果如图 4-35 所示,所对应的图层控制面板如图 4-36 所示。

图 4-35　完成后的效果

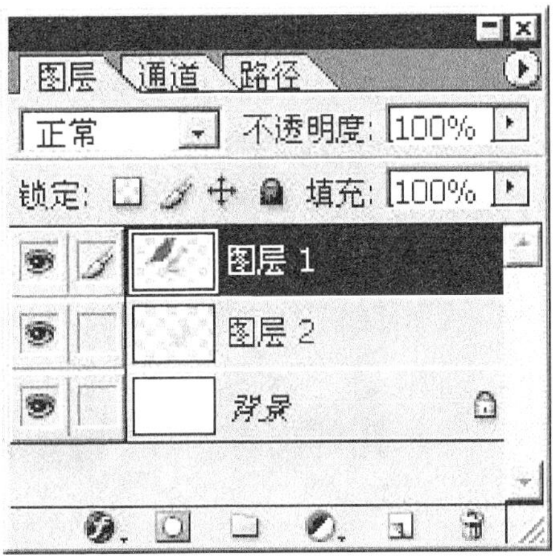

图 4-36　图层控制面板

4.3　形状工具组

利用形状工具组中的工具可以方便地绘制一些简单的几何图形,由于形状工具与路径工具具有相同特性,因此同样可以利用路径编辑工具对形状工具绘制的图形进行编辑,其属性栏与钢笔工具也基本相同,如图 4-37 所示。

图 4-37　矩形工具属性栏

属性栏中与形状工具相关的参数简介如下:

(1) 形状图层按钮 　单击该按钮,表示在图层上创建矢量图形,并自动用前景色填充

矢量图形。

(2) 填充像素按钮 以前景色填充绘制形状区域。

(3) 样式 单击样式面板按钮，可以在弹出的“样式面板”上为创建的矢量图形设置一种图层样式。

(4) 颜色 单击颜色块，可以在弹出的“拾色器”中为创建的矢量图形设置颜色。

(5) 图形运算 表示四种不同图形交错运算方式，如图 4－38 所示。

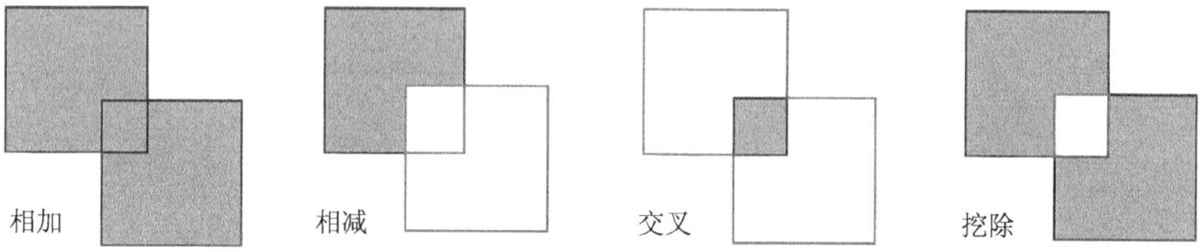

图 4－38 四种图形交错运算方式

4.3.1 几何图形工具

形状工具组中有一组用于绘制基本几何图形的工具，其中矩形工具可以绘制矩形和正方形区域，圆角矩形工具可以绘制圆角矩形和圆角正方形区域，椭圆工具可以绘制椭圆形和圆形区域，多边形工具可以绘制自定义正多边形区域。用这几种工具绘制的效果如图 4－39 所示，其中多边形工具属性栏如图 4－40 所示。

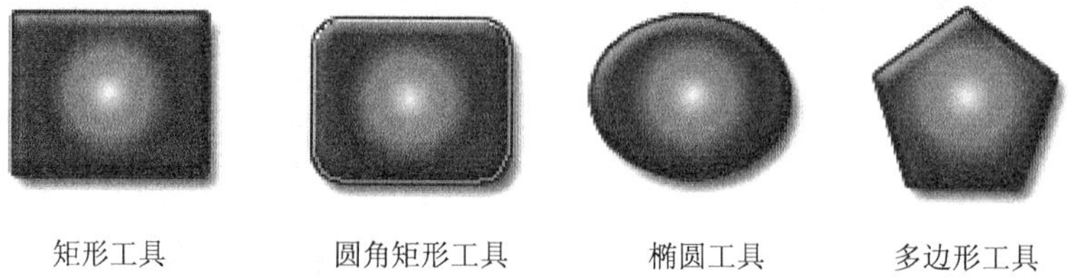

图 4－39 用不同几何图形工具绘制的效果

图 4－40 多边形工具属性栏

由于这些工具的功能、使用方法都非常相近，只是“几何选项”稍有区别，现以矩形工具为例作介绍。在工具箱单击“矩形工具”，在属性栏单击“几何选项”按钮，弹出“矩形选项”面板，如图 4－41 所示。

选项面板中的参数简介如下：

(1) 不受限制 表示所绘矩形的大小由鼠标的拖动来确定，是矩形工具的默认选项。

(2) 方形 表示绘制正方形。也可以在按住＜Shift＞键的同时拖曳鼠标，绘制正方形。

(3) 固定大小 表示可以在右方的数值框中输入矩形的高、宽值来确定矩形的大小，此时

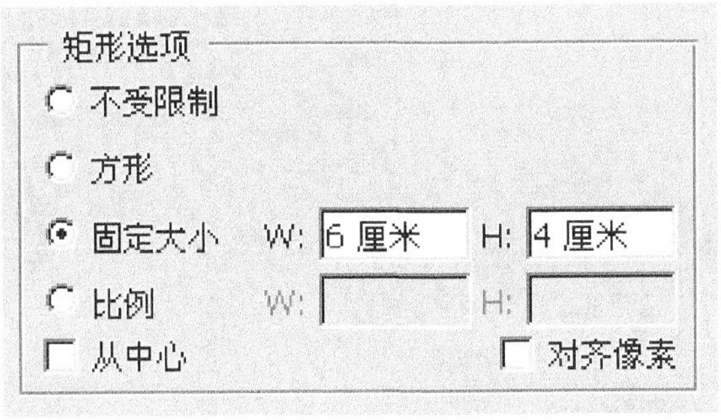

图 4-41　矩形选项面板

只要在图像窗口中单击鼠标便自动画好矩形。

(4) 比例　表示根据右方数值框中输入的值来约束矩形的长、宽之比。

(5) 从中心　默认情况下是从矩形的左上角为起点绘制，选中该项后，则从矩形的中心开始绘制。

(6) 对齐像素　选中该项，所绘矩形的边缘对齐像素的边界。

4.3.2　直线工具

利用直线工具可以绘制直线段和各种带箭头线段。在工具箱单击"直线工具"，在属性栏单击"几何选项"按钮，弹出"箭头"选项面板，如图 4-42 所示。

选项面板中的参数简介如下：

(1) 起点和终点复选框　用于设置直线段的起点和终点是否带有箭头。

(2) 宽度　用于设置箭头的宽度与直线段宽度的百分比，取值范围为"10％～1000％之间的整数"。

(3) 长度　用于设置箭头的长度与直线段长度的百分比，取值范围为"10％～5000％之间的整数"。

(4) 凹度　用于设置箭头的长度与直线段长度的百分比，取值范围为"－50％～50％之间的整数"，取负值时形状为"凸"，取正值时形状为"凹"。

图 4-42　箭头选项面板

4.3.3　自定义形状工具

利用自定义形状工具可以绘制一些不规则的形状。在工具箱单击"自定义形状工具"，在属性栏上增加了"形状"样本窗，单击"形状"样本窗，弹出如图 4-43 所示的自定义形状面板。

当在自定义形状面板上单击选中一种形状后，可以很方便地在图像窗口中绘制自定义图形，并可以利用路径工具对所绘形状进行编辑修改，如图 4-44 所示。

单击自定义形状面板右侧的面板菜单按钮，还可以利用菜单命令做复位形状、载入形状、替换形状和存储形状等操作。

图 4-43　自定义形状面板

图 4-44　利用自定义形状工具绘制的图形

4.4　综合训练

4.4.1　综合训练一

打开“4-2.jpg”图像文件，如图 4-45 所示，应用形状工具和路径填充与描边技术制作“邮票”，效果如图 4-50 所示(彩色效果图见附录)。

图 4-45　4-2.jpg 图像文件

(1) 单击窗口菜单【文件】/【新建】命令，建立一个分辨率为 72 像素/英寸、黑色背景、RGB 模式的新文件，将“4-2.jpg”图像文件复制到当前文件中，在图层控制面板中增加了“图层 1”。

(2) 在形状工具组单击“矩形工具”，在图像窗口中拖曳鼠标，建立一个矩形路径，结果如图 4-46 所示，所对应的路径控制面板如图 4-47 所示。

(3) 设置前景色为“白色”，当前定位在背景图层，单击路径控制面板上“用前景色填充路径”按钮，在矩形路径中填充白色。

(4) 设置前景色为“黑色”，单击“画笔工具”，打开“画笔扩展视图”面板，从中选择硬边笔刷，适当调整笔刷直径，并加大笔间距。单击路径控制面板上“用画笔描边路径”按钮，描边路径，形成邮票边缘的“锯齿形”效果，如图 4－48 所示。

图 4－46　建立一个矩形路径

图 4－47　路径控制面板

图 4－48　填充并描边路径

图 4－49　在“图层 1”做描边操作

(5) 定位在“图层 1”，按住<Ctrl>键的同时用鼠标单击“图层 1”，将“图层 1”中的图像作为选区载入，单击窗口菜单【编辑】/【描边】命令，为选区增加一个黑色的边框，结果如图 4－49 所示，取消选区。

(6) 在文字工具组单击“横排文字工具”T，在属性栏上设置合适的字体和字号，在图像窗口中输入文字作点缀(文字工具的应用参见第 8 章)，完成后的效果如图 4－50 所示(彩色效果

图 4－50　完成后的效果

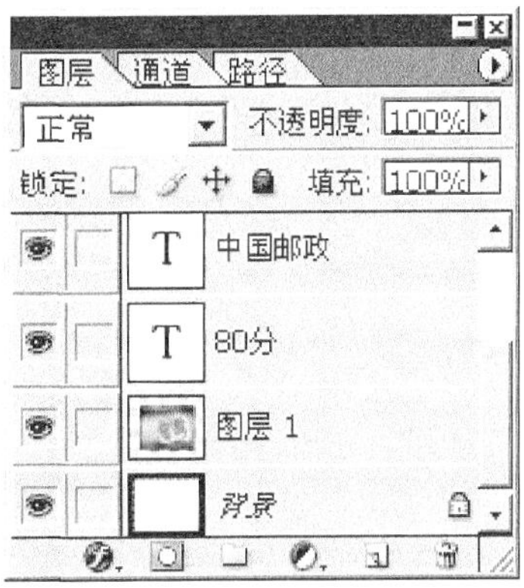

图 4－51　图层控制面板

图见附录)，所对应的图层控制面板如图 4－51 所示。

4.4.2 综合训练二

应用路径描边技术制作“牙膏字”，效果如图 4－56 所示(彩色效果图见附录)。

(1) 单击窗口菜单【文件】/【新建】命令，建立一个分辨率为 72 像素/英寸、白色背景、RGB 模式的新文件。

(2) 单击“椭圆形选框工具”，按住<Shift>键的同时在图像窗口中拖曳鼠标，创建一个正圆选区。单击“渐变工具”，属性栏上的参数设置如图 4－52 所示，自选区中心向外拖曳鼠标，在选区内作“色谱”渐变，结果如图 4－53 所示，取消选区。

图 4－52 属性栏上的参数设置

图 4－53 在选区内作“色谱”渐变

(3) 选中填充后的图像，单击窗口菜单【图像】/【定义画笔预设】命令，将其定义为新画笔。

(4) 单击“自由钢笔工具”，在图像窗口中拖曳鼠标绘制“yes”路径，并使“yes”路径的起点定位在图像中心，如图 4－54 所示，所对应的路径控制面板如图 4－55 所示。

图 4－54 路径的起点定位在图像中心

图 4－55 路径控制面板

(5) 单击“涂抹工具”，在属性栏的“画笔”样本窗中选择步骤(3)定义的新画笔，并将“强度”选项设置为“100%”，单击路径控制面板上“用画笔描边路径”按钮，描边路径，完成后的效果如图 4－56 所示(彩色效果图见附录)。

图 4－56　完成后的效果

4.4.3　综合训练三

应用形状工具和路径填充与描边技术制作“装饰图案”，效果如图 4－63 所示。

(1) 单击窗口菜单【文件】/【新建】命令，建立一个分辨率为 72 像素/英寸、白色背景、RGB 模式的新文件。

(2) 在形状工具组单击“自定义形状工具”，在属性栏单击“形状样本窗/面板菜单按钮/【装饰】”命令，将“装饰”样本追加到形状面板中。

(3) 在形状面板上选择“饰件 2”形状，按住<Shift>键的同时在图像窗口中拖曳鼠标，建立一个图案形路径，结果如图 4－57 所示，所对应的路径控制面板如图 4－58 所示。

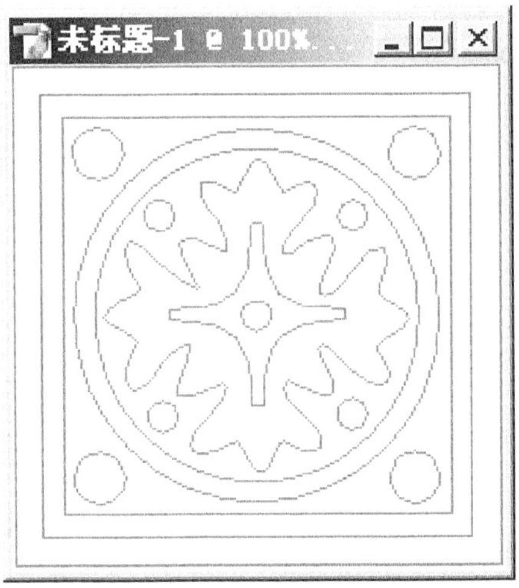

图 4－57　建立一个图案形路径

图 4－58　路径控制面板

(4) 设置前景色为"RGB 蓝",单击路径控制面板上"用前景色填充路径"按钮,在路径中填充,结果如图 4 - 59 所示。

(5) 在图层控制面板中新建"图层 1",单击"画笔工具",调整笔刷直径约为 2,单击路径控制面板上"用画笔描边路径"按钮,描边路径,结果如图 4 - 60 所示,所对应的图层控制面板如图 4 - 61 所示。

(6) 隐藏"图层 1",定位在背景层,单击"橡皮擦工具"将图案内圈中的像素擦去,如图 4 - 62 所示,擦完后打开"图层 1,完成后的效果如图 4 - 63 所示。

图 4 - 59　填充路径

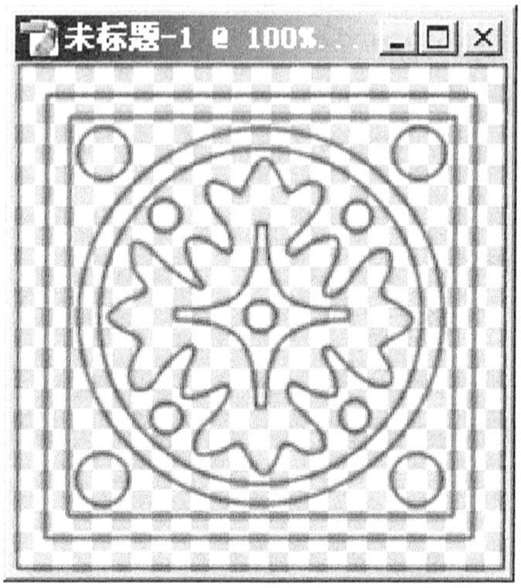

图 4 - 60　在"图层 1"描边路径

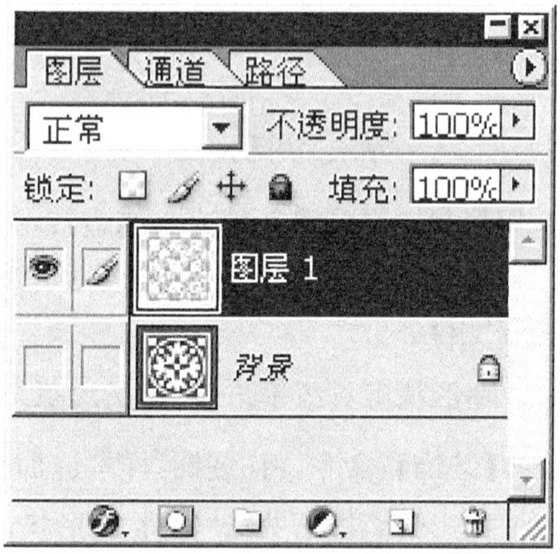

图 4 - 61　图层控制面板

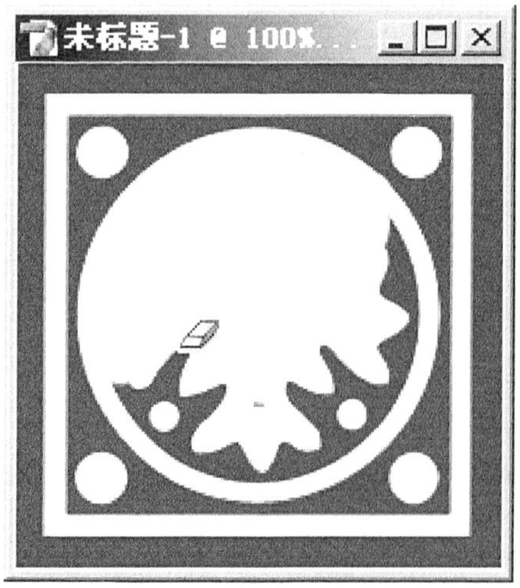

图 4 - 62　将图案内圈中的像素擦去

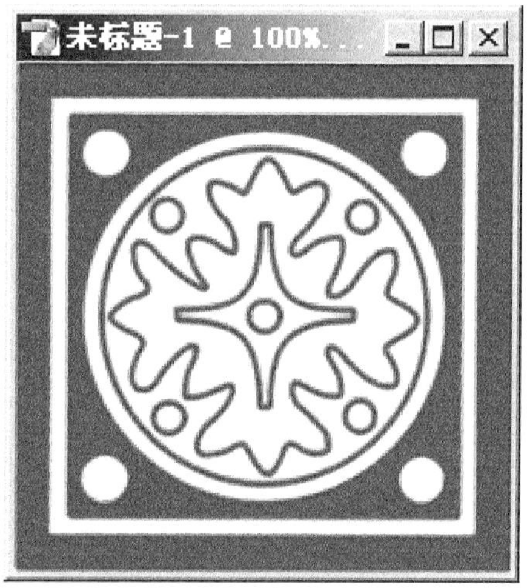

图 4 - 63　完成后的效果

【知识扩展】

当在图像中建立了一个路径后，该路径便可重复使用，如本例的步骤(5)，并且当图像文件存盘后，路径也能随文件同步保存，以供今后继续调用。

本章小结

本章主要介绍了路径的基本概念和路径的应用，包括：路径工具的功能，路径的创建，编辑路径的方法，路径控制面板的应用以及路径与选区的互换等。由于路径工具的应用灵活而多变，掌握它们的使用方法是编辑路径的基本功，而通过路径与选区的互换可以精确地编辑选区，应该作为路径应用的重点来学习。

习 题

1. 应用路径编辑技术制作“信封”，效果如 4－64 所示，完成后的路径控制面板如图 4－65 所示。

操作提示：参照“综合训练一”进行制作，制作时需多次应用“路径描边”技术。

图 4－64 “信封”图像

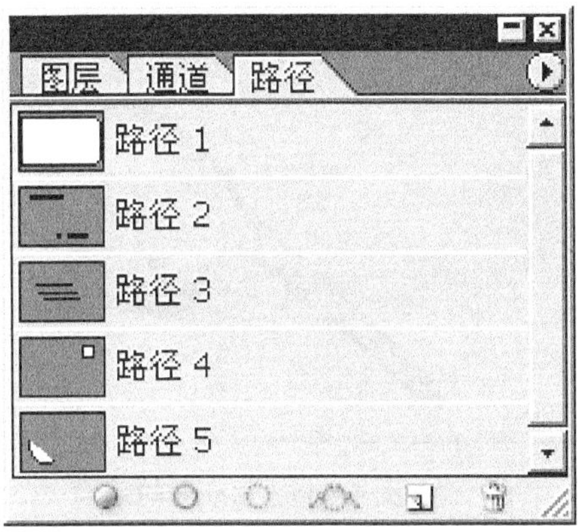

图 4－65 路径控制面板

2. 应用路径描边技术制作“电影胶片”，效果如图 4－66 所示。

图 4－66 “电影胶片”图像

操作提示：参照“综合训练一”进行制作，制作时需先定义“新画笔”。

3. 打开 4－3.jpg 图像文件，如图 4－67 所示，应用路径编辑技术制作如图 4－68 所示的图像，完成后的路径控制面板如图 4－69 所示。

操作提示：参照“操作示例 4.2”进行制作。

图 4－67　4－3. jpg 图像文件

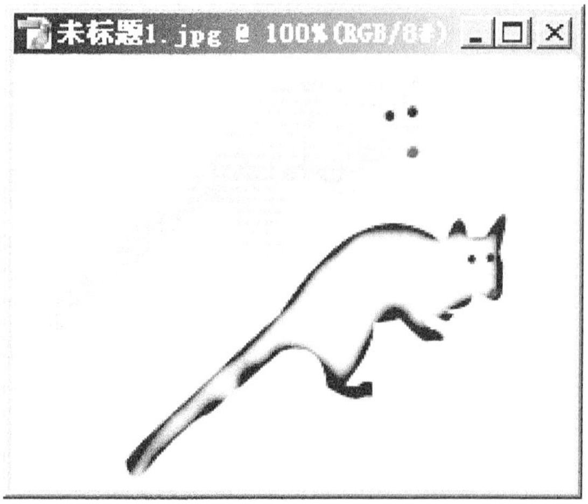

图 4－68　完成后的效果

图 4－69　路径控制面板

5 通道

在 Photoshop 中通道有两个作用，它可以用来存放图像颜色信息和保存选区。当打开一个图像文件时，Photoshop 会自动为其创建颜色信息通道，所创建的颜色通道数目将取决于图像的色彩模式。当在图像中保存一个选区时，Photoshop 也会自动将其作为一个 Alpha 通道存储起来。

在通道中，白色表示被选取的区域，黑色表示未被选取的区域，而灰色表示选区的羽化范围，具有透明效果。利用通道的这种特性，可以将图像按通道分解成多个独立的对象，通过对各个通道的编辑使整个图像发生变化，从而获得更加精美的编辑效果。

本章重点：

（1）通道的概念；

（2）通道的基本操作；

（3）图像合成。

5.1 通道的基本操作

5.1.1 通道的分类

根据通道的不同作用，通道大致可以分为以下三类。

1）颜色通道

当打开一个图像文件或者新建一个图像文件时，Photoshop 会自动根据图像的模式建立起颜色通道，图像的模式决定了颜色通道的数量，如 RGB 模式的图像有 3 个默认颜色通道，分别是红、绿、蓝，另有一个复合通道，如图 5 - 1 所示。CMYK 模式的图像有 4 个默认颜色通道，分别是青色、洋红、黄色和黑色，另有一个复合通道，如图 5 - 2 所示。而灰度模式和索引模式的图像只有一个颜色通道。

默认情况下，单个颜色通道均为 8 位的灰度图，因此当在通道控制面板单击任意一个单色通道时，图像窗口均显示为一幅灰度图像。而复合通道主要用于记录各个单色通道的综合信息，当对任意一个颜色通道进行编辑时，其编辑结果最终都会自动反映到复合通道中。

2）Alpha 通道

Alpha 通道主要用来保存选区，通过 Alpha 通道可以将选区存储为 8 位的灰度图像，从而将选区随图像文件保存。由于几乎所有用于图像编辑的工具和方法都可以用于通道的编辑，因此还可以通过 Alpha 通道与选区的互换，来实现对选区的精确编辑。

3）专色通道

专色通道是一种具有特殊用途的通道，专色是印刷时使用的一种特殊的混合油墨，用来替代或补充到印刷色（CMYK）油墨中，当输出含有专色通道的图像时，专色通道将会作为一个页面单独打印。

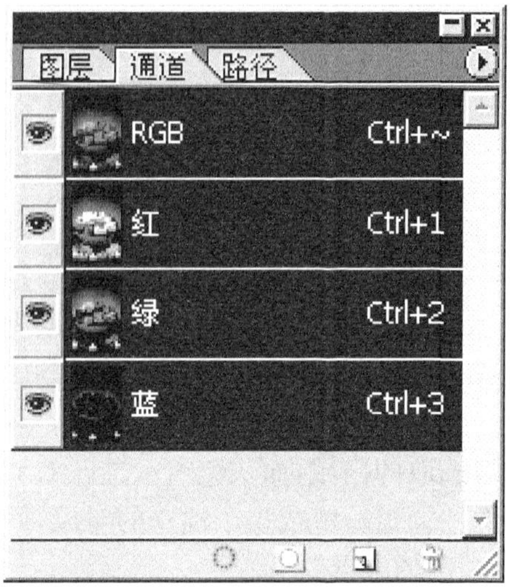

图 5-1 RGB 有 3 个颜色通道

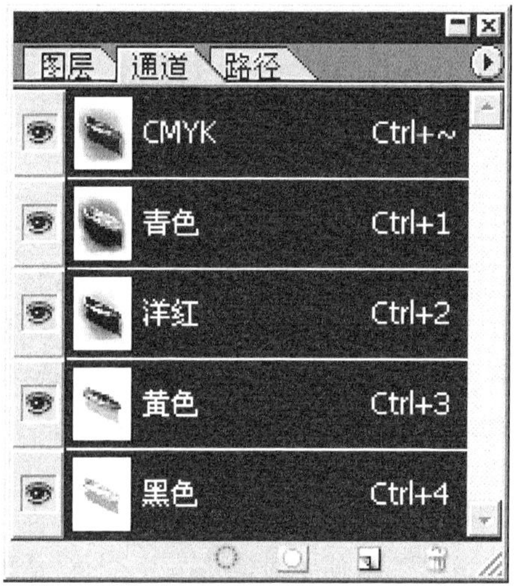

图 5-2 CMYK 有 4 个颜色通道

5.1.2 通道控制面板

通过通道控制面板可以完成所有的通道操作，如建立新通道，删除、复制、合并及拆分通道等。初次启动 Photoshop 时，通道控制面板与图层控制面板位于同一面板组，若通道控制面板位置发生变化或是被关闭时，只需单击【窗口】/【通道】命令重新打开通道控制面板，也可以单击【窗口】/【工作区】/【复位调板位置】命令将通道控制面板还原至默认位置。通道控制面板的组成与图层控制面板较为相似，如图 5-3 所示。

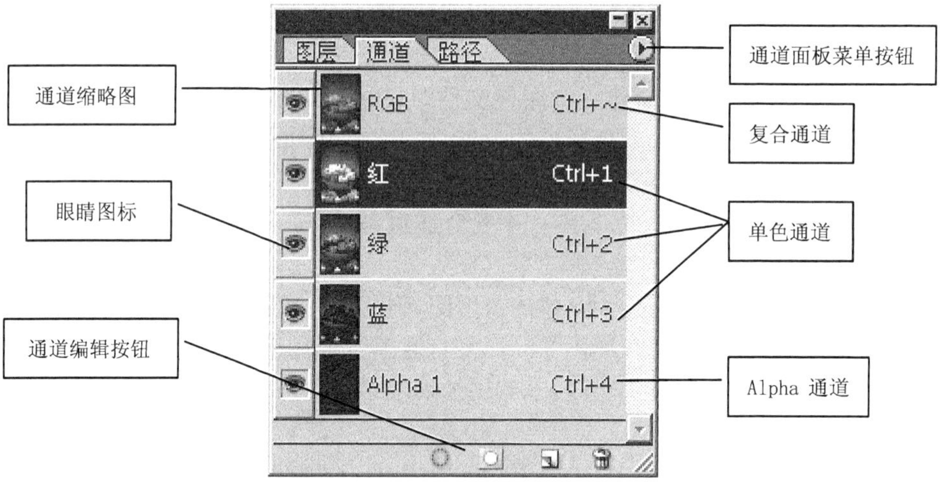

图 5-3 通道控制面板

通道控制面板中各个组成元素的含义简介如下：

(1) 眼睛图标　单击通道前的眼睛图标，可以使通道在显示与隐藏之间进行切换，并且复合通道会跟随变化。当显示复合通道时，各单色通道会同时显示。

(2) 将通道作为选区载入  单击该按钮，可以将通道中的内容作为选区加载到图像中。

(3) 将选区存储为通道　单击该按钮，可以将当前的选区存储为 Alpha 通道。

(4) 创建新通道　单击该按钮，可以创建一个新的 Alpha 通道。

(5) 删除当前通道　单击该按钮，可以删除当前选择的通道。

(6) 通道缩略图　通道缩略图显示了该通道的内容，当对某个通道中的内容进行编辑和修改时，缩略图中的内容也会随之变化。

5.1.3　通道的编辑

1）新建通道

方法一：单击通道控制面板上的“创建新通道”按钮，在通道面板上创建了一个新通道，系统自动命名为：Alpha1。可以创建多个通道，系统为新通道顺序命名为：Alpha1、Alpha2、Alpha3……

方法二：单击“通道面板菜单”按钮，在弹出的菜单中单击【新通道】命令，弹出“新通道”对话框，如图 5－4 所示的。

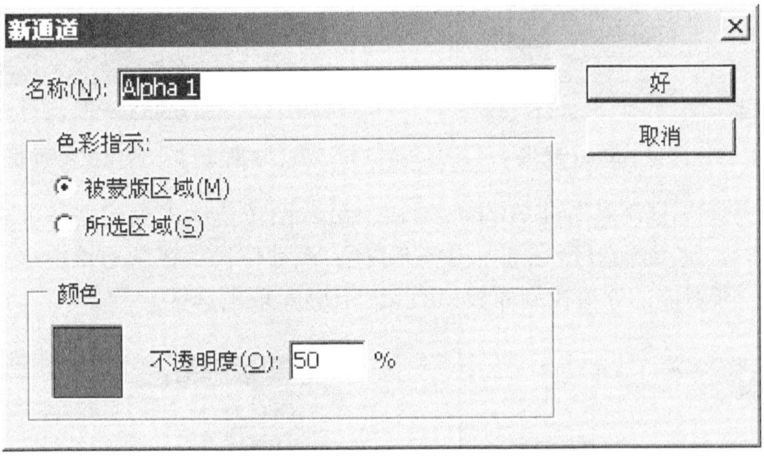

图 5－4　“新通道”对话框

在“新通道”对话框中可以为新建通道重新命名、重新设置蒙版颜色和不透明度，其中“色彩指示”的含义如下：

(1) 被蒙版区域　表示蒙版将覆盖图像窗口中未被选中的区域。

(2) 所选区域　表示蒙版将覆盖图像窗口中的选区。

Photoshop 允许每个图像最多可以包含 24 个通道，包括所有颜色通道和 Alpha 通道，新创建的通道具有与原图像相同的尺寸和像素，并且，所有用于图像编辑的工具和方法都可以用于通道的编辑。

【操作示例 5.1】　打开 5－1.jpg 图像文件，如图 5－5 所示，利用通道编辑技术为其添加一个相框，效果如图 5－12 所示（彩色效果图见附录）。

图 5－5　5－1.jpg 图像文件

(1) 单击通道控制面板上的“创建新通道”按钮 ，在通道控制面板上创建新通道Alpha1，图像窗口显示为黑色，表示新通道中没有选区。为了方便操作，可以单击RGB复合通道前的“眼睛”图标，此时在半透明的红色蒙版下显示出窗口中的图像，如图5-6所示，所对应的通道控制面板如图5-7所示。

图5-6 新建Alpha1通道

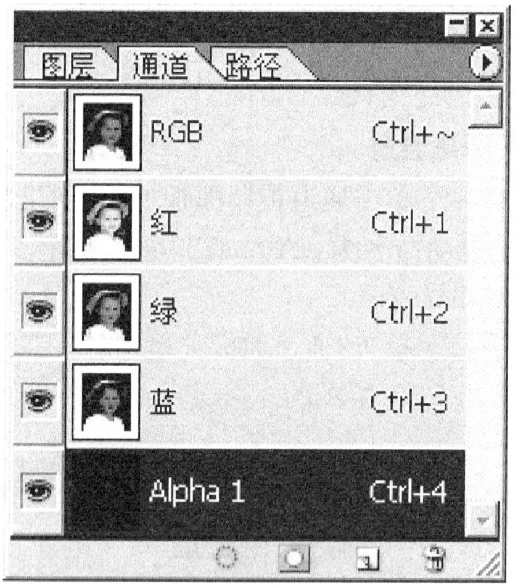

图5-7 通道控制面板

(2) 单击“矩形选框工具”，在Alpha1通道上沿着图像边缘内侧建立一个矩形选区，按下<Shift+Ctrl+I>键反选选区，在选区内填充白色，该动作表示在新通道中建立了一个选区，如图5-8所示，所对应的通道控制面板如图5-9所示，取消选区。

图5-8 在选区内填充白色

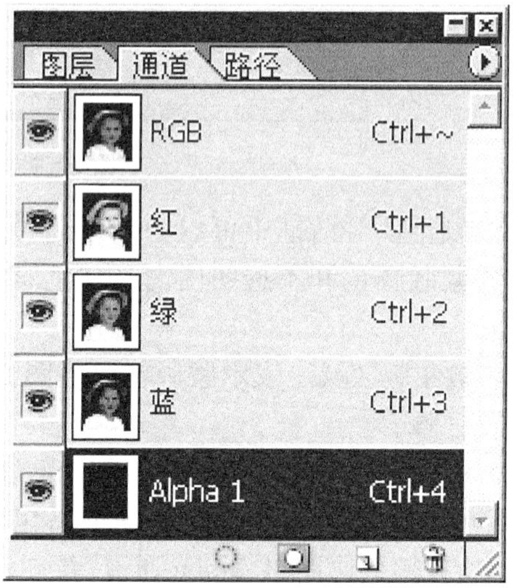

图5-9 通道控制面板

(3) 单击窗口菜单【滤镜】/【扭曲】/【波浪】命令，在对话框中设置参数：类型为正弦波，生成器为1，波长最小为6、最大为76，波幅最小为6、最大为76，其余为默认值，使选区边缘生成不规则波纹(滤镜的应用参见第7章)。

(4) 单击通道控制面板上的“将通道作为选区载入”按钮 ，或者按下<Ctrl>键的同时单击 Alpha1 通道，将 Alpha1 通道作为选区载入。然后单击 Alpha1 通道前的“眼睛”图标，关闭 Alpha1 通道，再单击 RGB 复合通道，返回复合通道。

(5) 切换到图层控制面板，新建“图层 1”，设置一种合适的前景色，在“图层 1”的选区中进行填充，结果如图 5－10 所示，所对应的图层控制面板如图 5－11 所示，取消选区。

图 5－10　在图层 1 的选区中填充

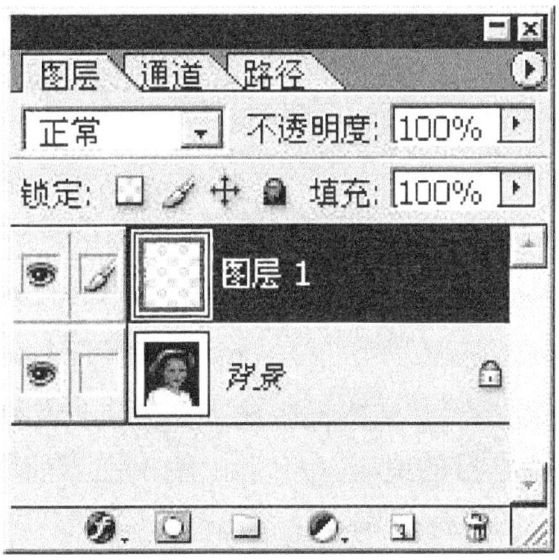

图 5－11　图层控制面板

(6) 单击窗口菜单【滤镜】/【杂色】/【添加杂色】命令，在“图层 1”添加少量杂色。再在图层控制面板上双击图层 1，打开“图层样式”对话框，在“图层 1”上应用“外发光”图层样式，完成后的相框如图 5－12 所示(彩色效果图见附录)，所对应的图层控制面板如图 5－13 所示。

图 5－12　完成后的效果图

图 5－13　图层控制面板

2）复制通道

通常，在对通道编辑之前可以为通道建立一个备份，以免编辑失误而不能恢复。有时，为了获得一种特殊的编辑效果也需要复制通道，或者将 Alpha 通道复制到新图像以创建一个选区。复制通道既可以在同一个图像中进行，也可以在不同图像之间进行。

(1) 用菜单命令操作

方法一：单击“通道面板菜单”按钮，在弹出的菜单中单击【复制通道】命令。

方法二：在通道控制面板上右击指定的通道，在快捷菜单中单击【复制通道】命令。

执行命令之后将弹出“复制通道”对话框，如图 5-14 所示。

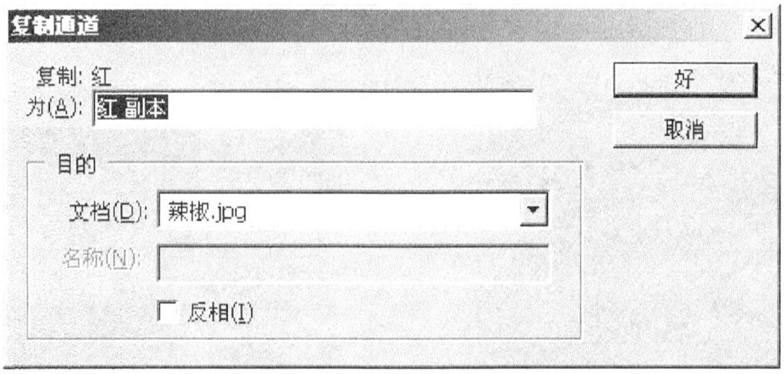

图 5-14 “复制通道”对话框

可以在“为”文本框中输入由复制产生的副本通道的名称，在“文档”下拉列表框中选择副本通道输出目的地，其中包括：输出在当前图像文件中、由副本通道建立一个新文件。

(2) 用鼠标操作

方法一：在通道控制面板拖曳指定通道至“创建新通道”按钮上，表示在当前图像文件中产生一个副本通道。

方法二：在通道控制面板拖曳指定通道至目标图像窗口中，表示向目标图像中输入一个副本通道。

在当前图像中文件中复制了一个“红”通道后的通道控制面板如图 5-15 所示。

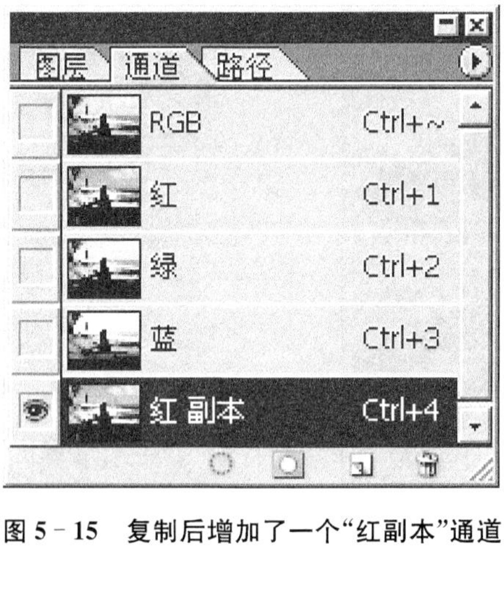

图 5-15 复制后增加了一个“红副本”通道

3）删除通道

方法一：在通道控制面板拖曳指定通道至“删除当前通道”按钮上。

方法二：单击“通道面板菜单”按钮，在弹出的菜单中单击【删除通道】命令。

方法三：在通道控制面板上右击指定的通道，在快捷菜单中单击【删除通道】命令。

4）分离和合并通道

根据图像编辑的需要，可以将彩色图像的各个颜色通道分离开来，成为独立的图像，以方便对各个通道进行单独的编辑，编辑完成后仍然可以再将它们合并为一个图像。

（1）分离通道的操作　单击通道面板菜单的【分离通道】命令。

对于 RGB 图像来说，分离通道后将被分解为 R、G、B 3 个 8 位的灰度图像，如图 5－16 所示，而对于 CMYK 图像来说，将会被分离为 C、M、Y、K 4 个 8 位的灰度图像。如果当前图像中含有图层，应先将图层合并后才可以进行分离通道的操作。

(a) R通道灰度图　　(b) G通道灰度图　　(c) B通道灰度图

图 5－16　分离后各通道的灰度图

（2）合并通道的操作　单击通道控制面板菜单的【合并通道】命令。执行命令后将弹出“合并通道”对话框，如图 5－17 所示。

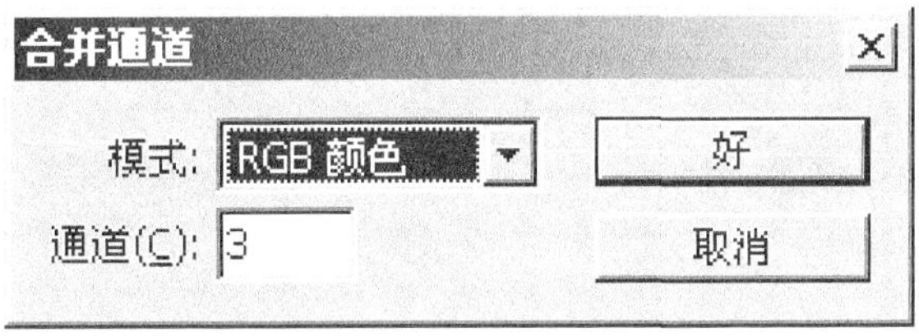

图 5－17　“合并通道”对话框

在对话框的“模式”下拉列表框中含有：多通道、Lab 颜色、RGB 颜色、CMYK 颜色等多种模式，从中选择一种合并模式，并在“通道”文本框中输入参加合并的通道数，单击“好”按钮后弹出如图 5－18 所示的“合并 RGB 通道”对话框，在对话框中单击“好”按钮确认后，被分离

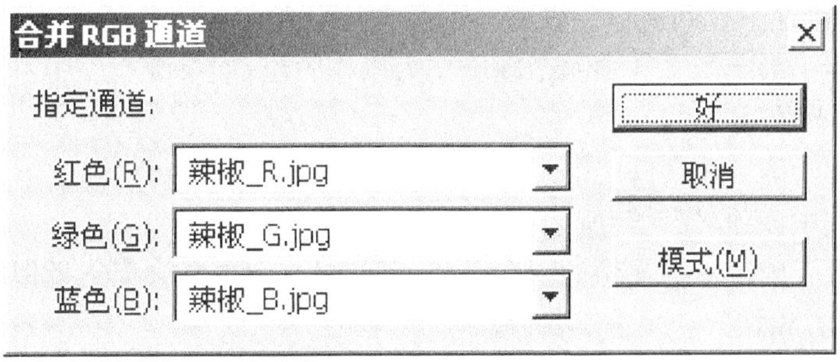

图 5－18　“合并 RGB 通道”对话框

的通道又被合并成彩色图像。

一般来说，在“合并 RGB 通道”对话框中都使用默认设置，如果单击“模式”按钮，可以返回“合并通道”对话框重新设置合并模式。

5.2 通道运算

通道运算是通过“应用图像”和“计算”这两个命令来实现的，由于通道中的每个像素都有一个从 0(黑色)到 255(白色)的亮度值，“应用图像”和“计算”命令就是对图像中相同位置的像素进行数学运算，最终在图像中产生复合效果。用这两个命令可以在一个图像之内或在多个图像之间对通道进行混合处理，参加混合的图像必须具相同的像素和尺寸。其中“计算”命令仅用于单通道，“应用图像”命令可用于单通道或复合通道。

5.2.1 应用图像

利用“应用图像”命令可以将指定图像的图层和通道与当前图像的图层和通道进行混合。单击窗口菜单【图像】/【应用图像】命令，弹出“应用图像”对话框，如图 5－19 所示。

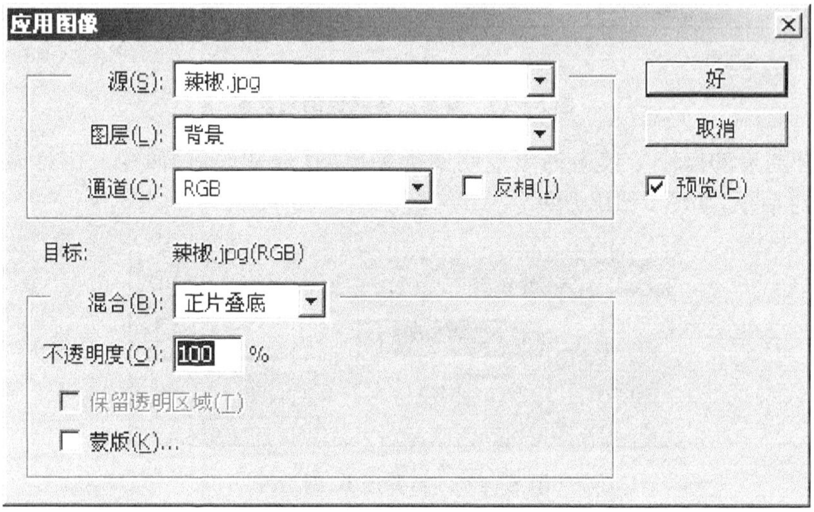

图 5－19 “应用图像”对话框

对话框中主要参数简介如下：

(1) 源 用于确定将与目标图像混合的源文件，需要注意的是，源文件与目标文件的像素和尺寸要一致，否则在下拉列表框中仅能显示源文件自身。

(2) 图层 用于确定源文件中哪个图层作为操作图层，如果源文件中不含有图层，在下拉列表框中仅显示“背景”层。

(3) 通道 用于确定源文件中哪个通道作为操作通道。

(4) 反相 选中该项，先反转所选通道再进行混合。

(5) 混合 用于确定目标文件的混合模式，其效果与图层混合模式近似，但其中增加了专门用于通道混合的“相加”与“减去”两种模式。

(6) 不透明度 用于设置混合图层的不透明度。

（7）保留透明区域　选中该项，图层上的透明区域将不受编辑的影响，能够继续保持透明状态。

（8）蒙板　选中该项，将在图像中加入一个蒙板，其中蒙板的黑色区域将会显现目标文件的图案，而白色区域将会显示源文件的图案。

【操作示例 5.2】　打开 5－2.jpg、5－3.jpg 图像文件，如图 5－20、图 5－21 所示，用"应用图像"命令对两个图像进行混合，效果如图 5－23 所示。

图 5－20　5－2.jpg 图像文件

图 5－21　5－3.jpg 图像文件

（1）以 5－2.jpg 图像文件为当前操作窗口，单击窗口菜单【图像】/【应用图像】命令，弹出"应用图像"对话框，在"源"下拉列表框中选择"5－3.jpg"文件，在"通道"下拉列表框中选择"红"通道，在"混合"下拉列表框中选择"正片叠底"模式，设置"不透明度"为 65，对话框的设置如图 5－22 所示。

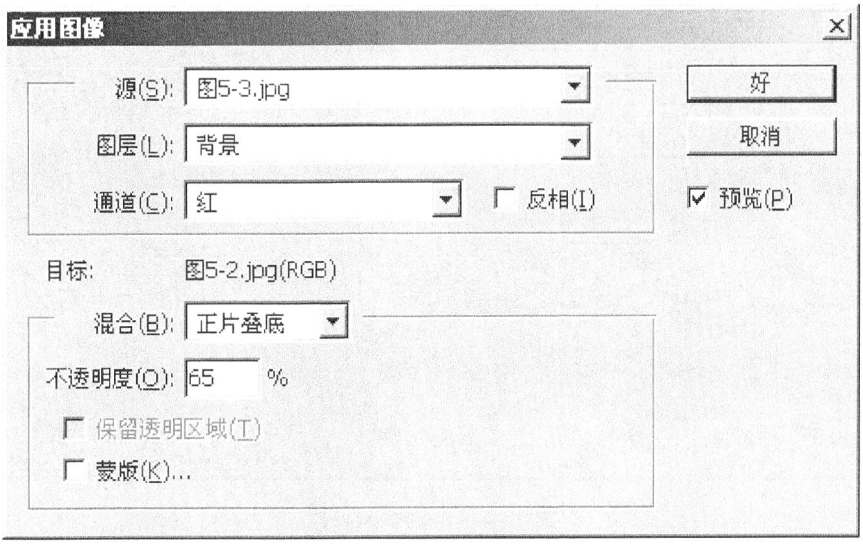

图 5－22　"应用图像"对话框

（2）设置完毕后单击"好"按钮，完成后的效果如图 5－23 所示。

图 5-23　完成后的效果图

5.2.2　计算

“计算”命令主要用来对图像文件中指定的通道进行混合运算，并将运算结果保存在当前图像的新通道、新选区或者保存在一个新文件中。单击窗口菜单【图像】/【计算】命令，弹出“计算”对话框，如图 5-24 所示。

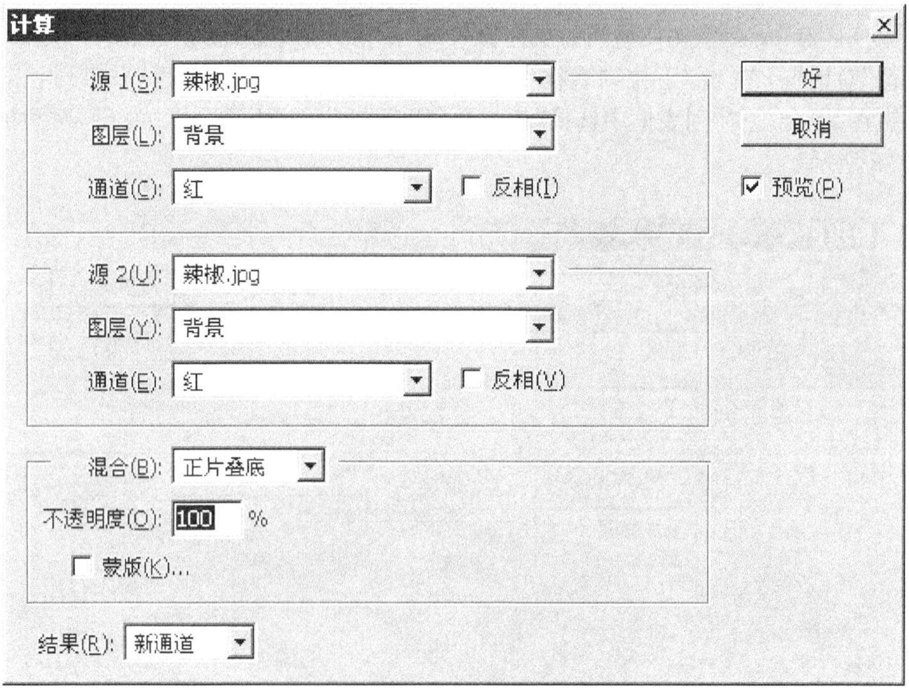

图 5-24　“计算”对话框

对话框中主要参数设置与“应用图像”对话框基本相同，只是“源 1”与“源 2”参数分别用来确定参加运算的两个图像文件，两个“通道”参数分别用来确定参加混合操作的通道。

【操作示例 5.3】　应用“计算”命令为如图 5-25 所示的素材图添加一个相框，效果如图 5-34 所示（彩色效果图见附录）。

图 5－25　素材图

（1）单击通道控制面板上的“创建新通道”按钮，在通道面板上创建新通道 Alpha1，设置前景色为白色。在形状工具组单击“自定义形状工具”，在属性栏“形状样本窗”中的形状面板上选择“水渍形 1”形状，在 Alpha1 通道中绘制图形。

（2）单击窗口菜单【滤镜】/【模糊】/【高斯模糊】命令，为图形添加模糊效果，再次单击窗口菜单【滤镜】/【画笔描边】/【喷色描边】命令，为图形添加描边效果，结果如图 5－26 所示，所对应的通道控制面板如图 5－27 所示。

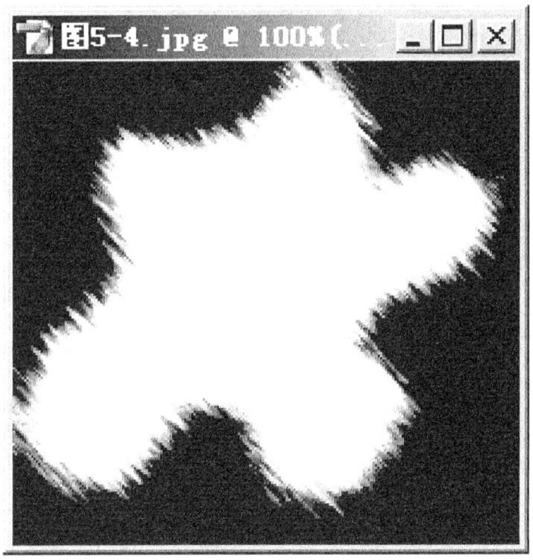

图 5－26　在 Alpha1 通道中绘制图形

图 5－27　通道控制面板

（3）单击通道控制面板上的“创建新通道”按钮，在通道控制面板上创建新通道 Alpha2，单击“横排文字工具”在新建通道中输入文字。为了方便操作，可以单击 Alpha1 通道前的“眼睛”图标，在图像窗口中同时显示两个通道，结果如图 5－28 所示，所对应的通道控制面板如图 5－29 所示。

图 5－28　在 Alpha2 通道中输入文字

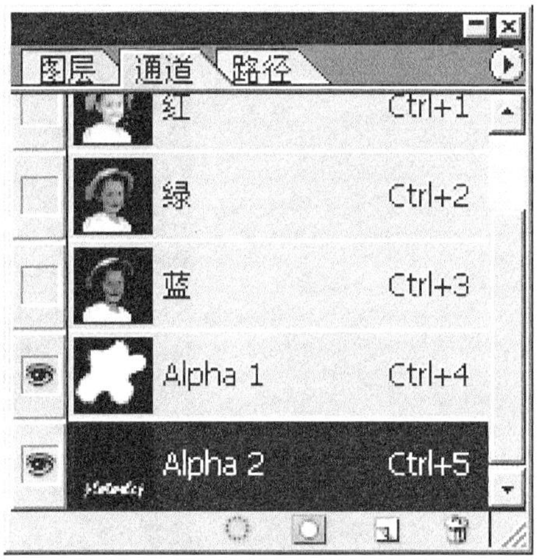

图 5－29　通道控制面板

(4) 单击窗口菜单【图像】/【计算】命令，弹出“计算”对话框，由于运算对象是同一个图像文件中的两个不同通道，因此在对话框中分别选择“Alpha1 通道”与“Alpha2 通道”，运算结果为“选区”，对话框的设置如图 5－30 所示。

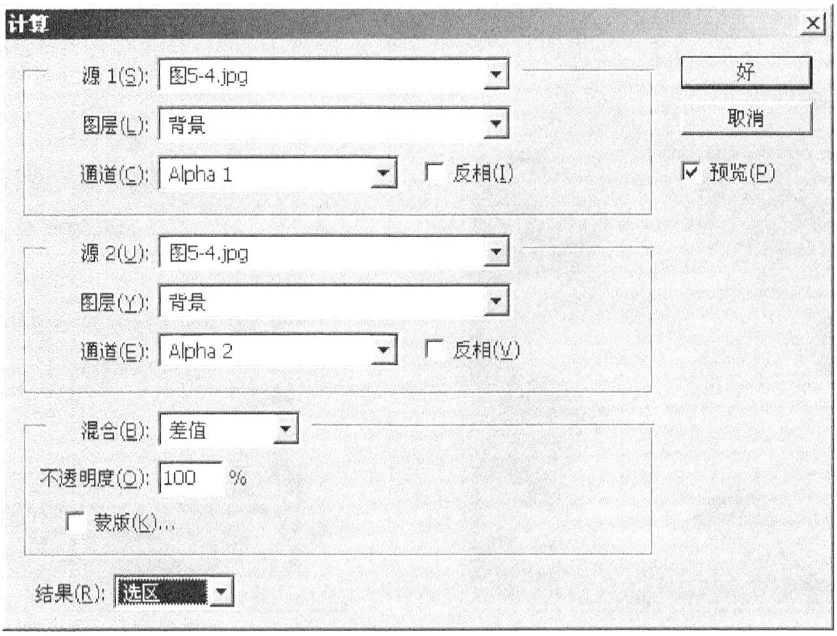

图 5－30　“计算”对话框

(5) 设置完毕后单击“好”按钮，单击通道控制面板“RGB”复合通道，在图像窗口显示了运算后产生的选区，如图 5－31 所示。

(6) 切换到图层控制面板，右击背景层，在快捷菜单中单击“通过拷贝的图层”命令，建立“图层 1”，关闭背景图层，结果如图 5－32 所示，所对应的图层控制面板如图 5－33 所示。

(7) 设置一种合适的前景色填充进背景图层，单击窗口菜单【滤镜】/【杂色】/【添加杂色】命令，在背景图层中添加少量杂色。再在图层控制面板上双击“图层 1”，打开“图层样式”对话框，在“图层 1”上应用“外发光”图层样式，完成后的效果如图 5－34 所示（彩色效果图见附录），所对应的图层控制面板如图 5－35 所示。

图 5－31 “计算”结果

图 5－32 “通过拷贝的图层”建立“图层 1”

图 5－33 图层控制面板

图 5－34 完成后的效果图

图 5－35 图层控制面板

5.3 综合训练

5.3.1 综合训练一

通过建立和编辑 Alpha 通道，在如图 5－36 所示的素材图中制作纸张撕裂的效果，结果如图 5－42 所示。

图 5－36 素材图

(1) 单击窗口菜单【文件】/【新建】命令，建立一个分辨率为 72 像素/英寸、白色背景、RGB 模式，尺寸稍大于素材图的新文件。

(2) 将素材图拷贝到新建图像中，产生“图层 1”，结果如图 5－37 所示，所对应的图层控制面板如图 5－38 所示。

图 5－37 拷贝素材图

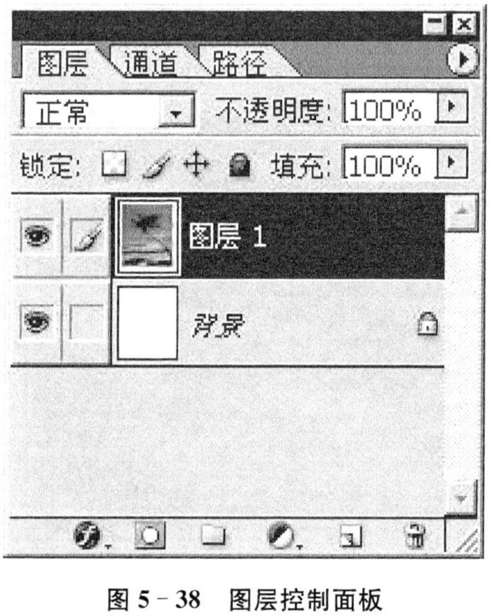

图 5－38 图层控制面板

(3) 单击通道控制面板上的"创建新通道"按钮 ，在通道控制面板上创建新通道 Alpha1，单击"套索工具"在 Alpha1 通道中随意选取一半区域，并将选区填充为白色，表示将这部分设置为选区，结果如图 5－39 所示，所对应的通道控制面板如图 5－40 所示，取消选区。

图 5－39　在通道中建立选区

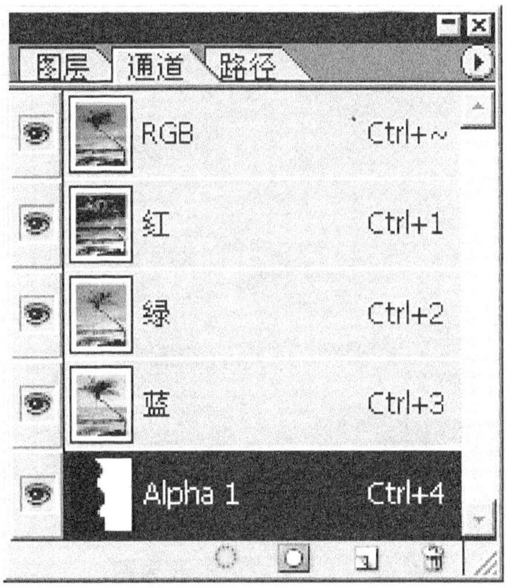

图 5－40　通道控制面板

(4) 单击窗口菜单【滤镜】/【像素化】/【晶格化】命令，在对话框中设置：单元格大小约为 16，使选区边缘产生不规则的效果。

(5) 单击通道控制面板上的"将通道作为选区载入"按钮 ，将 Alpha1 通道作为选区载入，再单击 RGB 复合通道，返回复合通道。

(6) 切换到图层控制面板，定位在"图层 1"，单击"移动工具"向一侧拖曳选区，产生纸张撕裂的效果，如图 5－41 所示，取消选区。

图 5－41　移动选区

（7）在图层控制面板上双击“图层 1”，打开“图层样式”对话框，在“图层 1”上应用“投影”图层样式，完成后的效果如图 5－42 所示，所对应的图层控制面板如图 5－43 所示。

图 5－42　完成后的效果图

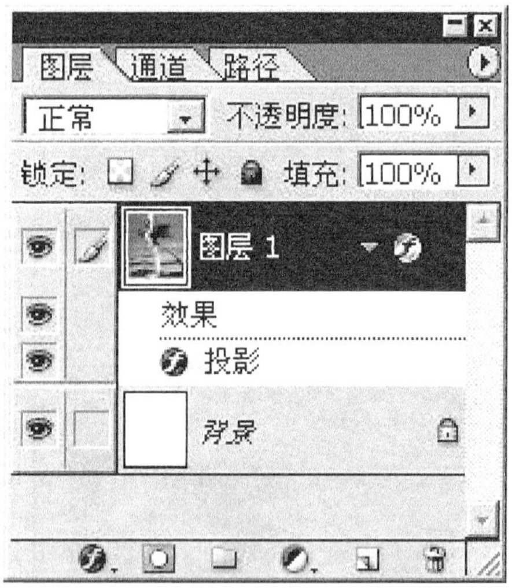

图 5－43　图层控制面板

5.3.2　综合训练二

应用通道编辑技术以及通道与选区互相转换的方法，在如图 5－44 所示的素材图中精确选取图像，并替换图像背景，结果如图 5－54 所示。

图 5－44　素材图

(1) 打开素材图，在通道控制面板上分别定位在 R、G、B 3 个单色通道中，每个通道都显示为灰度图。放大图像，经比较，绿通道中的黑白对比较为明显，且人物的“发梢”更为清晰，因此复制绿通道产生绿副本通道，将其作为当前操作对象，如图 5－45 所示，所对应的通道控制面板如图 5－46 所示。

图 5－45　绿通道显示更清晰

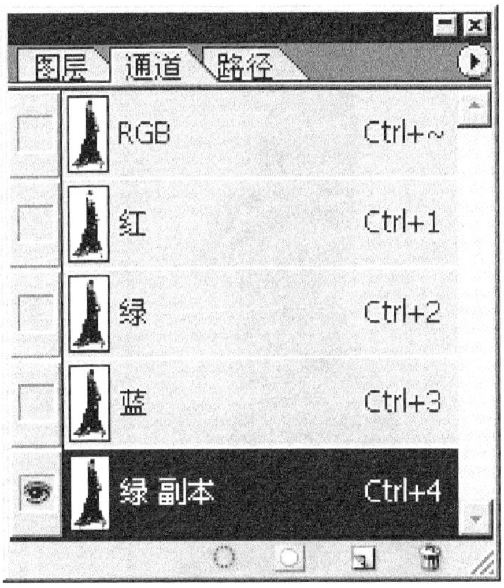

图 5－46　通道控制面板

(2) 单击“套索工具”，在属性栏上设置少量的羽化值以使选区与周围自然衔接，框选“发梢”，单击窗口菜单【图像】/【调整】/【曲线】命令，打开“曲线”对话框，调整曲线形态，加深“发梢”处的黑色，以方便精确选取（“调整”命令的应用参见第 6 章），结果如图 5－47 所示，所对应的“曲线”对话框如图 5－48 所示，取消选区。

图 5－47　加深发梢处的黑色

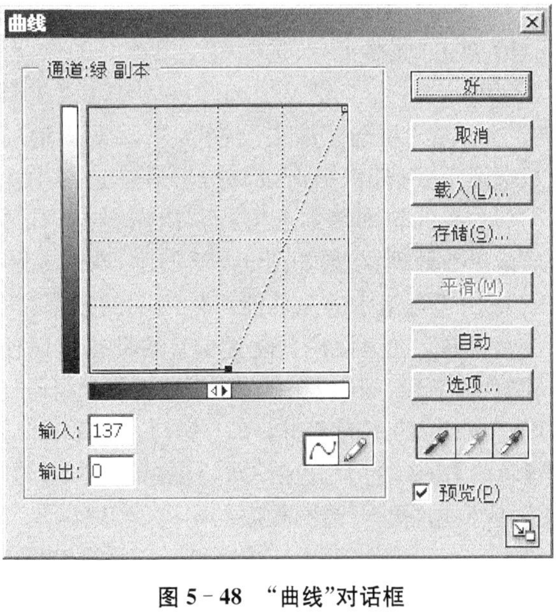

图 5－48　“曲线”对话框

(3) 再次单击窗口菜单【图像】/【调整】/【曲线】命令，打开“曲线”对话框，调整曲线形态，减淡整个图像背景，使之尽量接近为白色。调整完毕，单击“橡皮擦工具”擦除背景处的其余痕迹，结果如图 5－49 所示，所对应的“曲线”对话框如图 5－50 所示。

图 5－49　将背景调整至白色

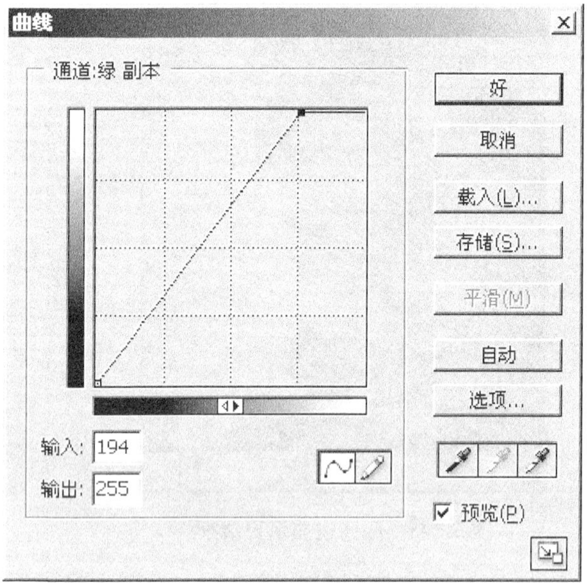

图 5－50　“曲线”对话框

（4）由于通道中的白色表示被选取的区域，黑色表示未被选取的区域，因此单击窗口菜单【图像】/【调整】/【反相】命令，将图像反相显示，此时背景显示为黑色。

（5）单击“魔棒工具”选取整个黑色的图像背景，按下＜Shift＋Ctrl＋I＞键反选选区，单击“套索工具”，在属性栏上单击“从选区减去”按钮，并设置少量的羽化值，从选区中减选出“裙裾”部分，然后在选区中填充白色。至此，人的轮廓基本选出，而“裙裾”处具有透明效果，应该单独处理，结果如图 5－51 所示，取消选区。

图 5－51　在选区中填充白色

（6）由于通道中的灰色能产生透明的效果，因此单击“套索工具”，在属性栏上设置少量的羽化值以使选区与周围自然衔接，根据“裙裾”处颜色深浅的不同，分多次框选“裙裾”的不同部分，单击窗口菜单【图像】/【调整】/【色阶】命令，打开“色阶”对话框，调整选区的灰度。调整时应根据“裙裾”透明程序的不同，产生深浅不同的灰，如图 5－52 所示，所对应的“色阶”对话框如图 5－53 所示，调整完毕取消选区。

（7）单击通道控制面板上的“将通道作为选区载入”按钮，再单击 RGB 复合通道，返回复合通道。切换到图层控制面板，右击背景层，在菜单中单击“通过拷贝的图层”命令，产生“图层 1”。

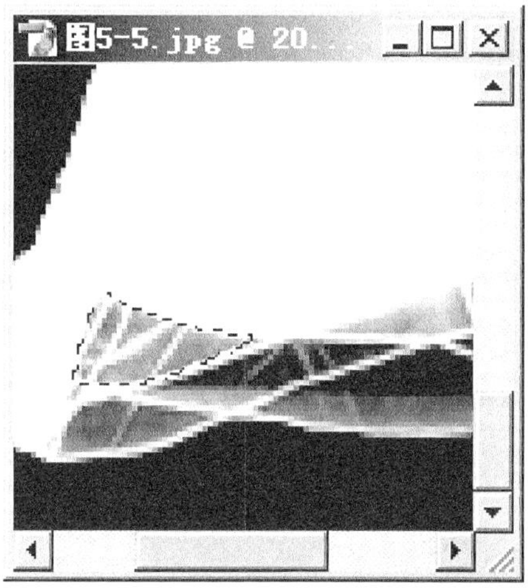

图 5－52　调整“裙裾”处的对比度

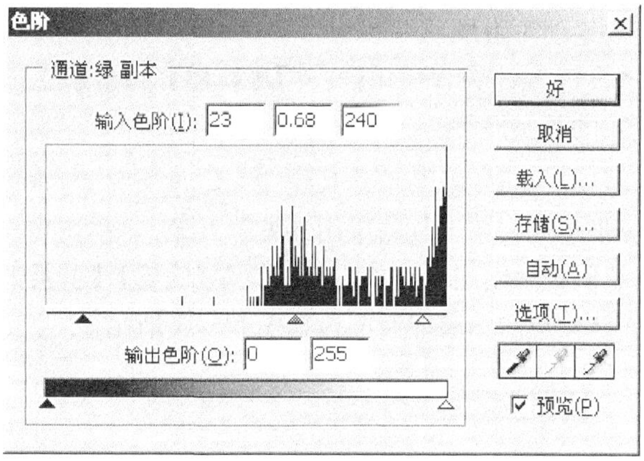

图 5－53　“色阶”对话框

（8）设置前景色为白色，背景色为红色，定位在背景层，单击“渐变工具”，在图像窗口自左上向右下拖曳鼠标填充背景，结果在“图层 1”的“裙裾”处显示出背景的颜色，完成后的效果如图 5－54 所示，所对应的图层控制面板如图 5－55 所示。

图 5－54　完成后的效果图

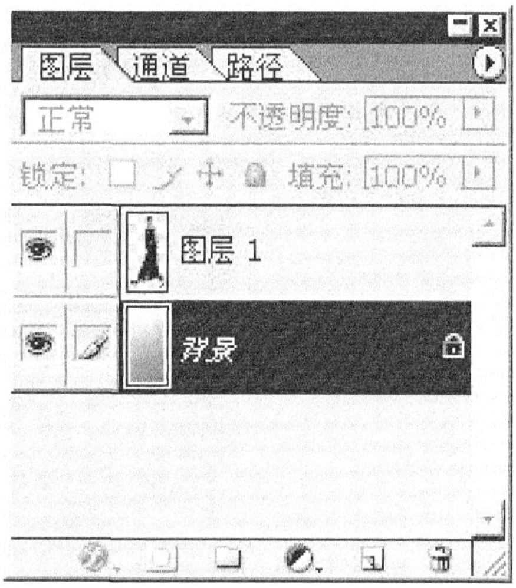

图 5－55　图层控制面板

5.3.3 综合训练三

通过通道编辑技术和路径编辑技术的综合运用，制作“彩带字”，效果如图 5-67 所示(彩色效果图见附录)。

(1) 单击窗口菜单【文件】/【新建】命令，建立一个分辨率为 72 像素/英寸、白色背景、RGB 模式的新文件。

(2) 单击“横排文字工具”T，在属性栏上设置合适的字体和字号，在图像窗口中输入文字“彩带字”(文字工具的应用参见第 8 章)。单击窗口菜单【图层】/【栅格化】/【文字】命令，将文本层转换为图层。再单击窗口菜单【编辑】/【变换】/【透视】命令变形文字，结果如图 5-56 所示，所对应的图层控制面板如图 5-57 所示。

图 5-56 变换“彩带字”

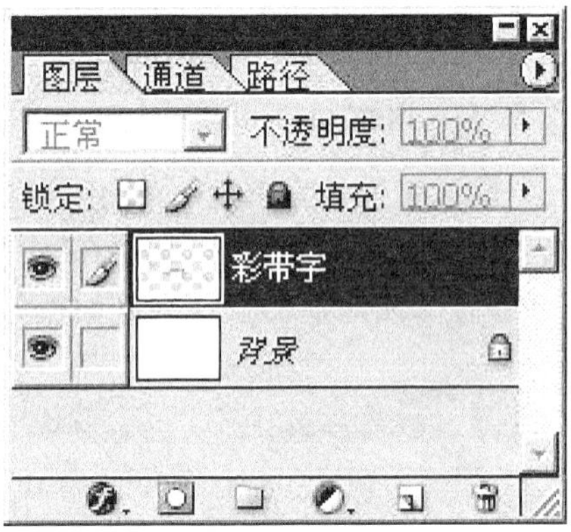

图 5-57 图层控制面板

(3) 在按住<Ctrl>键的同时用鼠标单击“彩带字”所在图层，选中文字，单击窗口菜单【编辑】/【定义画笔预设】命令，在弹出的“画笔名称”对话框中输入名称为“彩带字”，将文字制作成画笔，删除或隐藏该文字层。

(4) 单击路径控制面板上“创建新路径”按钮，建立路径 1，用自由钢笔在图像窗口中自上而下绘制一条“彩带形”路径。用鼠标将路径 1 拖曳至“创建新路径”按钮上复制路径，再重复一次。在路径控制面板上共有 3 个相同的路径待用，如图 5-58 所示。

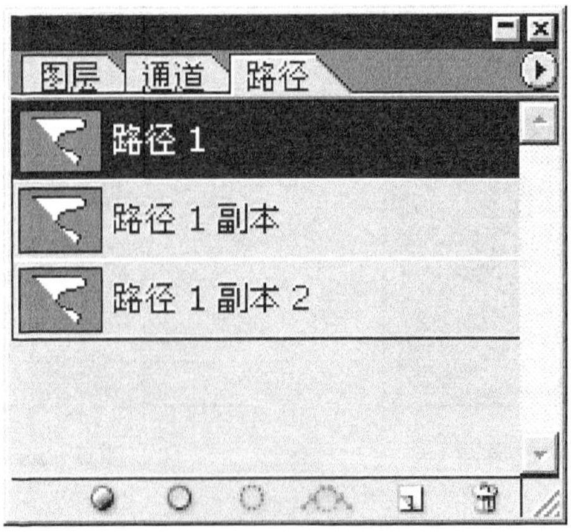

图 5-58 路径控制面板

(5) 切换到通道控制面板，单击通道控制面板上的“创建新通道”按钮，建立 Alpha1 通道，并定位在该通道。

(6) 切换到路径控制面板，定位在路径 1，删除路径 1 上除起始点之外的其他锚点。单击“画笔工具”，在属性栏单击“画笔”样本窗，从打开的“画笔”面板中选择“彩带字”笔刷，设置前景色为“白色”，单击路径控制面板上“用画笔描边路径”按钮，描边路径，结果如图 5-59 所示，所对应的通道控制面板如图 5-60 所示。

图 5-59　用画笔描边“路径 1”上的起始锚点

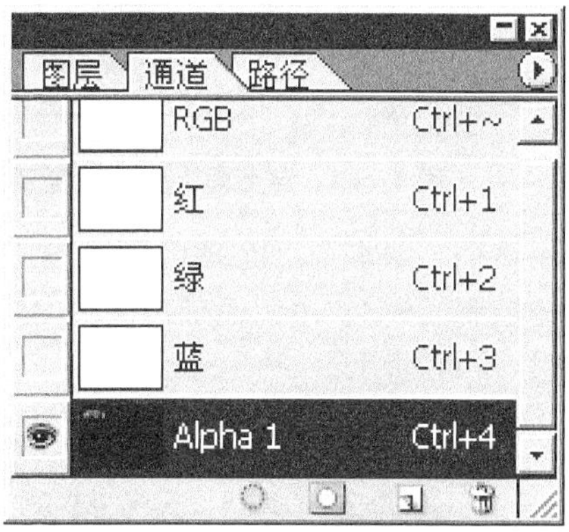

图 5-60　通道控制面板

(7) 定位在“路径 1 副本”上，单击“涂抹工具”，在属性栏单击“画笔”样本窗，从打开的“画笔”面板中选择“彩带字”笔刷，并在属性栏上设置强度值为 100%，单击路径控制面板上“用画笔描边路径”按钮，描边路径，结果如图 5-61 所示，所对应的通道控制面板如图 5-62 所示。

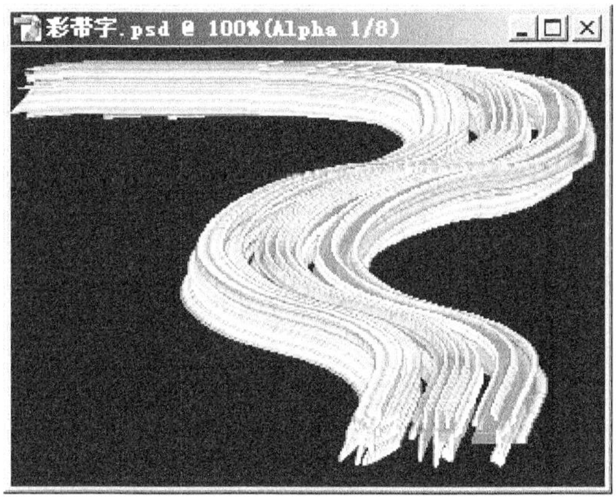

图 5-61　用涂抹工具描边“路径 1 副本”

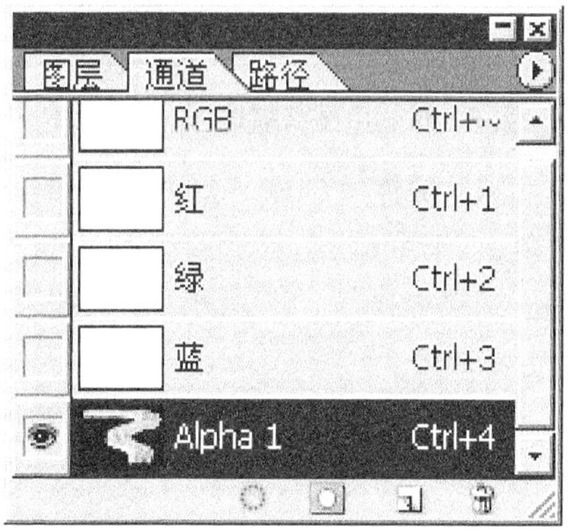

图 5-62　通道控制面板

(8) 切换到通道控制面板，在按住＜Ctrl＞键的同时用鼠标单击 Alpha1 通道，表示要将 Alpha1 通道作为选区载入。

(9) 切换到图层控制面板，单击“创建新的图层”按钮，建立“图层 1”。单击“渐变工具”，在属性栏选取“色谱”渐变样式，在图像窗口中自上而下拖曳鼠标，对选区作“线性渐变”填充，完成后取消选区，结果如图 5-63 所示，所对应的图层控制面板如图 5-64 所示。

(10) 在图层控制面板上单击“创建新的图层”按钮，建立“图层 2”。定位在“路径 1 副本 2 上”，

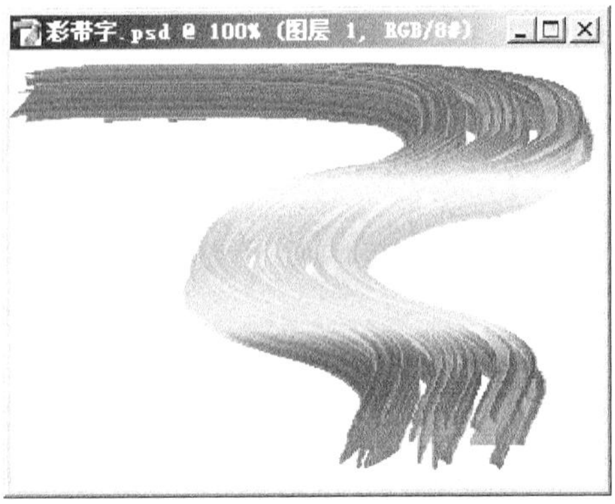

图 5－63　自上而下作线性渐变填充

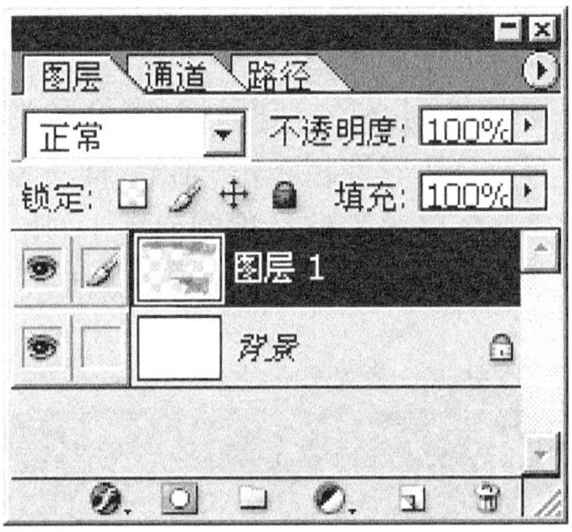

图 5－64　图层控制面板

删除路径 1 副本 2 上除终点之外的其他锚点。单击“画笔工具”，再次选择“彩带字”笔刷，单击路径控制面板上“用画笔描边路径”按钮，描边路径，结果如图 5－65 所示，图层控制面板如图 5－66 所示。

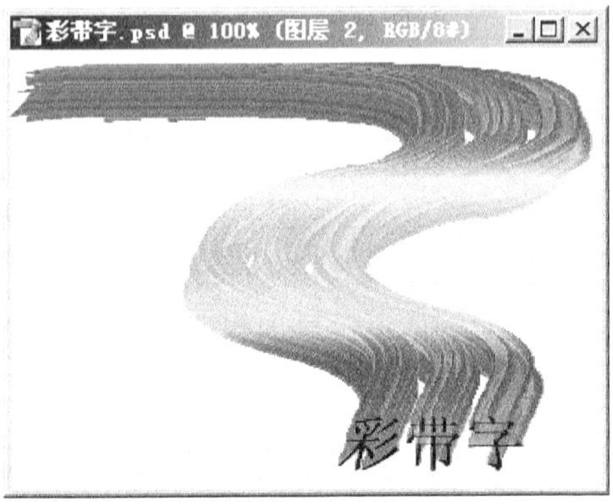

图 5－65　用画笔描边“路径 1 副本 2”的终点

图 5－66　图层控制面板

(11) 按住＜Ctrl＞键的同时单击“图层 2”，选中“彩带字”，单击“渐变工具”，在属性栏选取“色谱”渐变样式，在图像窗口中自左向右拖曳鼠标，对选区作“线性渐变”填充，完成后取消选区，结果如图 5－67 所示(彩色效果图见附录)，所对应的图层控制面板如图 5－68 所示。

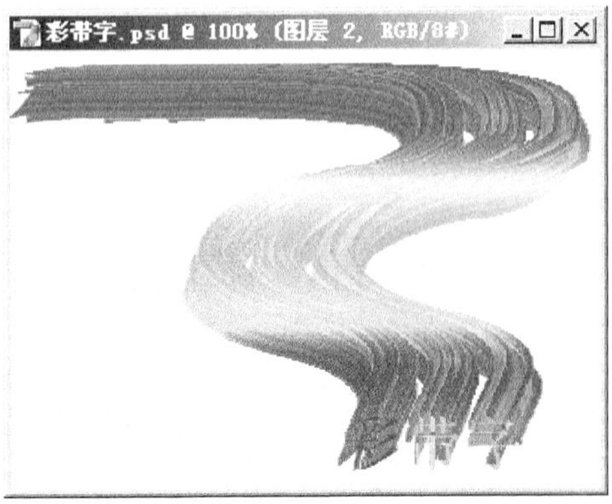

图 5－67　彩带字效果图

图 5－68　图层控制面板

本章小结

在 Photoshop 中，通道编辑技术具有其特殊的功效，根据通道中白色表示被选取的区域，黑色表示未被选取的区域，而灰色表示透明效果的原理，通过对通道的编辑可以制作出复杂的、其他工具无法胜任的选区效果。

本章主要介绍了通道的基本知识、通道的基本操作及图像合成的知识。通过本章的学习，应该掌握利用通道中黑、白、灰的概念，巧妙地选取图像、合成图像的操作。

由于通道具有很强的综合性，只有通过多做多练、不断实践，才能掌握它的使用方法，一旦真正掌握了通道的使用，将会在 Photoshop 的应用上产生一个新的飞跃。

习　题

1. 打开 5－6.jpg、5－7.jpg 图像文件，如图 5－69 所示，利用“应用图像”命令对两个图像进行混合，效果如图 5－70 所示。

操作提示：参照“操作示例 5.2”进行制作。

(a) 5-6.jpg 图像文件

(b) 5-7.jpg 图像文件

图 5－69　素材图

图 5－70　完成后的效果图

2. 打开 5－8.jpg 图像文件，如图 5－71 所示，应用通道编辑技术以及通道与选区互相转换的方法，精确选取图像，并替换图像背景，效果如图 5－72 所示(彩色效果图见附录)。

图 5－71　素材图

图 5－72　完成后的效果图

操作提示：参照“综合训练二”进行制作，操作时应注意，通道中的灰度越深，转换成选区后越透明，因此要根据婚纱透明程度的不同，在通道中加工成深浅不同的灰色。

6　图像的色彩调整

编辑图像时，为了保证图像的颜色与自然环境的颜色相符合，常需要对图像的色相、饱和度或亮度进行调整。其中色相是指色彩的相貌，如红色、绿色等，它按一定的顺序排布在色带上，饱和度是指颜色的鲜艳程度，而亮度是指颜色的明暗程度。

Photoshop 提供了一组丰富的、用于调整图像色彩的命令，它们位于窗口菜单【图像】/【调整】命令中，只有熟悉这些命令的功能并掌握它们的使用方法，才能制作出高质量的图像。

本章重点：

(1) 色相、饱和度和对比度对图像色彩的影响；

(2) 各种色彩调整命令的特点、功能和使用方法。

6.1　色阶

利用“色阶”命令可以调节图像中的亮度值范围，同时可以校正图像的色调范围和色彩平衡。单击窗口菜单【图像】/【调整】/【色阶】命令，或按下快捷键＜Ctrl＋l＞，弹出“色阶”对话框，如图 6－1 所示。

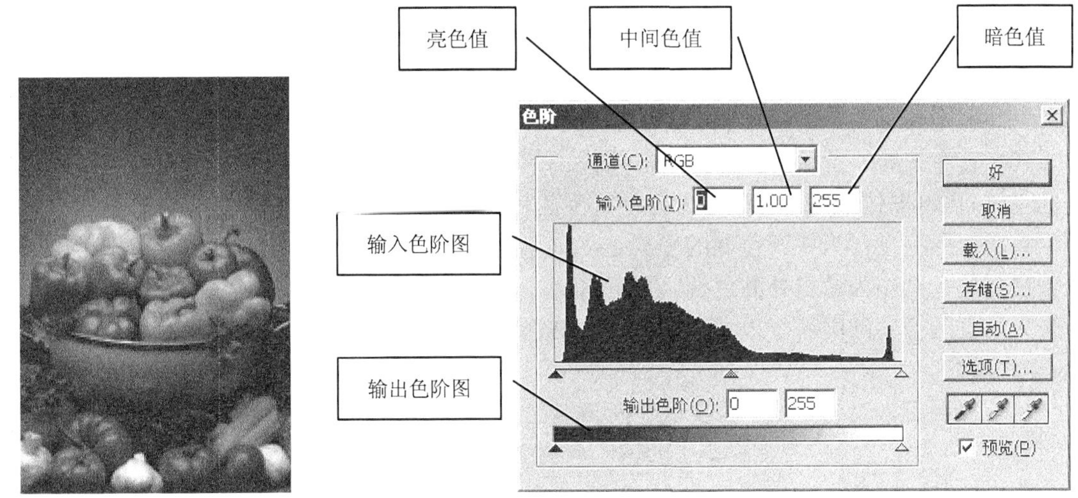

(a) 原图像　　　　(b) “色阶”对话框

图 6－1　原图像及其“色阶”对话框

对话框中主要参数简介如下：

(1) 通道　在下拉列表框中选择色阶调整的通道，根据图像的特点可以从中选择混合通道或单色通道进行调整。下拉列表框中的选项会随图像模式的变化而改变，如打开一幅 RGB 图像，可调整的通道将包括 RGB、红、绿、蓝。

(2) 输入色阶图　用以表示图像中从 0～255 每个亮度值处像素点的分布状态。右面的白色三角滑块用于调整图像中的高亮度值，拖动滑块左移表示将图中等于或大于该值的像素改变为白色。左面的黑色三角滑块控制图像中阴影区的值，拖动滑块右移，表示将图中等于或小于该值的像素改变为黑色。中间灰色三角滑块则控制图像的中间色，主要用于调节图像的明暗度。编辑时可以拖动滑块或直接在“输入色阶”文本框中输入数值进行调整。对图像作“色阶”调整后的效果如图 6－2 所示。

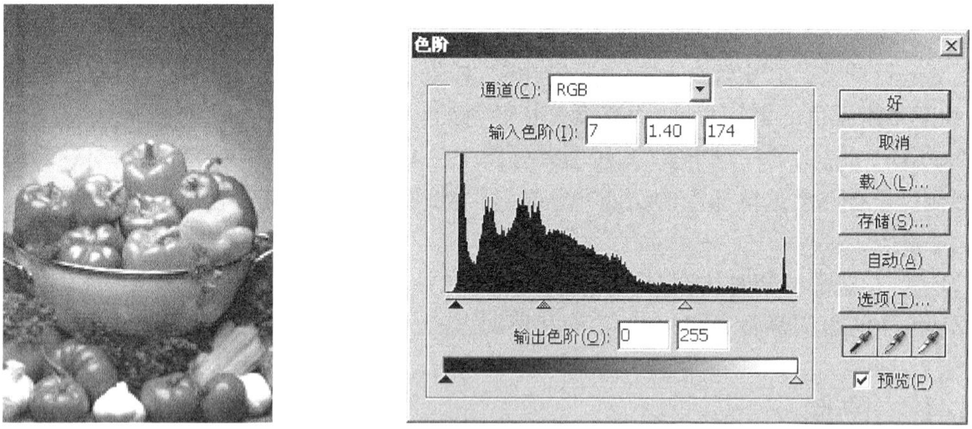

(a) 调整后的图像　　(b) 调整后的“色阶”对话框

图 6－2　调整后的图像及“色阶”对话框

(3) 输出色阶图　用以调节输出图像的对比度，黑色三角滑块控制图像暗部的对比度，白色三角滑块控制图像亮部的对比度。编辑时也可以拖动滑块或直接在“输出色阶”文本框中输入数值进行调整。

(4) 自动　单击命令按钮，可以使图像的各个色彩参数自动进行调整，它的功能同“自动色阶”命令，适用于简单的灰度图和像素值比较平均的图像。

(5) 吸管工具　当用黑色吸管单击图像中的某个像素，则取图像中最暗的色调作为单击处的色调，再将图像中比此像素暗的色调都变为黑色。当用灰色吸管单击图像中的某个像素，则取单击处的亮度作为中间色调的平均亮度。当用白色吸管单击图像中的某个像素，则取图像中最亮的色调作为单击处的色调，再将图像中比此像素亮的色调都变为白色。分别用三种吸管工具在图像中的同一个地方单击，产生的效果如图 6－3 所示。

【知识扩展】

➢ 如果在图像调整过程中需要放弃所做操作，可按住＜Alt＞键，此时对话框中的“取消”按钮转变为“复位”按钮，用鼠标单击“复位”按钮便可使图像恢复到初始状态。一般色彩调整对话框中的“取消”按钮都具有这种属性。

➢ 单击对话框中的“自动”命令按钮，可以自动调整图像的各个色彩参数，它将每个通道中的最亮、最暗像素点定义成为白色、黑色，对中间色按比例重新分配。这种方法适用于简单的灰度图和像素值比较平均的图像，如果是复杂的图像，手动调节能取得更为精确的效果。

➢ 位于“调整”子菜单中的【自动色阶】、【自动对比度】、【自动颜色】等命令均无需调整参数，这些命令适用于简单图像的校正。

(a) 原图像

(b) 黑色吸管使图像变暗

(c) 灰色吸管调整了图像的偏色

(d) 白色吸管使图像变亮

图 6－3　吸管工具的应用

6.2　曲线

利用“曲线”命令可以精确改变图像的颜色变化范围。与“色阶”命令相比，“曲线”命令不仅可以对图像的高光、暗调、中间调进行调整，还可以调整位于 0～255 范围内的任意点，并且能够对图像中的个别颜色通道进行精确的调整。单击窗口菜单【图像】/【调整】/【曲线】命令，或按下快捷键＜Ctrl＋m＞，可打开“曲线”对话框，如图 6－4 所示。

初次打开“曲线”对话框时，默认的曲线图处于“45 度”直线状态，曲线图的水平轴表示图像原来的亮度值，垂直轴表示调整后的亮度值，通过曲线形态的调整能使图像产生丰富的色彩变化。常用编辑方法介绍如下：

(1) 用鼠标在曲线上单击可增加节点，拖动节点可改变曲线形态。

(2) 单击对话框中的“铅笔调整工具”，可直接在曲线图上绘制曲线。

(3) 按住＜Ctrl＞键并用鼠标单击节点，可取消节点，或者用鼠标直接将节点拖离曲线图。

(4) 按住＜Alt＞键并用鼠标单击“曲线”网格，可使网格变得更精细。

用鼠标向左移动曲线右上角的 A 点，可使图像亮部的对比度增加，图像变亮，效果如图 6－5 所示；而向右移动曲线左下角的 C 点，使图像暗部的对比度增加，效果如图 6－6 所示。

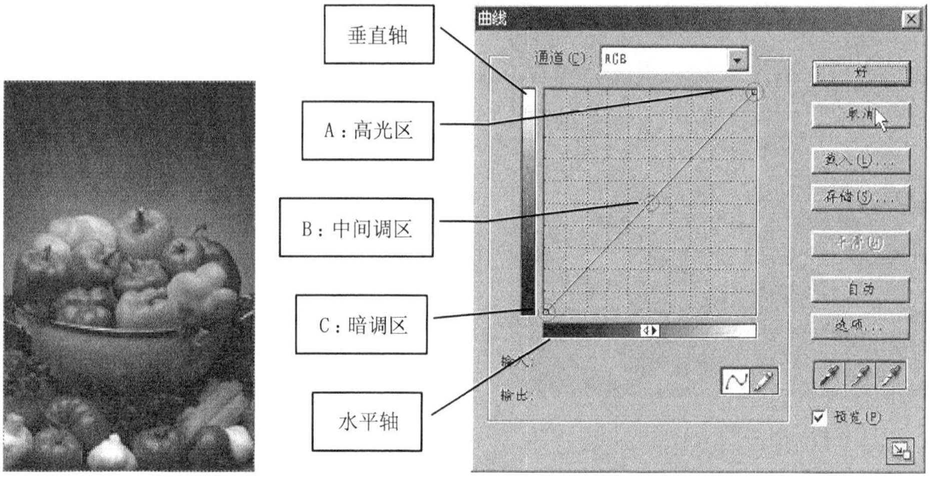

(a) 原图像　　(b) “曲线”对话框

图 6-4　原图像及“曲线”对话框

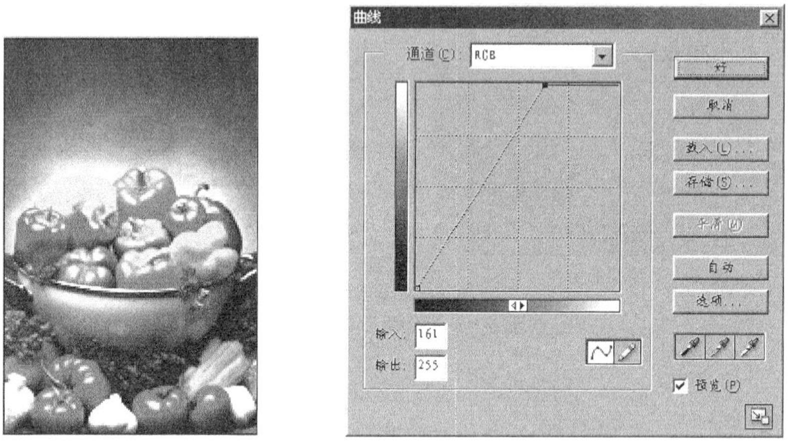

(a) 图像亮部的对比度增加　　(b) 调整后的“曲线”对话框

图 6-5　调节图像亮部的对比度

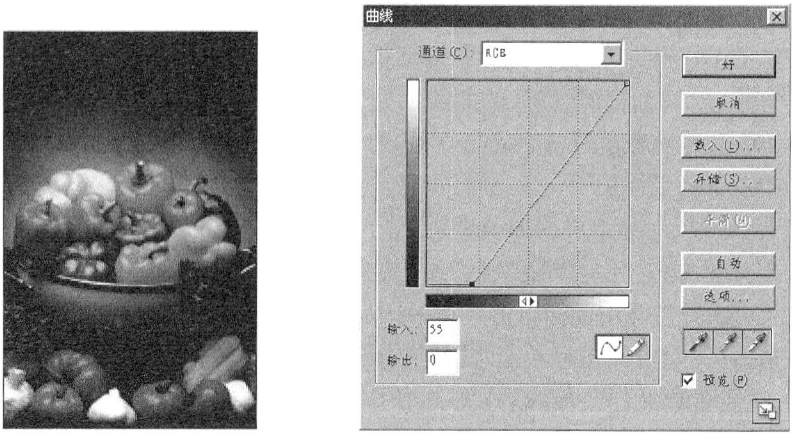

(a) 图像暗部的对比度增加　　(b) 调整后的“曲线”对话框

图 6-6　调节图像暗部的对比度

如果在曲线的中点处单击添加一个节点 B,向上移动 B 点会使图像变亮,如图 6－7 所示;向下移动 B 点会使图像变暗,如图 6－8 所示。此外,也可以直接在“输出”和“输入”数值框中输入数值进行调整。

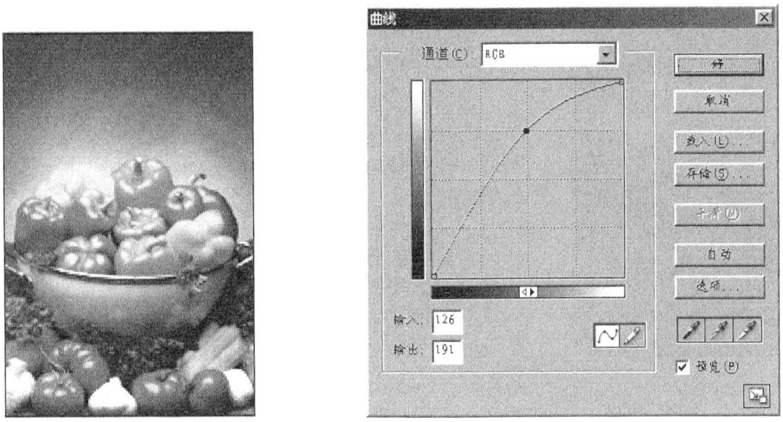

(a) 向上移动中间节点,图像变亮　　(b) 调整后的“曲线”对话框

图 6－7　提高图像中间调区的亮度

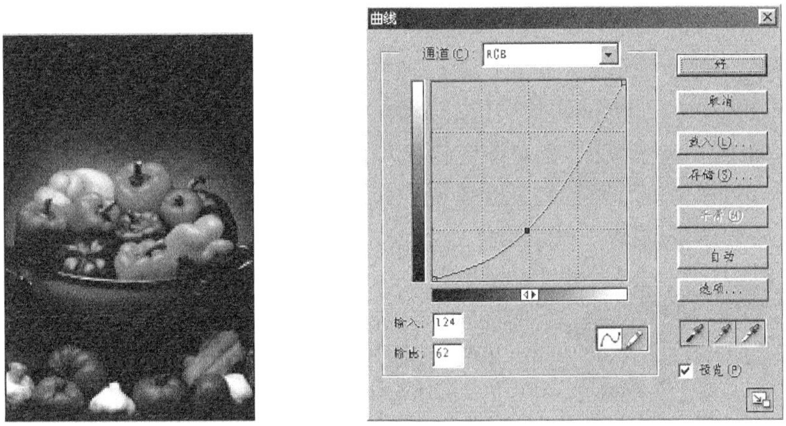

(a) 向下移动中间节点,图像变暗　　(b) 调整后的“曲线”对话框

图 6－8　降低图像中间调区的亮度

【知识扩展】

➢ 如果仅调整图像的中间调,并且不希望调整时影响图像亮部和暗部,应先用鼠标在曲线的 1/4 和 3/4 处增加调节点,然后再对中间调进行调整。

➢“曲线”对话框的“通道”下拉列表框中的选项以及“吸管工具”的使用方法与“色阶”对话框相同。

6.3　色彩平衡

利用“色彩平衡”命令能够调整图像“偏色”、“色彩不够饱和”等色彩问题,通过简单快捷地调整图像阴影区、中间色调和高光区的色彩成分,使各种色彩达到平衡,利用“色彩平衡”命令还可以为灰度图着色。“色彩平衡”命令只能作用于复合通道，不能控制单色通道。单击窗口菜单【图像】/【调整】/【色彩平衡】命令，或按下快捷键＜Ctrl＋b＞，可打开“色彩平衡”对话框，如图 6－9 所示。

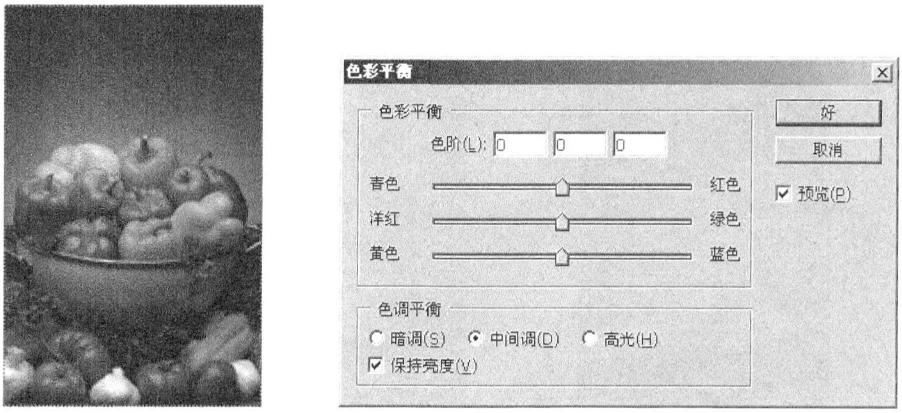

(a) 原图像　　(b) “色彩平衡” 对话框

图 6－9　原图像及“色彩平衡”对话框

对话框中主要参数简介如下：

(1) 色彩平衡　用 3 个滑竿表示 3 对互补色：青色与红色、洋红与绿色、黄色与蓝色。当用鼠标拖动滑块向需要增加颜色的方向移动，在增加这种颜色的同时它的互补色便减少，通过这种方法来改变图像中的颜色组成。也可以直接在“色阶”选项的 3 个文本框中输入数值进行调整。

(2) 色调平衡　用于选择调整图像的“暗调”、“中间调”或“高光”部分的色彩。

(3) 保持亮度　选中该项，在对图像作色彩调整时，图像的亮度值保持不变。

对图像作“色彩平衡”调整，在三个不同色调中均增加了青色、绿色与蓝色成分，降低了红色成分，调整后的效果如图 6－10 所示。

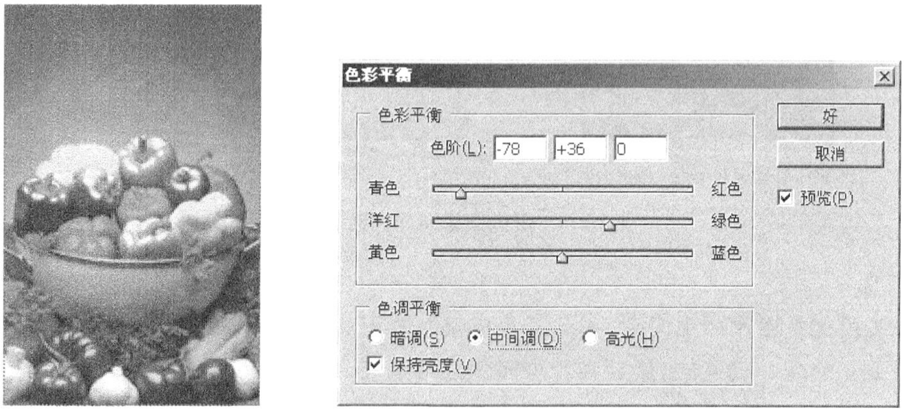

(a) 调整后的图像　　(b) 调整后的“色彩平衡” 对话框

图 6－10　调整后的图像及“色彩平衡”对话框

6.4　亮度/对比度

利用“亮度/对比度”命令可以对图像的亮度和对比度作简单的调整，该命令同样只能作用于复合通道，不能精确控制单色通道。单击窗口菜单【图像】/【调整】/【亮度/对比度】命令，可打开【亮度/对比度】对话框，如图 6－11 所示。

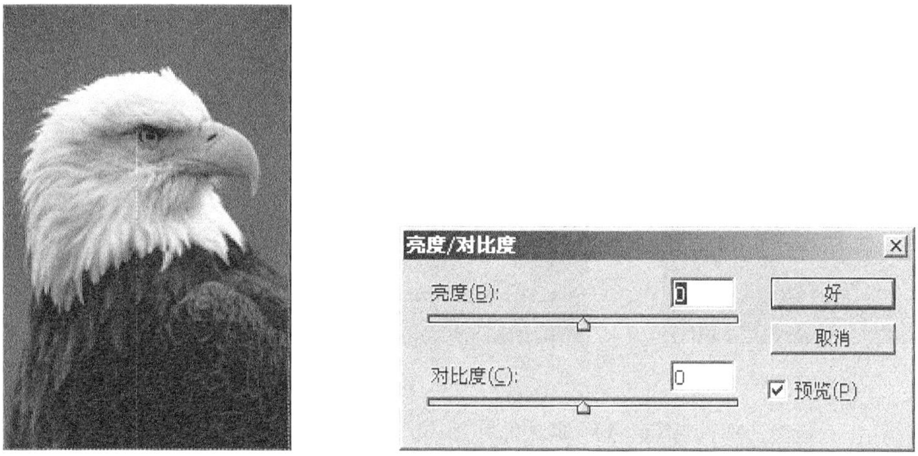

(a) 原图像　　(b) “亮度／对比度”对话框

图 6－11　原图像及“亮度/对比度”对话框

初始状态下，“亮度”与“对比度”滑块都位于“0”的位置，通过拖动滑块或直接在文本框中输入数值来调整图像的亮度和对比度。对图像作“亮度/对比度”调整后的效果如图 6－12 所示。

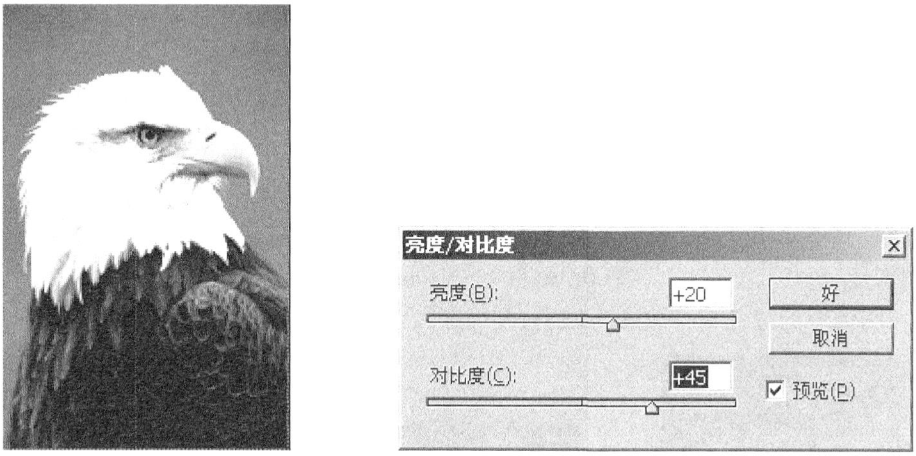

(a) 调整后的图像　　(b) 调整后的“亮度／对比度”对话框

图 6－12　调整后的图像及“亮度/对比度”对话框

6.5　色相/饱和度

利用“色相/饱和度”命令可以调整整个图像或图像中单色通道的色相、饱和度和明度。单击窗口菜单【图像】/【调整】/【色相/饱和度】命令，或按下快捷键＜Ctrl＋u＞，可打开“色相/饱和度”对话框，如图 6－13 所示。

对话框中主要参数简介如下：

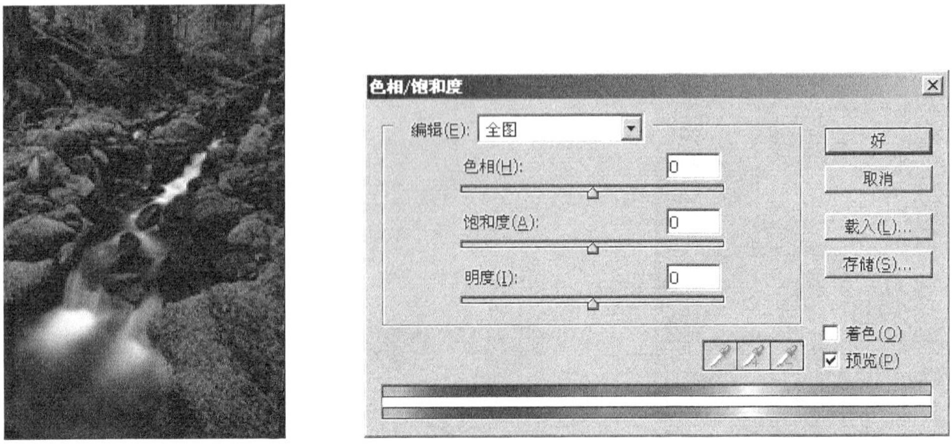

(a) 原图像　　(b) “色相 / 饱和度” 对话框

图 6－13　原图像及“色相/饱和度”对话框

（1）编辑　用于指定编辑对象，如在下拉列表框中选择“全图”，表示要对整个图像进行调整，也可选择单色通道，如红、绿、篮等，表示仅对一个颜色通道进行调整。

（2）色相　表示调整图像的颜色范围，可拖动滑块或在对应的文本框中直接输入数值，取值范围为－180～180。

（3）饱和度　表示调整图像的鲜艳程度，可拖动滑块或在对应的文本框中直接输入数值，取值范围为－100～100。

（4）明度　表示调整图像的明暗程度，可拖动滑块或在对应的文本框中直接输入数值，取值范围为－100～100。

（5）着色　选中此项，可用当前的前景色对灰度图着色。

（6）颜色条　位于上方的颜色条表示调整前的状态，下方的颜色条表示调整后的状态，随着滑块的移动，下方颜色条上的色彩分布状态也会跟随变化。

对图像作“色相/饱和度”调整，在“编辑”下拉列表框中选择“绿”通道，并调整 3 个滑块的位置，将原图像中的绿色成分改变为红色，并增加红色饱和度，调整后的效果如图 6－14 所示。

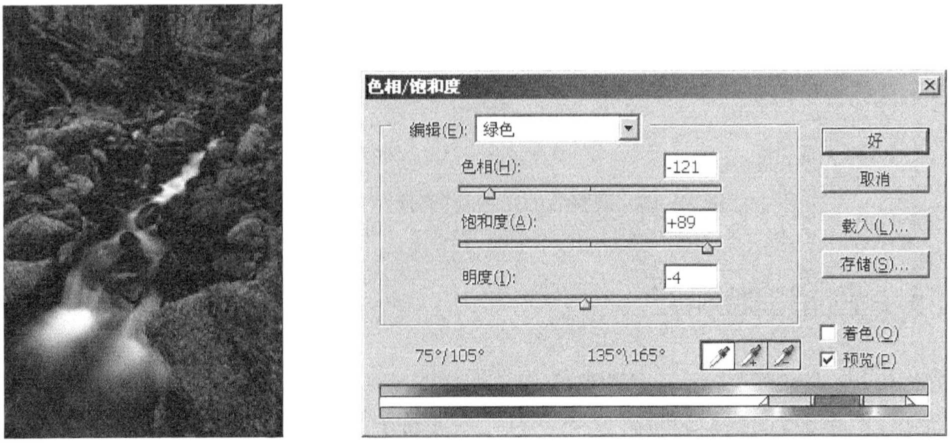

(a) 调整后的图像　　(b) 调整后的 “色相 / 饱和度” 对话框

图 6－14　调整后的图像及“色相/饱和度”对话框

如用“色相/饱和度”对灰度图着色，应先单击窗口菜单【图像】/【模式】/【RGB 颜色】命令，将原图像由灰度模式转换成 RGB 模式，然后设置一种前景色，在“色相/饱和度”对话框中选中“着色”复选框，分别调整 3 个滑块的位置，结果如图 6－15 所示。

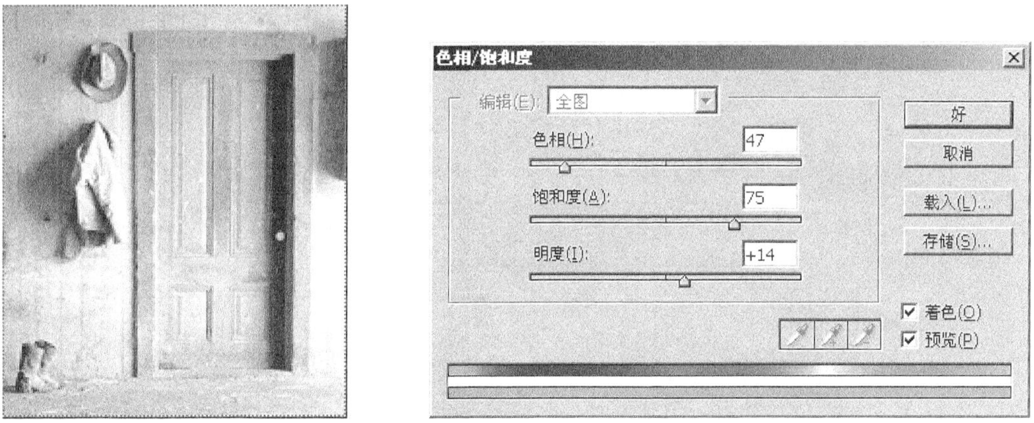

(a) 灰度图着色后的效果　　(b) 调整后的“色相 / 饱和度”对话框

图 6－15　为灰度图着色后的“色相/饱和度”对话框

6.6　去色

利用“去色”命令可以在保持原有色彩模式的情况下，将彩色图像转换为灰度图像，单击窗口菜单【图像】/【调整】/【去色】命令后图像直接转换，没有对话框出现。

6.7　匹配颜色

利用“匹配颜色”命令可以快速地使一幅图像的色调与另一幅图像的色调相匹配，此时，将当前需要调整的图像称作“目标图像”，用于匹配的图像称作“源图像”。该命令尤其适用于图像合成时不同素材图片色调各不相同的情况，以及一个图像中特定元素的颜色需要与另一个图像中某个元素的颜色相匹配时，如“换肤”的场合。单击窗口菜单【图像】/【调整】/【匹配颜色】命令，可打开“匹配颜色”对话框，如图 6－16 所示。

对话框中主要参数简介如下：

(1) 亮度　表示调整目标图像的亮度，可拖动滑块或在对应的文本框中直接输入数值。

(2) 颜色强度　表示调整目标图像的色彩饱和度，可拖动滑块或在对应的文本框中直接输入数值，取值范围为 1～200。

(3) 渐隐　用于控制源图像对目标图像的影响程度，滑块右移表示降低影响程度。

(4) 使用源选区计算颜色　选中该项表示，在源图像中建立了选区并且希望使用选区中的颜色作计算调整。如果忽略该选项，表示使用整个源图像中的颜色来计算调整。

(5) 使用目标选区计算调整　选中该项表示，在目标图像中建立了选区并且希望使用选区中的颜色作计算调整。如果忽略该选项，表示使用整个目标图像中的颜色来计算调整。

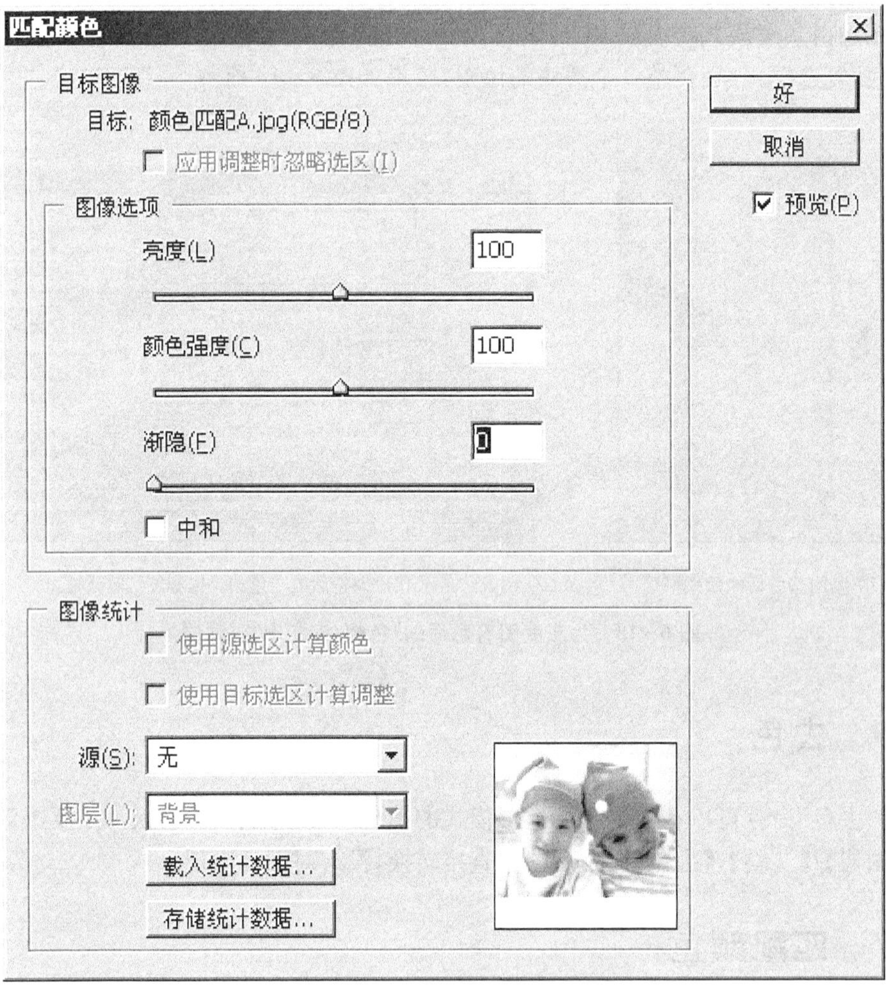

图 6-16 “匹配颜色”对话框

(6) 中和　选择该项表示可自动移去目标图像中的色痕。

(7) 源　在下拉列表框中选择目标图像要与之相匹配的源图像，此时源图像的缩览图会自动显示在右方。只有参与匹配的图像预先打开，才能显示在下拉列表框中。

(8) 图层　从中选择目标图像要与之相匹配的源图层。此时表示参与匹配的图像带有图层，匹配颜色将在不同图层之间进行。

“匹配颜色”命令可作用于不同图像之间、不同图层之间或者不同选区之间，但仅适用于RGB模式的图像。例如，要将“原图像”中人物的脸部的肤色与“匹配图像”中人物的肤色相匹配，先在“原图像”中精心选择人物的脸部区域，再在“匹配图像”中确定匹配的区域，执行“匹配颜色”命令后的效果如图 6-17 所示。

(a) 原图像

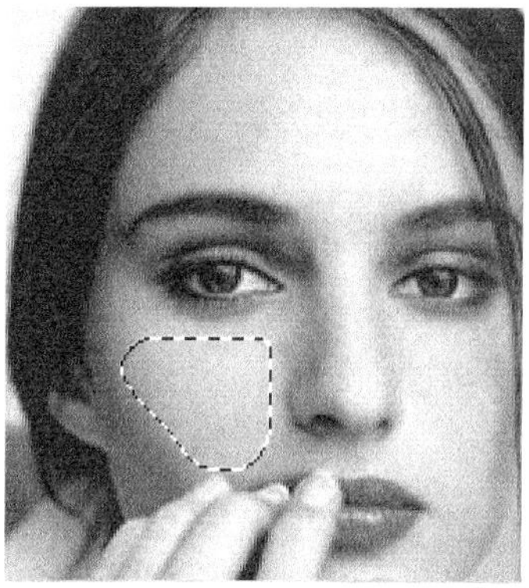

(b) 匹配图像

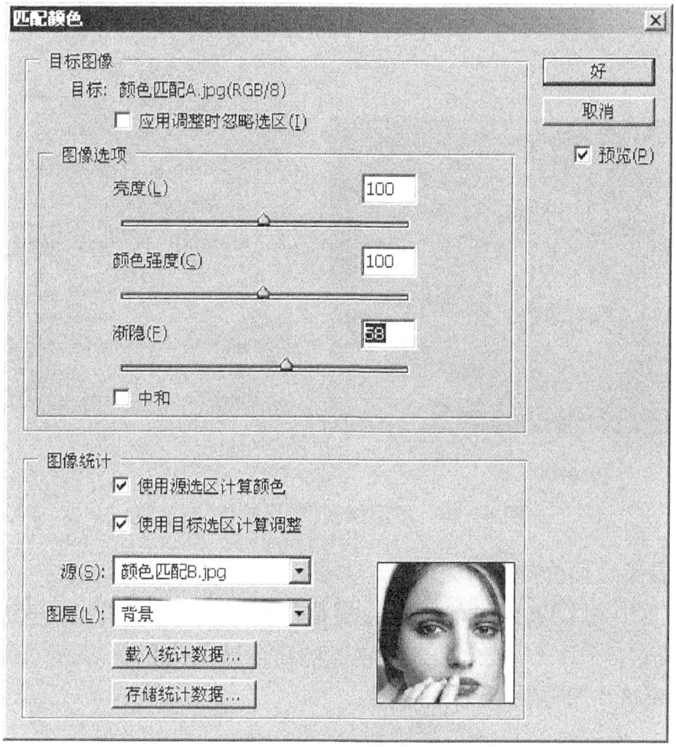

(c) “匹配颜色”对话框

(d) 调整后的图像

图 6-17 用“匹配颜色”命令调整图像

6.8 替换颜色

利用“替换颜色”命令可以调整图像中指定颜色的色相、饱和度和明度，以实现对图像色彩的校正。单击窗口菜单【图像】/【调整】/【替换颜色】命令，打开【替换颜色】对话框，如图 6 - 18 所示(彩色效果图见附录)。

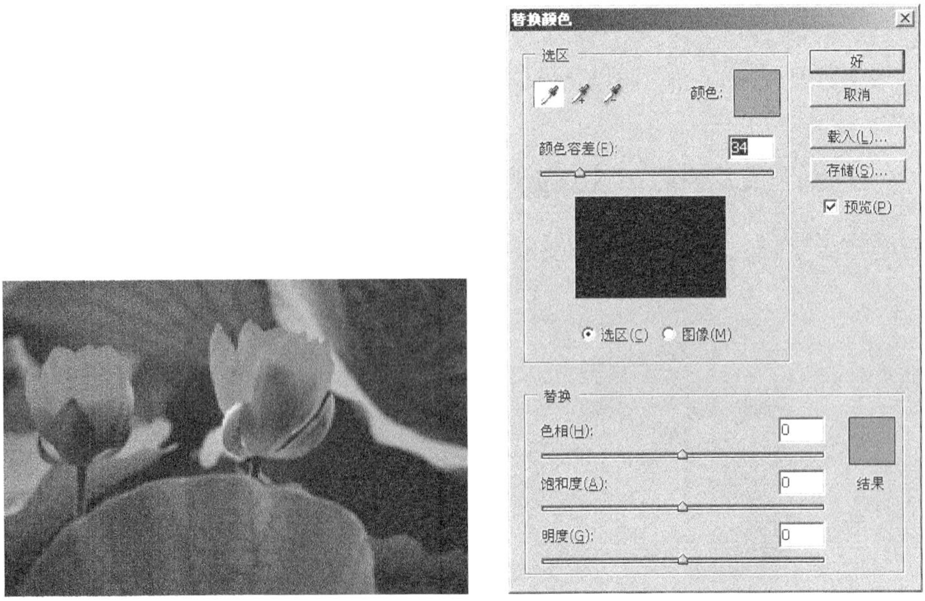

(a) 原图像　　(b) “替换颜色”对话框

图 6 - 18　原图像及“替换颜色”对话框

对话框中主要参数简介如下：

(1) 图像预览区　可以选择两种不同的预览方式。选中“选区”，默认方式为黑色，表示所有图像均被蒙版蒙着，当用吸管工具在图像中单击时，被选中的区域在蒙版上显示为白色；如选中“图像”，在预览区中显示图像的缩略图。

(2) 颜色容差　设定被替换颜色的区域，数值越大，选取的范围越大。

(3) 取样工具　单击“吸管工具”在图像中单击，表示选取需要替换的颜色。单击“添加到取样”吸管后在图像中单击，或者直接在图像预览区中的黑色区域单击，表示增加选取区域。单击“从取样中减去”吸管后在图像中单击，或者直接在图像预览区中的白色区域单击，表示减少选取区域。

(4) 取样　显示吸管工具在图像中吸取的颜色，随着吸管工具在图像中取样位置的不同，“取样”窗口中所显示的颜色也会跟随变化。

当在图像中选中全部替换区域后，可通过调整色相、饱和度与明度的滑块来对选区中的色彩进行替换。用“替换颜色”对图像做调整，将原图像中的洋红色改变为橘黄色，调整后的效果如图 6 - 19 所示(彩色效果图见附录)。

(a) 调整后的图像

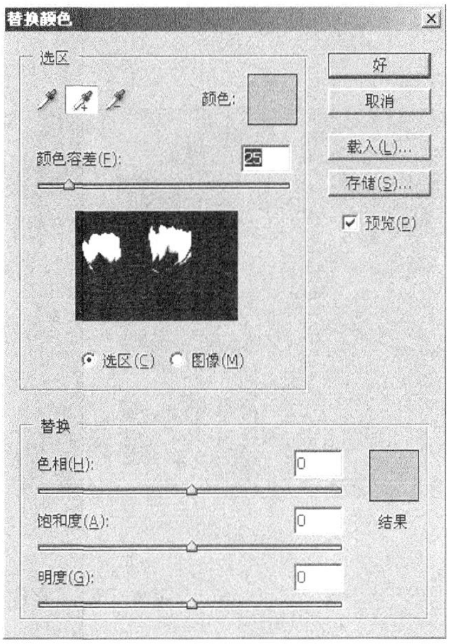

(b) 调整后的"替换颜色"对话框

图 6－19　调整后的图像及"替换颜色"对话框

6.9　可选颜色

利用"可选颜色"命令可以按单通道来调整 CMYK 颜色的百分比，通过调整可增加或减少各印刷色在图像中的相对量。单击窗口菜单【图像】/【调整】/【可选颜色】命令，打开【可选颜色】对话框，如图 6－20 所示。

当在"颜色"下拉列表框中选中要调整的颜色后，可选择一种计算调整量的方法。如选中"相对"，表示按照总量的百分比来调整印刷四分色的量；如选中"绝对"，表示按绝对值调整印刷四分色的量。然后拖动滑块进行调整，向左拖动为减少，向右拖动为增加。

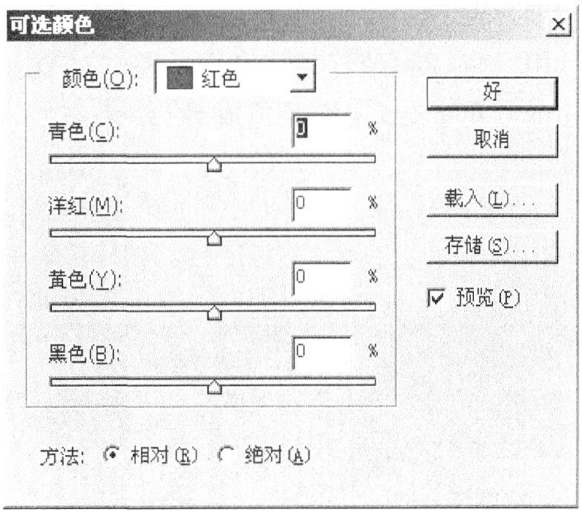

图 6－20　"可选颜色"对话框

6.10　通道混合器

利用"通道混合器"命令可以改变图像中某个颜色通道的值，再将其混合到主通道中，从而调整了图像中的颜色成分。单击窗口菜单【图像】/【调整】/【通道混合器】命令，可打开【通道混合器】对话框，如图 6－21 所示。

对话框中主要参数简介如下：

(1) 输出通道　在下拉列表框中存放着与当前图像模式相关的颜色通道，可从中选择一

(a) 原图像

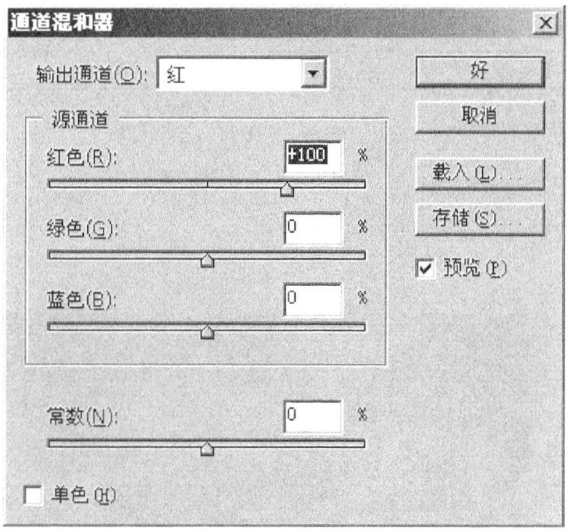

(b) “通道混合器”对话框

图 6－21　原图像及“通道混合器”对话框

种颜色通道进行调整。

(2) 源通道　通过拖动滑块或者在文本框中输入数值来改变各通道的颜色值，向左拖动为减少，向右拖动为增加。

(3) 常数　选中该项，表示在输出通道中加上一个透明通道，拖动滑块调整通道的功能，负值起黑色通道的作用，正值起白色通道的作用。

(4) 单色　选中该项，可将彩色图像改变为灰度图，此时拖动上方各个滑块可以产生不同的灰度效果。

用“通道混合器”对图像作调整，在“输出通道”下拉列表框中选择“红”通道，降低源通道中的红色成分，增加蓝色成分，结果将原图像中秋日枯黄的叶片调整为春天翠绿欲滴的新叶。

(a) 调整后的图像

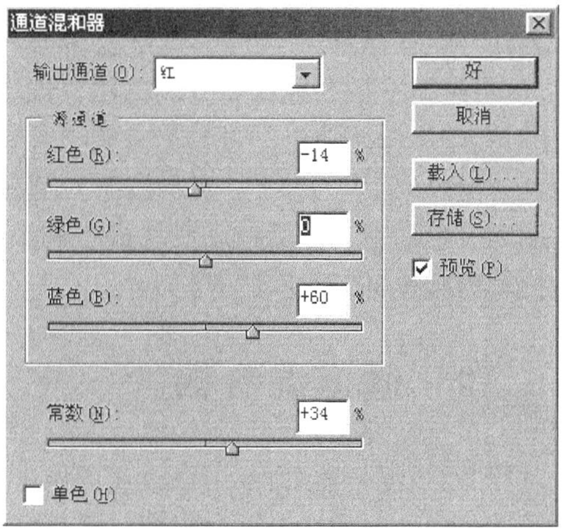

(b) 调整后的“通道混合器”对话框

图 6－22　调整后的图像及“通道混合器”对话框

6.11 渐变映射

利用“渐变映射”命令可以将图像中的暗调映射为渐变填充的最暗色调，高光调映射为渐变填充的最亮色调，中间调映射到两个色调之间的中间层次上，从而使图像的色阶映射为渐变色的色阶。单击窗口菜单【图像】/【调整】/【渐变映射】命令，打开【渐变映射】对话框，如图6－23所示。

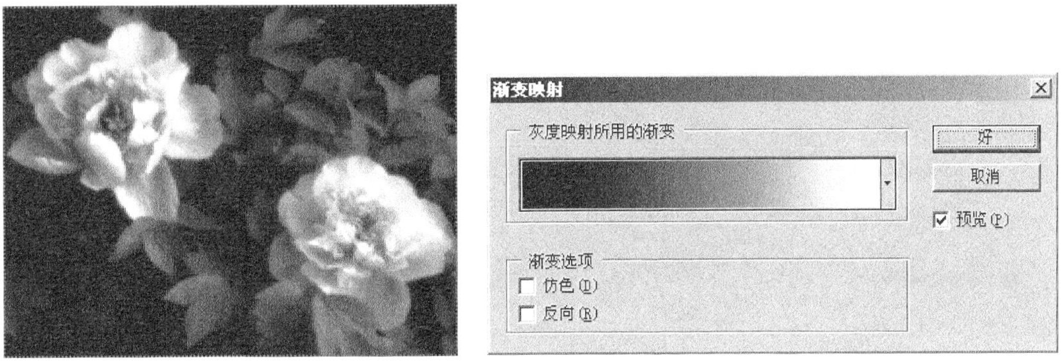

(a) 原图像　　(b) “渐变映射”对话框

图6－23　原图像及“渐变映射”对话框

对话框中主要参数简介如下：

(1) 灰度映射所用的渐变　单击渐变色条，可以在弹出的“渐变编辑器”对话框中选择渐变映射样式，并可以对所选择的编辑样式做编辑，编辑方法同“渐变工具”。

(2) 仿色　选中此项，使渐变颜色的过渡更加平滑、柔和。

(3) 反向　选中此项，使渐变颜色的变化顺序与所设置的渐变色顺序相反。

用“渐变映射”对图像作调整，在“渐变编辑器”对话框中选择了“前景到背景”渐变映射样式，并编辑渐变样式为“黑—白—黑”，结果如图6－24所示。

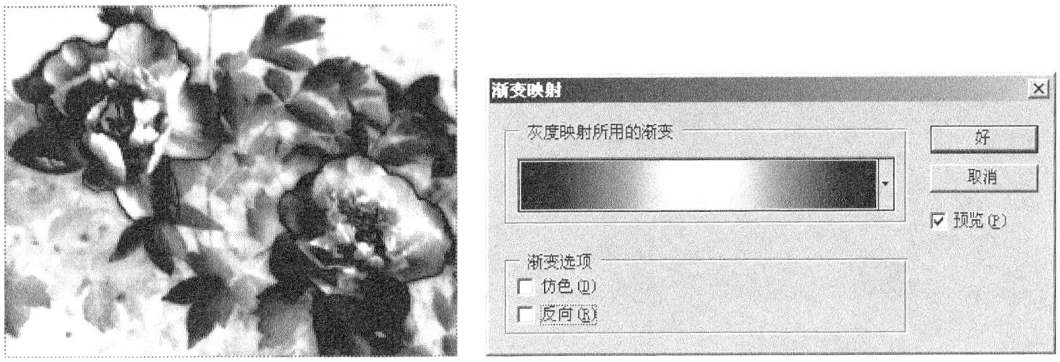

(a) 调整后的图像　　(b) 调整后的“渐变映射”对话框

图6－24　调整后的图像及“渐变映射”对话框

6.12 照片滤镜

利用“照片滤镜”命令可以为数码相机拍摄的照片添加传统相机的滤镜效果。单击窗口菜单【图像】/【调整】/【照片滤镜】命令，打开【照片滤镜】对话框，如图 6－25 所示。

(a) 原图像

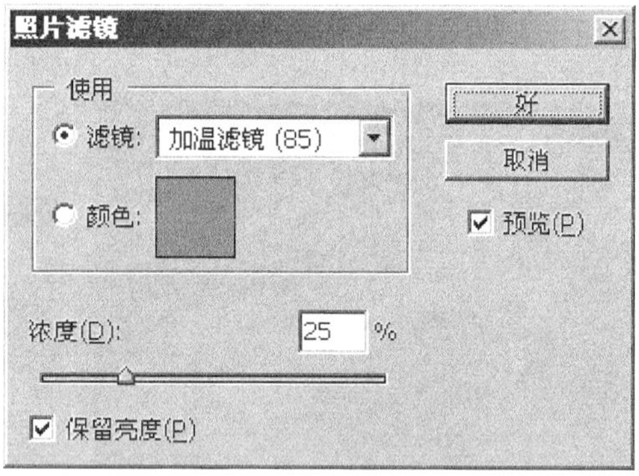

(b) “照片滤镜”对话框

6－25 原图像及“照片滤镜”对话框

对话框中主要参数简介如下：

(1) 滤镜　在下拉列表框中存放着多种类型滤镜，可根据当前照片的特点从中选择一种进行应用。

(2) 颜色　单击色块打开拾色器，为自定颜色滤镜指定颜色。

(3) 浓度　用于控制应用于图像的颜色数量，“浓度”越大，对图像的影响越大。

对原偏暖色调的图像应用了“冷却滤镜(80)”后，使图像的颜色变蓝了，效果如图 6－26 所示。

(a) 调整后的图像

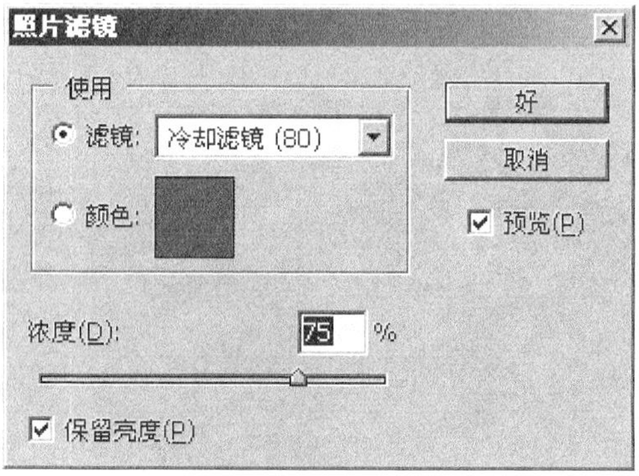

(b) 调整后的“照片滤镜”对话框

6－26 调整后的图像及“照片滤镜”对话框

6.13　暗调/高光

利用“暗调/高光”命令能在保持图像整体色调均衡的情况下，快速调整图像中曝光过渡或曝光不足区域的对比度。单击窗口菜单【图像】/【调整】/【暗调/高光】命令，打开【暗调/高光】对话框，如图 6 - 27 所示。

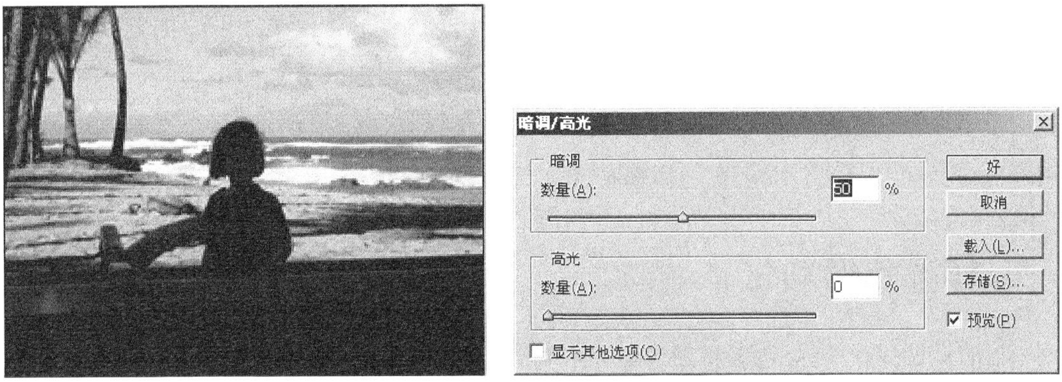

(a) 原图像　　(b) “暗调/高光” 对话框

6 - 27　原图像及“暗调/高光”对话框

初始状态下，“暗调”滑块处在“50%”的位置，“高光”滑块位于“0”的位置，通过拖动滑块或直接在文本框中输入数值来调整图像的暗调或高光调的修改范围。如勾选“显示其他选项”，对话框将扩展，其中显示有更精细的调整选项。对图像做“暗调/高光”调整后的效果如图 6 - 28 所示。

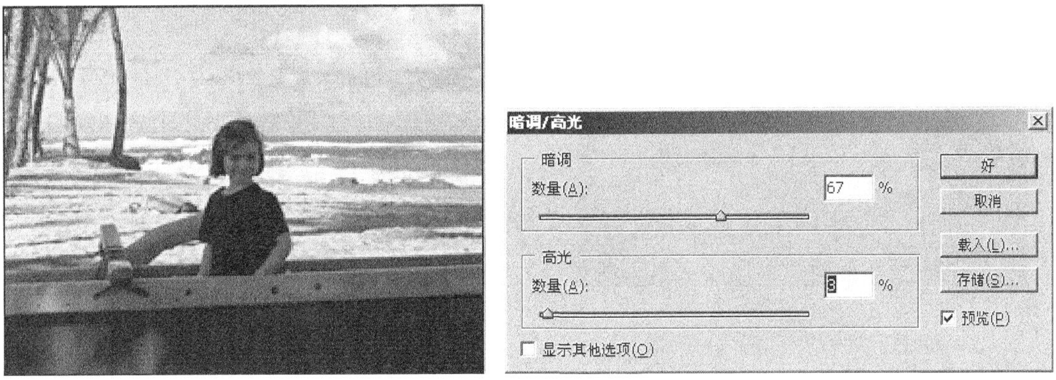

(a) 调整后的图像　　(b) 调整后的“暗调/高光” 对话框

6 - 28　调整后的图像及“暗调/高光”对话框

6.14　反相

利用“反相”命令可以将图像中的颜色反转为它们的互补色，单击窗口菜单【图像】/【调整】/【反相】命令后图像直接转换，没有对话框出现，效果如图 6 - 29 所示。

(a) 原图像　　　　(b) 调整后的图像

图 6-29　反相的应用

6.15　色调均化

利用“色调均化”命令可以将图像中的暗调填充为黑色，高光调填充为白色，而将不同层次的灰度值分配到两个色调之间的中间层次上，从而使图像的色彩分布趋于平均化。单击窗口菜单【图像】/【调整】/【色调均化】命令后图像直接转换，没有对话框出现，效果如图 6-30 所示。

如果在图像中已建立了一个选区再执行“色调均化”命令，将弹出“色调均化”对话框，要求确认是仅对所选区域作色调均化，还是将选区中的像素分布状态应用于整个图像。

(a) 原图像　　　　(b) 调整后的图像

图 6-30　色调均化的应用

6.16　阈值

利用“阈值”命令可以将灰度图或彩色图像转换为高对比度的黑白图像。单击窗口菜单【图像】/【调整】/【阈值】命令，打开【阈值】对话框，如图 6-31 所示。

在对话框中拖动滑块或直接在文本框中输入“阈值色阶”的值，此时，图像中亮度值比“阈值色阶”值大的像素将转换成白色，而比“阈值色阶”小的像素则转换成黑色，效果如图 6-32 所示。

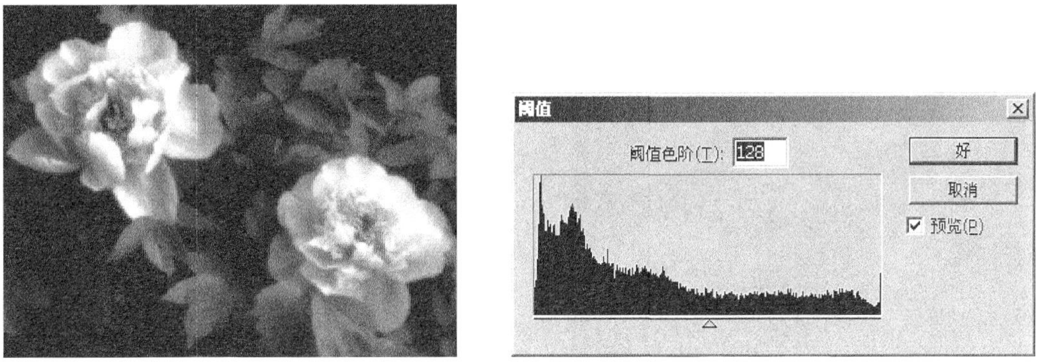

(a) 原图像　　　　(b) “阈值”对话框

6－31　原图像及“阈值”对话框

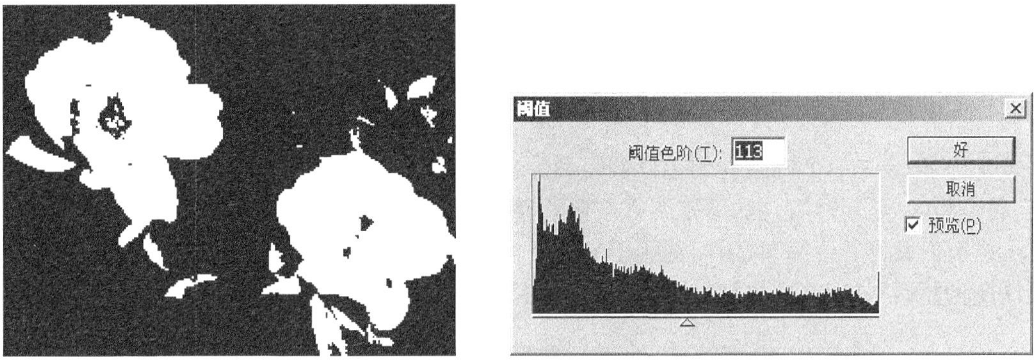

(a) 调整后的图像　　　　(b) “阈值”对话框

6－32　调整后的图像及“阈值”对话框

6.17　色调分离

利用“色调分离”命令可以为图像的每个通道指定若干个色调级别，然后将图像中的像素分配到最为接近的色调级别中去。单击窗口菜单【图像】/【调整】/【色调分离】命令，打开【色调分离】对话框，如图 6－33 所示。

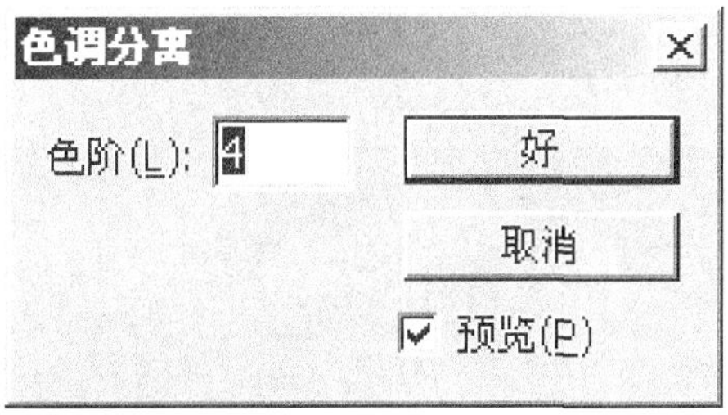

图 6－33　“包调分离”对话框

在对话框中的“色阶”文本框中输入指定的色阶数目，取值范围在 2～255。当色阶数目过小时图像中的层次降低，图像可产生手绘效果，如图 6－34 所示。

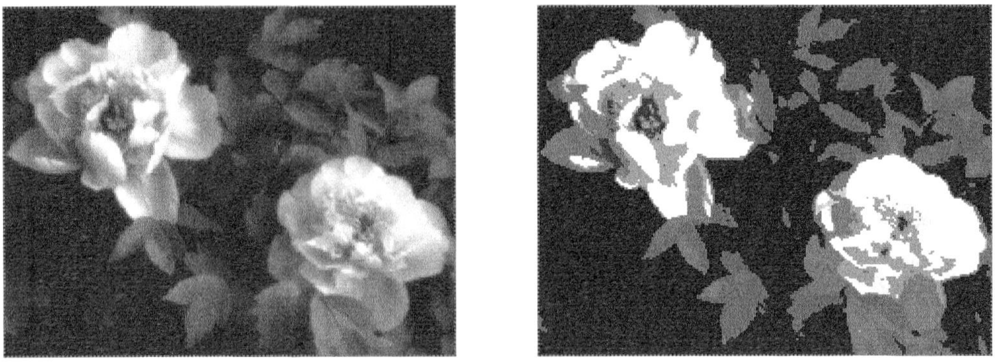

(a) 原图像　　(b) 色阶数调整为“3”的效果

图 6－34　色调分离的应用

6.18　变化

“变化”命令是一个综合性的色彩调整命令，利用该命令可以同时调整图像的色彩平衡、对比度和饱和度，并通过直观的缩览图来观看调整后的效果。虽然用“变化”命令不能作精细的调整，但由于操作方便简单，因而适用于一些要求不高的色彩调整。单击窗口菜单【图像】/【调整】/【变化】命令，打开【变化】对话框，如图 6－35 所示。

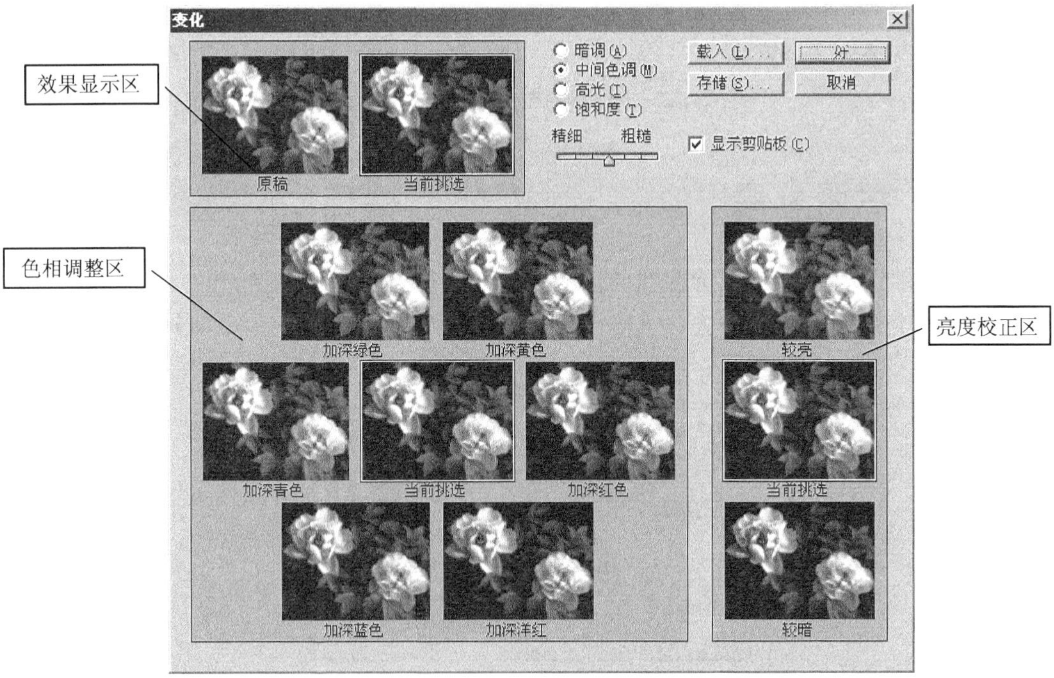

图 6－35　“变化”对话框

“变化”对话框中除了有与其他调整命令功能相同的选项按钮和命令按钮之外，其余部分可分为三个区域，各区域的功能简介如下：

(1) 效果显示区　“原稿”表示图像的初始画面，“当前挑选”为调整后的画面，如果对已作的调整不满意，可以随时单击“原稿”，恢复到初始画面。

(2) 色相调整区　单击所选颜色的缩略图表示加色，单击所选颜色的互补色表示减去这种颜色。调整时可以调整“粗糙—精细”滑块的位置，用以控制每次调整的精确程度。

(3) 亮度校正区　用于对调整好的图像作亮度校正，分为“较暗”与“较亮”两种亮度。

6.19 综合训练

6.19.1 综合训练一

打开 6－1.jpg 图像文件，如图 6－36 所示，通过对图像模式的转换及色彩调整，将图像由原来的灰度图调整为鲜艳的红色，效果如图 6－39 所示。

图 6－36　6－1.jpg 图像文件

(1) 单击窗口菜单【图像】/【模式】/【RGB 颜色】命令，将 6－1.jpg 图像转换成 RGB 模式。

(2) 按下<Ctrl+l>快捷键，打开“色阶”对话框，在“通道”下拉列表框中选择“红”通道，调整其输入色阶的值，如图 6－37 所示。

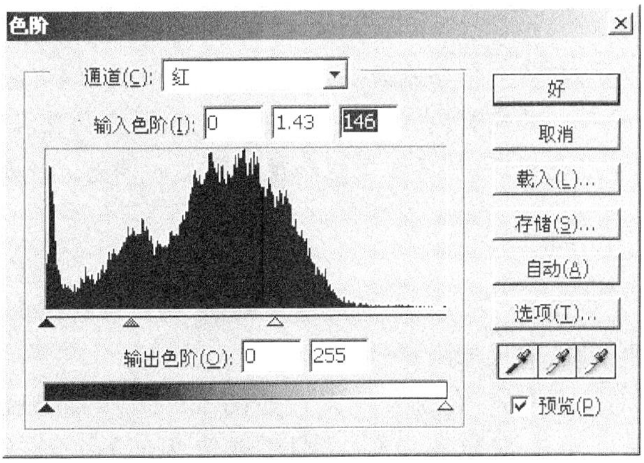

图 6－37　调整“红”通道的数值

（3）再从“通道”下拉列表框中选择“绿”通道，调整其输入色阶的值，如图 6－38 所示。

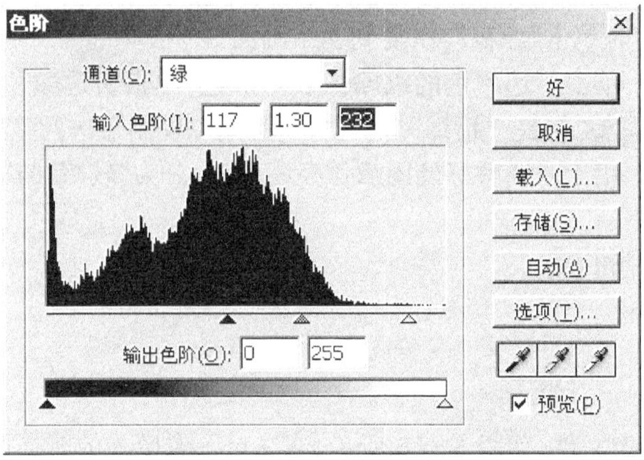

图 6－38　调整“绿”通道的数值

（4）再次从“通道”下拉列表框中选择“蓝”通道，调整其输入色阶的值，如图 6－39 所示，完成后的效果如图 6－40 所示。

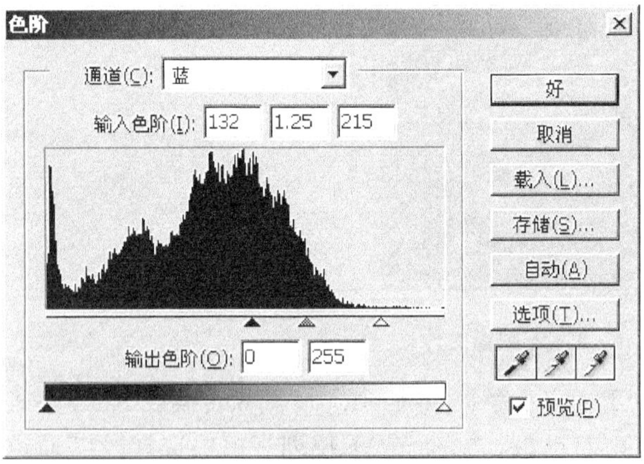

图 6－39　调整“蓝”通道的数值

图 6－40　完成后的效果

【知识扩展】

➢ 在【调整】命令组中，有多个命令能为灰度图着色，如曲线命令、色相/饱和度命令、色彩平衡命令、可选颜色命令等。着色时，在增加一种颜色的同时，它的互补色便减少，根据这个思路，通常可先确定要调整颜色的通道，再配合饱和度和明度的调整进行操作。

6.19.2　综合训练二

打开图片 6－2.jpg，如图 6－41 所示，通过色彩调整，将黄色的花蕊替换成洋红色，并使图像背景中的绿色叶茎更清晰，效果如图 6－45 所示。

（1）单击“魔棒工具”，属性栏上的参数设置如图 6－42 所示，在图像中黄色花蕊处单击，选中部分黄色花蕊。单击窗口菜单【选择】/【选取相似】命令，选中图像中全部黄色花蕊。

图 6－41　6－2.jpg 图像文件

(2) 按下＜Ctrl＋u＞快捷键，打开“色相/饱和度”对话框，在“编辑”下拉列表框中选择“黄色”通道，向左拖动“色相”滑块，将原来选中的黄色成分改变为洋红色；再向右拖动“明度”滑块，增加颜色的明度，调整后的效果如图 6－43 所示，取消选区。

图 6－42　属性栏上的参数设置

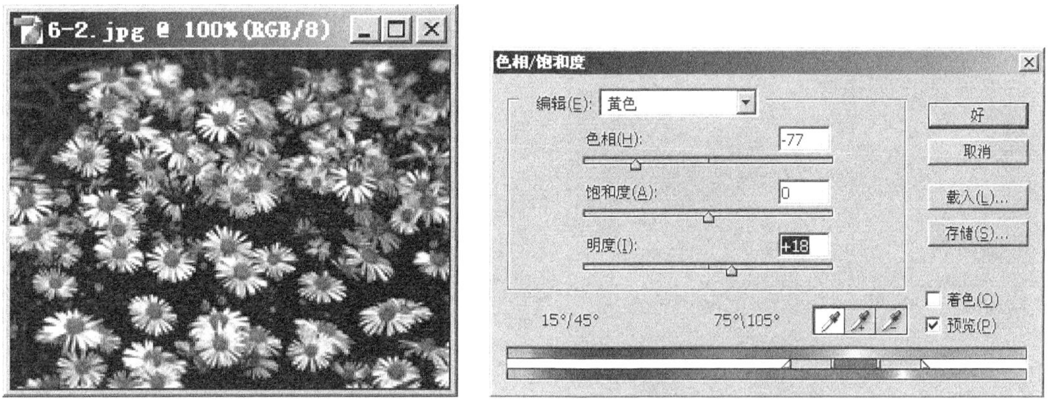

(a) 将花蕊调整为洋红色　　(b) 调整后的“色相/饱和度”对话框

图 6－43　将花蕊调整为洋红色的效果及“色相/饱和度”对话框

(3) 参照步骤(1)的方法，选中图像中除花朵以外的全部背景，按下＜Ctrl＋ m＞快捷键，打开“曲线”对话框，在“通道”下拉列表框中选择“绿”通道，向上调整“曲线”的中点，使图像背景中的绿色叶茎变清晰，如图 6－44 所示，完成后的效果如图 6－45 所示。

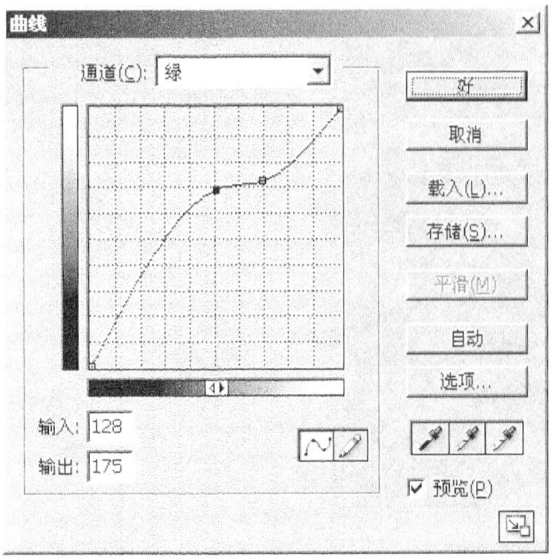

图 6-44　调整后的“曲线”对话框

图 6-45　完成后的效果图

6.19.3　综合训练三

打开 6-3.jpg 图像文件，如图 6-46 所示，通过色彩调整，将图像下方的部分区域调整成灰色效果，并在天空中添加一个边缘朦胧的“太阳”图形，效果如图 6-52 所示（彩色效果图见附录）。

（1）单击“套索工具”，选中图像下方的部分区域，单击窗口菜单【图像】/【调整】/【去色】命令，将选区中的彩色图像转换为灰度图，如图 6-47 所示，取消选区。

图 6-46　6-3.jpg 图像文件

图 6-47　将选区中的彩色图像转换为灰度图

（2）单击“椭圆选框工具”，属性栏上的参数设置如图 6-48 所示，在图像中的天空区域拖曳鼠标，建立一个椭圆形选区。

图 6-48　属性栏上的参数设置

（3）单击窗口菜单【图像】/【调整】/【可选颜色】命令，打开“可选颜色”对话框，在“颜色”下拉列表框中选择“青色”通道，调整各个颜色滑块，增加红、黄的百分比，减少青色的百分比，如图 6－49 所示。

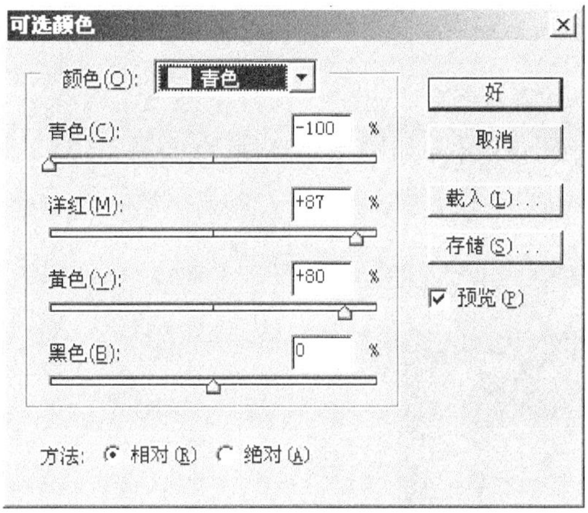

图 6－49　调整“青色”通道的数值

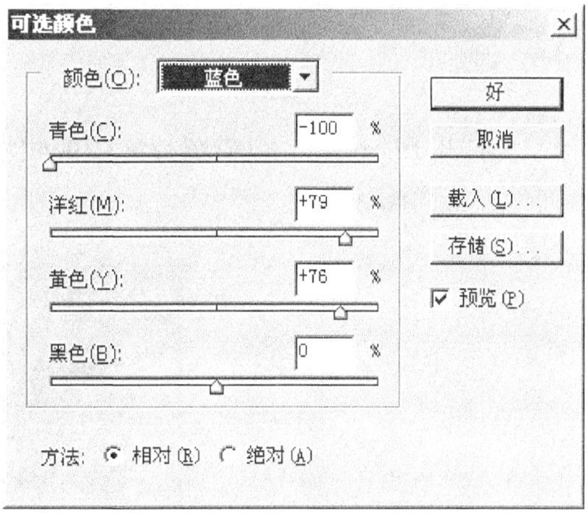

图 6－50　调整“蓝色”通道的数值

(4) 再从“颜色”下拉列表框中选择“蓝色”通道，调整各个颜色的百分比，如图 6－50 所示。

(5) 再次从“颜色”下拉列表框中选择“中性色”通道，调整各个颜色的百分比，如图 6－51 所示，完成后的效果如图 6－52 所示(彩色效果图见附录)，取消选区。

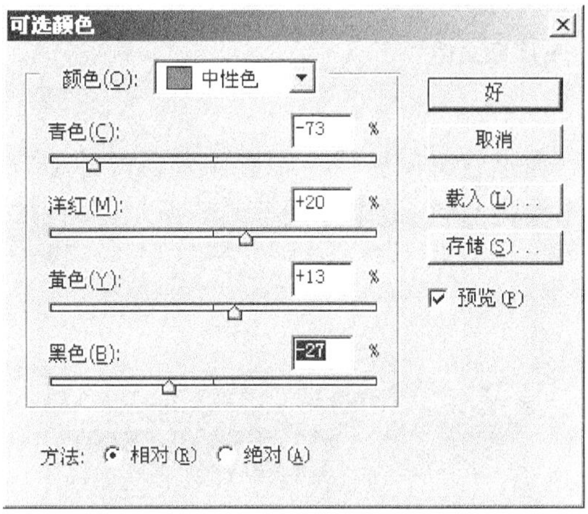

图 6－51　调整“中性色”通道的数值

图 6－52　完成后的效果图

本章小结

本章主要介绍了如何利用 Photoshop 所提供的一组色彩调整命令，对图像的色相、饱和度和亮度进行调整。一般来说，对于要求不高的图像，可以使用一些快速调整命令来进行调整，如“亮度/对比度”、“自动色阶”、“自动对比度”、“自动颜色”和“变化”命令等，这些命令基本可以满足对图像颜色的调整。如需要对图像做更精确和更灵活的调整，可以使用高级色彩调整命令，其中“色阶”和“曲线”是两个最重要的调整命令。而 Photoshop CS 新增加的“匹配颜色”、“照片滤镜”和“暗调/高光”命令，在数码相机日益普及的今天，更是方便而适用的调整工具，应在使用过程中根据图像的特点灵活操作，并学会积累经验数据，通过不断的实践逐渐掌握它们的使用技巧。

习 题

1. 打开 Photoshop 自带图片库中的牧场.jpg 图像文件，如图 6－53 所示，试用至少 3 种不同的方法为图像着色。

图 6－53 牧场.jpg 图像文件

操作提示：参照“综合训练一”进行制作。

2. 打开 6－4.jpg 图像文件，如图 6－54 所示，通过色彩调整使一幅图像呈现两种不同的色彩效果，其中人像部分为原图像的补色而背景图像为灰色，效果如图 6－55 所示（彩色效果图见附录）。

操作提示：参照“综合训练三”进行制作。

图 6－54 6－4.jpg 图像文件

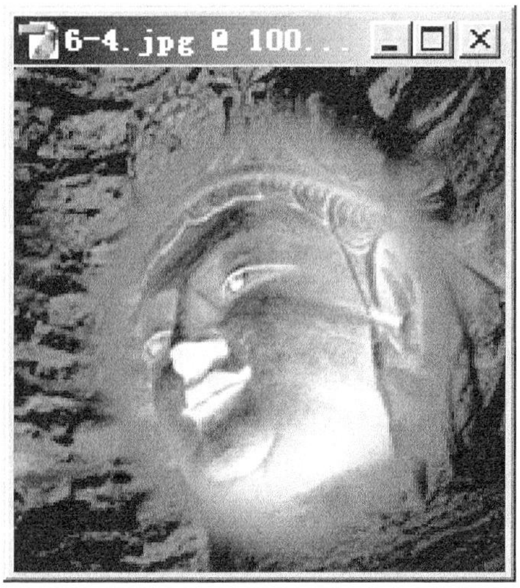

图 6－55 完成后的效果图

3. 打开 6－5.jpg 图像文件，如图 6－56 所示，应用色彩调整技术，制作一组色彩相异的人物艺术照，效果如图 6－57 所示(彩色效果图见附录)。

操作提示：可应用“阈值”、“反相”等命令，并配合复制和选区操作进行制作。

图 6－56　6－5.jpg 图像文件

图 6－57　完成后的效果图

7 滤镜

滤镜，原本指在摄影过程中为了使图像产生特殊的效果而使用的一种光学处理镜头，使用这种光学镜头可过滤掉部分光线中的元素，从而改进图像的显示效果。而 Photoshop 的滤镜命令同样可以达到上述效果，而且还能比实际生活中的滤镜产生更多的图像处理效果。

Photoshop 提供了 100 多种滤镜，这些滤镜种类丰富、功能强大、使用方便，按照不同的处理效果分类存放在“滤镜”菜单中。由于同类滤镜具有相近的功效，且主要参数的设置方法相近，本章仅介绍 Photoshop 中常用的滤镜命令，以及运用滤镜后产生的特殊效果。

本章重点：

(1) 滤镜的基本概念；

(2) 滤镜的功效、特点和设置方法；

(3) 运用滤镜的特殊效果创作作品。

7.1 滤镜的基本使用方法

Photoshop 虽然提供了 100 多种滤镜，但它们的使用方法基本上是一样的，大致可以归纳为如下几个方面：

(1) 只有 RGB 模式的图像可以直接应用所有的滤镜，对于 CMYK 模式、Lab 等模式的图像，有些滤镜是不能直接应用的，但可以将它们转换成 RGB 模式后再应用所需要的滤镜。

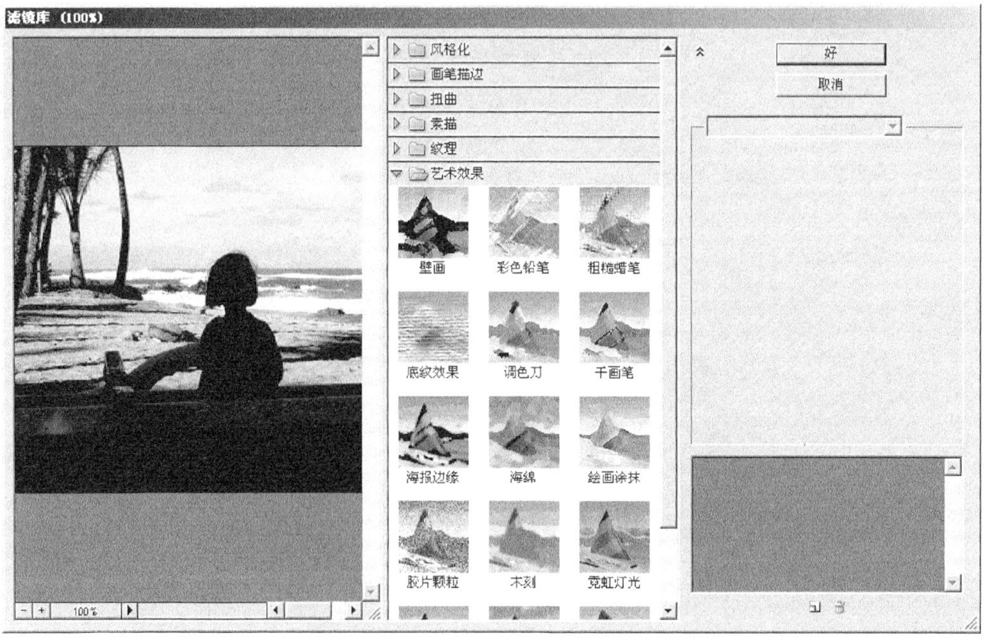

图 7-1 滤镜库面板

(2) 滤镜可以应用到当前图层或者当前图层的单个通道中，但是对于文本图层不能直接应用滤镜，只有将其转换为普通图层后方可以应用滤镜。

(3) 如果仅需要对图像中的部分区域应用滤镜，可以先在图像中定义选区，以确定应用滤镜的范围。

(4) 滤镜的处理是以像素为单位的，它的效果会因为图像分辨率的不同而不同。

(5) Photoshop CS 新增加了“滤镜库”功能，它将常用滤镜组合在一个面板中，以方便试用和观看多个滤镜应用于一个图像的效果，并节省了试用各种滤镜的时间。单击窗口菜单【滤镜】/【滤镜库】命令，或者执行包含在“滤镜库”中的任意一个滤镜命令之后，都可打开“滤镜库”面板，如图 7-1 所示。

7.2 抽出、液化、图案创建滤镜

7.2.1 抽出

“抽出”滤镜的作用是提取图像中需要的对象，去掉不需要的图像。无论对象的边缘多么细微、复杂，应用抽出滤镜都会得到令人满意的选区效果，因此，“抽出”滤镜常用来选取一些边缘比较细碎、复杂的图像。单击窗口菜单【滤镜】/【抽出】命令，打开“抽出”面板，如图 7-2 所示。

图 7-2 “抽出”面板

要从图像中抽出所需要的对象，可使用“抽出”面板中提供的“边缘高光器”工具，沿对象的边缘部分绘制出高光轮廓，绘制时应尽量保证高光轮廓在边缘以外，绘制完毕后再用“填充工具”在边缘轮廓内填充，结果如图 7-3 所示。然后单击“预览”按钮，预览抽取的结果，此时，提取内容之外的图像都变成透明，如图 7－4 所示。

图 7－3 “抽出”对话框中工具的应用

图 7－4 “预览”抽取结果

“抽出”动作可以重复进行，并可以使用“抽出”面板中的其他辅助工具配合操作，直到获得满意的选取效果。

7.2.2 液化

利用“液化”滤镜可以对图像做扭曲、膨胀、压缩、移位等变形操作，变形后的图形自然流畅，效果逼真。单击窗口菜单【滤镜】/【液化】命令，打开“液化”面板，如图 7－5 所示。

图 7－5 “液化”面板

在“液化”面板左侧的工具箱中提供了一组工具，通过这些工具并配合面板右侧各种参数的设置，可以在图像中进行各种变形操作。

在对话框中选用“扭曲”工具和“膨胀”工具，并调整“画笔大小”和“画笔压力”两项参数，对图像变形后的效果如图 7－6 所示。

图 7－6　对图像做“液化”操作后的效果

7.2.3　图案生成器

“图案生成器”滤镜的主要作用是用来制作无缝平铺图案。一般情况下，要在图像中制作图案平铺效果需要先定义图案，然后用“填充”命令进行图案填充。采用这种方法有时图案中会出现裂缝，效果不够理想，而利用“图案创建”滤镜只需先确定选区，Photoshop 就会根据选区中的图像自动生成无缝平铺的紧凑图案。

单击窗口菜单【滤镜】/【图案创建】命令，打开“图案生成器”面板，如图 7－7 所示。

在“图案生成器”面板的图像区中拖曳鼠标建立一个矩形选区，选取制作图案所需的图像，然后在面板的右侧设置图案的大小等参数，单击“生成”按钮，即可生成图案。

以图像中鹰的“眼睛”为选区生成的图案如图 7－8 所示，如果对所生成的图案效果不够满意，可以反复单击“重新生成”按钮，直到满意为止，如图 7－9 所示。

图 7－7 "图案生成器"面板

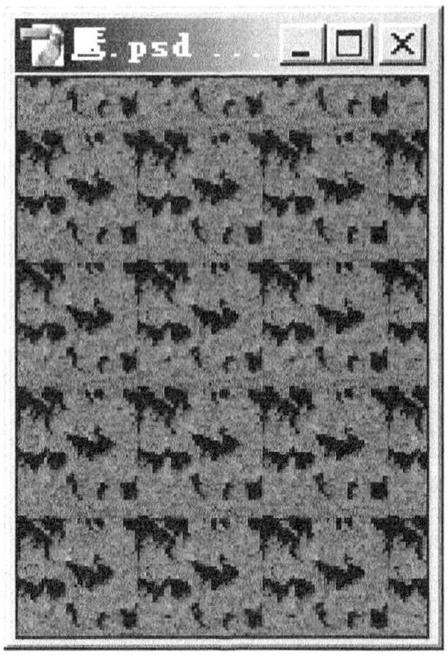

图 7－8 初次生成的图案

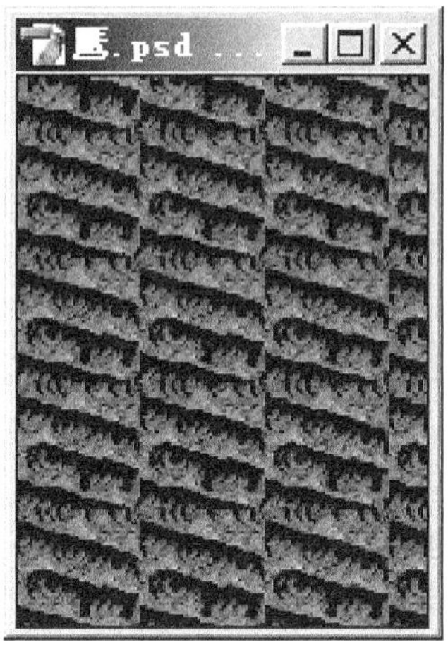

图 7－9 "重新生成"后的效果

7.3 像素化滤镜

像素化滤镜的基本原理类似于色彩构成的效果，它先将图像划分为一定的区域，再将这些区域转变为相应的色块，然后由色块构成图像。单击窗口菜单【滤镜】/【像素化】命令，在弹出的"像素化"子菜单中包含了 7 种不同效果的滤镜，如图 7－10 所示。

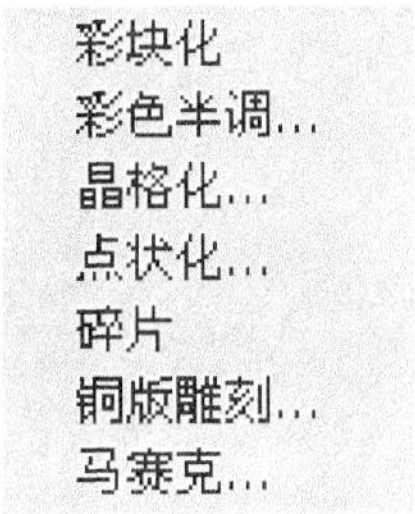

图 7-10　像素化子菜单

7.3.1　彩块化、彩色半调

1）彩块化

“彩块化”滤镜的作用是将图像中纯色或相近颜色的像素结块后来重新绘制图像，结果产生类似手绘的效果。该滤镜没有对话框，添加滤镜后图像直接转换。

2）彩色半调

“彩色半调”滤镜的作用是在图像的每一个通道上增加一层半色调的网格屏，从而模仿出半色调色点的效果，如图 7-11 所示。

“彩色半调”对话框中的“最大半径”参数用于设置半调网屏的最大半径。“网角度”参数提供了 4 个通道选项，对于灰度图像只使用通道 1；对于 RGB 图像可使用通道 1、通道 2、通道 3，它们分别对应于红色、绿色和蓝色通道；对于 CMYK 图像可使用所有 4 个通道，它们分别对应于青色、洋红、黄色和黑色通道。

(a) 原图像　　(b) “彩色半调”效果

图 7-11　彩色半调滤镜的应用

7.3.2　晶格化、点状化、碎片

1）晶格化

“晶格化”滤镜能使图像产生由单一颜色构成的多边形晶格效果，如图 7-12 所示。

“晶格化”对话框中的“单元格大小”参数用于调整晶格的大小。

2）点状化

“点状化”滤镜能将图像分解为随机分布的网点，并使用背景色填充网点之间的空白区域，从而模拟出点状绘画的效果，如图 7-13 所示。

(a) 原图像

(b) “晶格化”效果

图 7－12　晶格化滤镜的应用

(a) 原图像

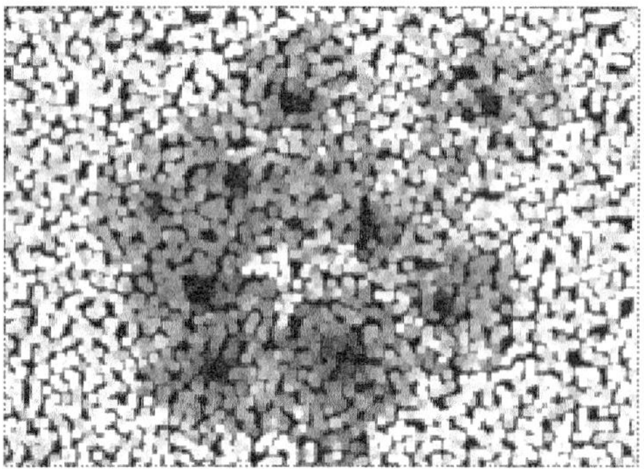

(b) “点状化”效果

图 7－13　点状化滤镜的应用

“点状化”对话框中的“单元格大小”参数用于调整网点的大小。

3）碎片

“碎片滤镜”的作用是将图像中的部分像素复制几遍，然后重叠在一起，使图像产生一种不能精确聚焦的感觉，如图 7－14 所示。该滤镜没有对话框，添加滤镜后图像直接转换。

(a) 原图像

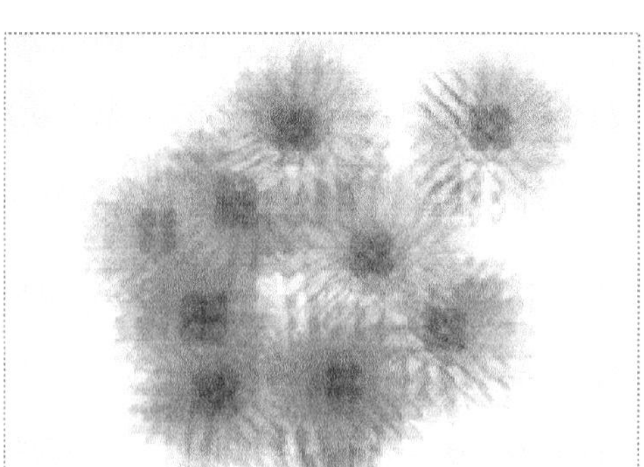

(b) “碎片”效果

图 7－14　碎片滤镜的应用

7.3.3 铜版雕刻、马赛克

1）铜版雕刻

“铜版雕刻”滤镜能将图像重新以点、线条或笔画的方式绘制出来，使图像看起来具有用金属模板印刷出来的效果，如图 7－15 所示。

“铜版雕刻”对话框的“类型”下拉列表框中共有 10 种笔触类型供选择。

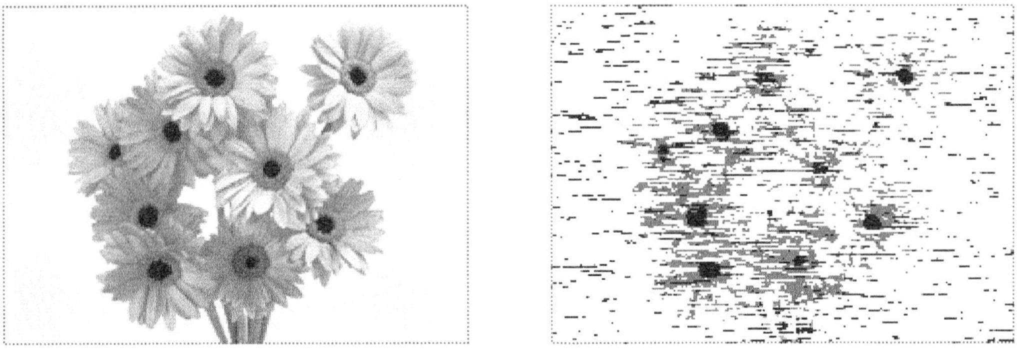

(a) 原图像　　(b)“铜版雕刻”效果

图 7－15　铜版雕刻滤镜的应用

2）马赛克

“马赛克”滤镜能使图像产生由单色方块构成的马赛克效果，如图 7－16 所示。

“马赛克”对话框中的“单元格大小”参数用于调整色块的大小。

(a) 原图像　　(b)“马赛克”效果

图 7－16　马赛克滤镜的应用

7.4 扭曲滤镜

扭曲滤镜能够使图像产生扭曲、变形等特殊的效果。单击窗口菜单【滤镜】/【扭曲】命令，在弹出的“扭曲”子菜单中包含了 12 种不同效果的滤镜，如图 7－17 所示。

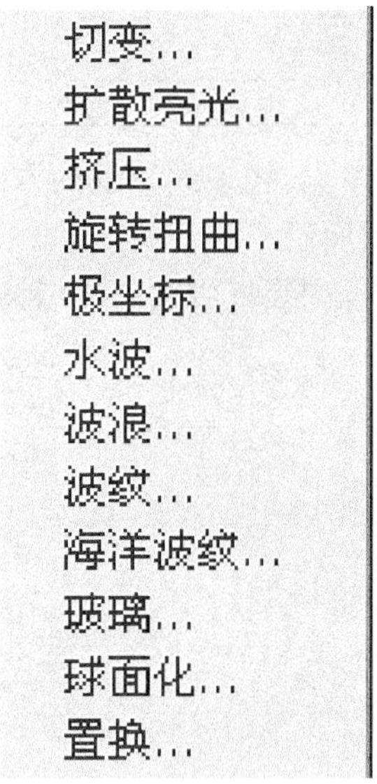

图 7－17　扭曲子菜单

7.4.1　切变

“切变”滤镜能使图像按照曲线的扭曲形态而变形，编辑时用鼠标拖曳曲线使之扭曲，图像跟随变化，如图 7－18 所示。

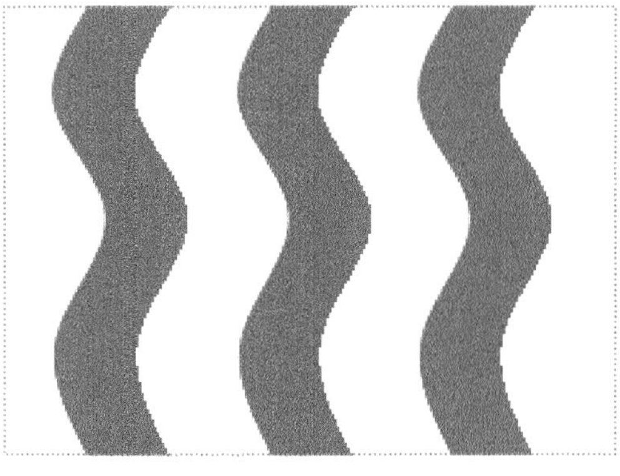

图 7－18　“切变”效果

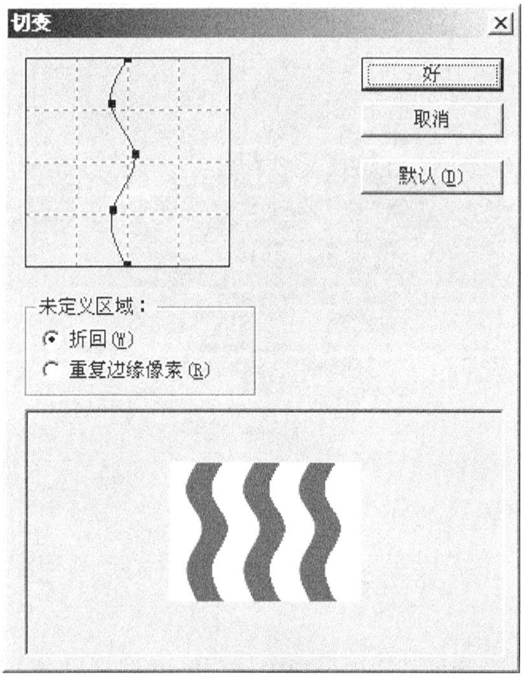

图 7－19　“切变”对话框

“切变”对话框如图 7－19 所示，在对话框中选择“折回”选项，表示用图像对边的内容来填充区域，选择“重复边缘像素”选项表示加深图像边缘的像素，单击“默认”按钮可使调整过的曲线恢复为默认的直线状态。

7.4.2 扩散亮光

“扩散亮光”滤镜能对图像进行着色处理，将图像中的高光部分作为发光对象，对这些高光区域进行散射，并添加相应的颗粒，从而使图像产生出发光的效果，如图 7－20 所示。

(a) 原图像

(b) “扩散亮光”效果

图 7－20　扩散亮光滤镜的应用

“扩散亮光”对话框中的“粒度”参数用于控制颗粒的粗细，值越大颗粒越大；“发光量”参数用于控制发光的强度，值越大发出的光越强。“清除数量”用于设置图像的清晰度，值越小图像被覆盖的范围就越大。

7.4.3 挤压

“挤压”滤镜能使图像产生向内或向外的挤压效果，如图 7－21 所示。

(a) 原图像

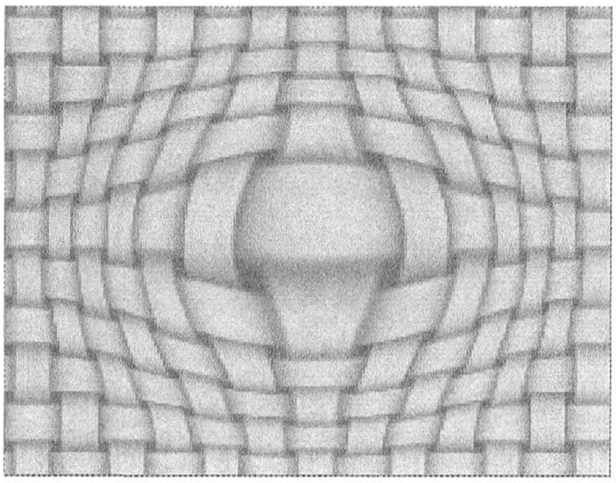

(b) 向外膨胀的“挤压”效果

图 7－21　挤压滤镜的应用

“挤压”对话框中的“数量”参数用于控制挤压的程度，数值为正时表示向内挤压，数值为负时表示向外膨胀。

7.4.4 旋转扭曲

“旋转扭曲”滤镜能使图像产生从中心向外旋转的效果，旋转时中心比边缘的旋转程度要强，使图像有一种漩涡的感觉，如图 7－22 所示。

(a) 原图像　　(b) 顺时针“旋转扭曲”效果

图 7－22　旋转扭曲滤镜的应用

“旋转”对话框中的“角度”参数用于控制旋转的强度，数值为正时表示顺时针方向旋转，数值为负时表示逆时针方向旋转。

7.4.5　极坐标

“极坐标”滤镜能使图像按照一定的坐标算法产生强烈的变形，如图 7－23 所示。

“极坐标”对话框中的“选项”参数用以控制坐标变形的方式，有“平面坐标到极坐标”和“极坐标到平面坐标”两种方式供选择。

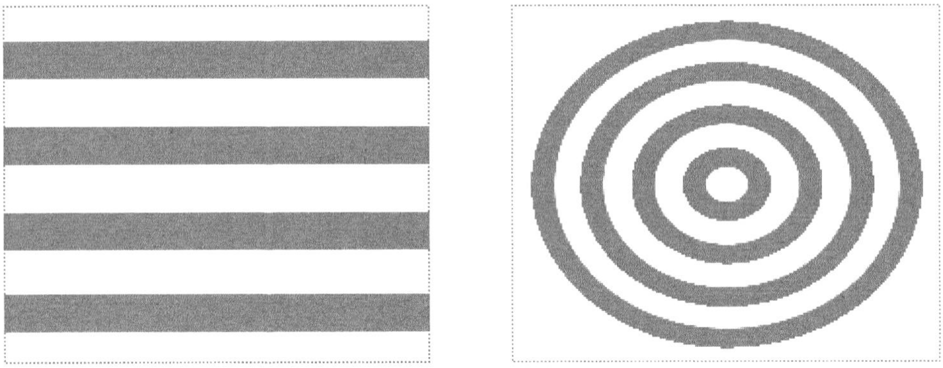

(a) 原图像　　(b) “平面坐标到极坐标”效果

图 7－23　极坐标滤镜的应用

7.4.6　水波

“水波”滤镜能使图像产生水面涟漪的效果，如图 7－24 所示。

“水波”对话框中的“数量”参数用以控制波纹凹凸的程度，其中负值表示波纹向下凹，正值表示波纹向上凸；“起伏”参数用以控制波纹的疏密程度；“样式”下拉列表框中有 3 种水波纹的样式供选择，分别是围绕中心、从中心向外和水池波纹。

(a) 原图像

(b) “围绕中心”的水波效果

图 7－24　水波滤镜的应用

7.4.7　波浪

“波浪”滤镜能以不同的波长、波幅和类型在图像中产生多种波浪效果，如图 7－25 所示。

“波浪”对话框中的“生成器”参数用于控制产生波浪的数量，值越大图像越模糊；“波长”参数用于控制波长的大小，它分为最小值和最大值；“波幅”参数用于控制波幅的大小，它也分为最小值和最大值；“比例”参数用于控制水平和垂直方向变形的缩放比例；“类型”参数提供了 3 种波形选项，分别是正弦、三角形和方形。

(a) 原图像

(b) “正弦”波效果

(c) “三角形”波效果

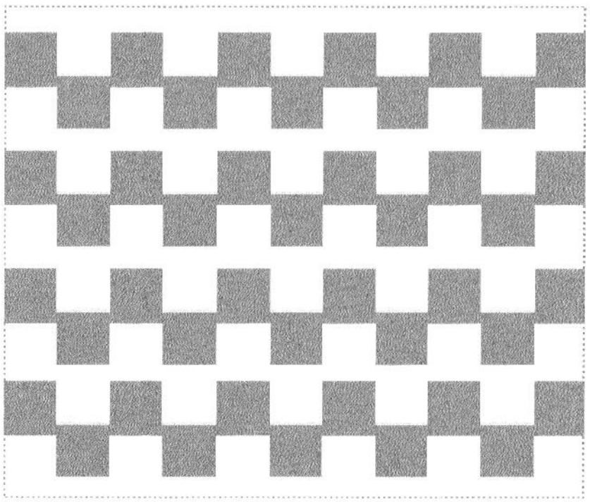

(d) “方形”波效果

图 7－25　波浪滤镜的应用

7.4.8 波纹

“波纹”滤镜能使图像产生如水面起伏的波纹效果，如图 7－26 所示。

“波纹”对话框中的“数量”参数用于控制波纹的数量；“大小”下拉列表框中有大、中、小 3 种波纹样式供选择。

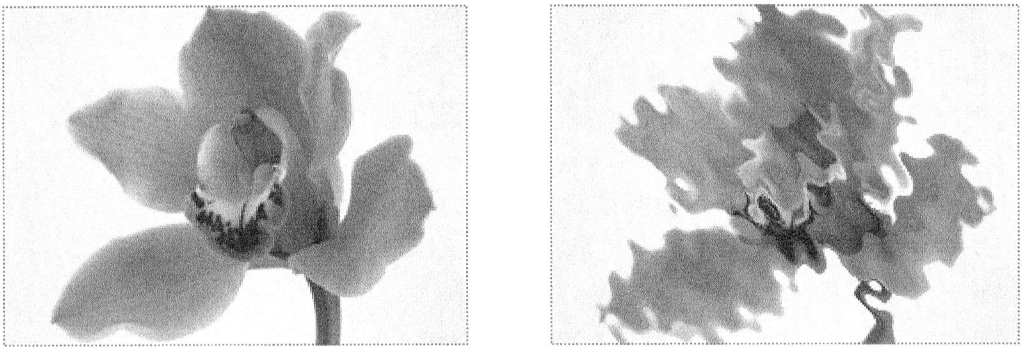

(a) 原图像　　(b) “波纹”效果

图 7－26 波纹滤镜的应用

7.4.9 海洋波纹

“海洋波纹”滤镜能在图像中产生一些随机间隔的波纹，模拟海洋波纹的效果，如图 7－27 所示。

“海洋波纹”对话框中的“波纹大小”参数用于控制波纹的大小；“波纹幅度”用于控制波纹的密度。

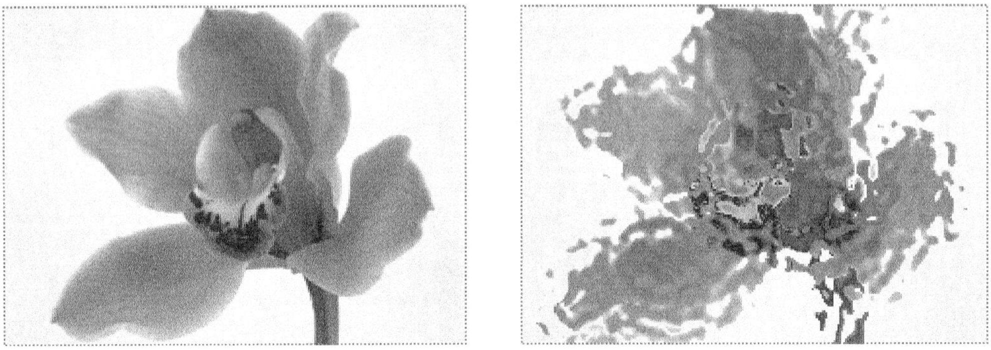

(a) 原图像　　(b) “海洋波纹”效果

图 7－27 海洋波纹滤镜的应用

7.4.10 玻璃

“玻璃”滤镜能使图像产生看上去像是隔着玻璃看物体的效果，如图 7－28 所示。

“玻璃”对话框中的“扭曲度”参数用于控制扭曲的程度；“平滑度”参数用于控制图像的平滑程度；“缩放”用于控制纹理缩放的比例；“纹理”下拉列表框中有块状、画布、磨砂、微晶体等 4 种玻璃纹理供选择。还可选择“载入纹理”命令，从“载入纹理”对话框中选择一种自定义的纹理，但作为纹理的图像必须是.PSD文件。

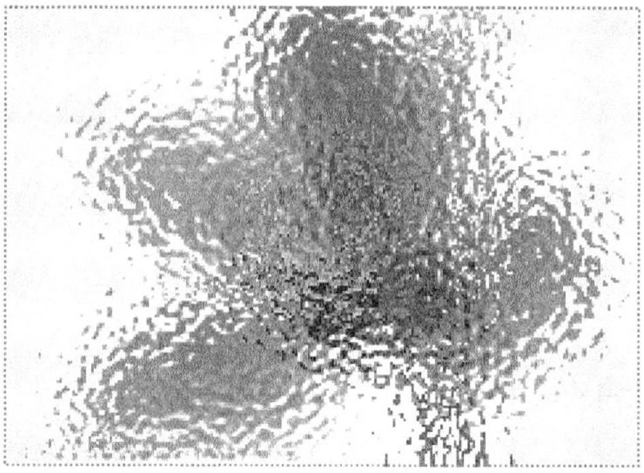

(a) “磨砂”效果

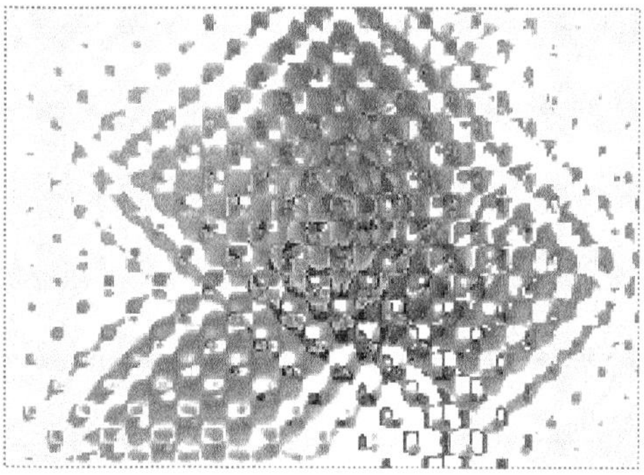

(b) “微晶体”效果

图 7-28 玻璃滤镜的应用

7.4.11 球面化

“球面化”滤镜能将图像映射到球面上，使图像产生一种包在球面或柱面上的效果，如图7-29所示。

“球面化”对话框中“数量”参数用于控制球面的凹陷程度，数值为负时图像向内凹，数值为正时图像向外凸。

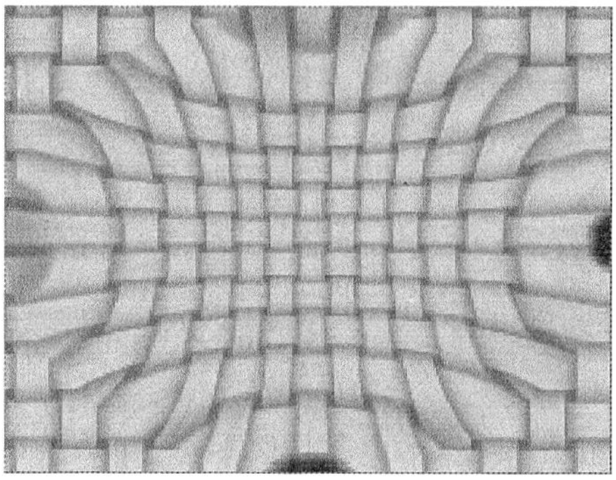

(a) 向内凹陷的“球面化”效果

(b) 向外凸起的“球面化”效果

图 7-29 球面化滤镜的应用

7.4.12 置换

“置换”滤镜能使“当前图像”按照“置换图像”的纹理进行变形，最终产生由“当前图像”的颜色和“置换图像”的纹理相结合的图像效果，如图7-30所示。

“置换”对话框中的“水平比例”和“垂直比例”参数用于设置作为纹理的置换图在最终效果图中的清晰程度，数值越大置换出来的图像越清晰；“置换图”参数包括“伸展以适合”和“拼贴”两个选项，仅在置换图所含像素少于当前图像像素时使用。

设置完参数后在对话框中单击“好”按钮，系统将弹出“选择一个置换图”对话框，可以从Photoshop安装路径下的plug-in\置换图目录中选择一种Photoshop自带的置换图，也可以载入用户自定义的置换图，但必须是.PSD文件。

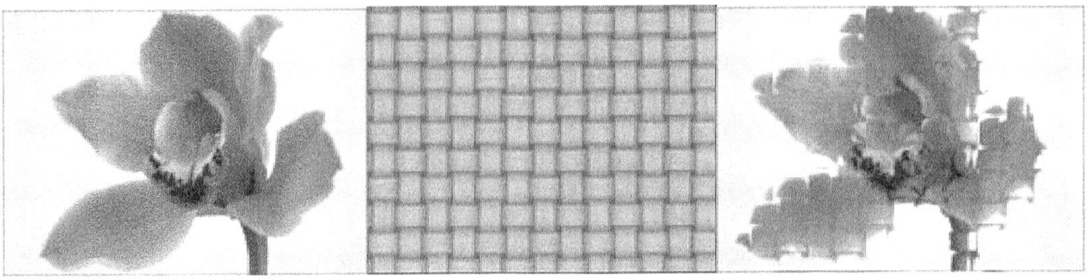

(a) 当前图像　　　　(b) 置换图像　　　　(c) “置换”效果

图 7－30　置换滤镜的应用

7.5　杂色

杂色滤镜可以在图像中添加或减少杂点。增加杂点可以使图像的一部分更好地融合于周围的背景中，减少图像中不必要的杂点可以提高图像的质量。单击窗口菜单【滤镜】/【杂色】命令，在弹出的“杂色”子菜单中包含了 4 种不同效果的滤镜，如图 7－31 所示。

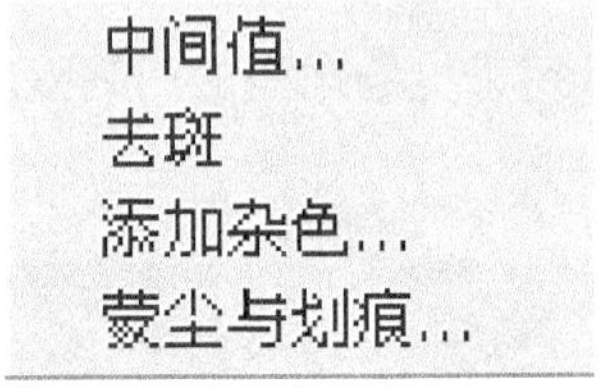

图 7－31　杂色子菜单

7.5.1　中间值

“中间值”滤镜通过用指定半径范围内像素的平均亮度值来取代半径中心像素的亮度值，以达到减少杂点的目的，如图 7－32 所示。

“中间值”对话框中的“半径”参数用于控制亮度范围，值越大图像越模糊。

(a) 原图像　　　　(b) 半径为“8”的效果

图 7－32　中间值滤镜的应用

7.5.2 去斑、添加杂色

1）去斑

“去斑”滤镜能够检测图像边缘颜色变化较大的区域，通过模糊除边缘以外的其他部分以起到消除杂色的作用，但不损失图像的细节。

2）添加杂色

“添加杂色”滤镜能在图像中产生一些随机分布的像素，常用来消除渐变色带以及过度修饰的区域，使图像看起来更加真实，如图 7－33 所示。

“添加杂色”对话框中的“数量”参数用于控制添加杂色的百分比；“分布”参数提供了两种杂色分布状态，分别是平均分布、高斯分布；选中“单色”复选框，添加的杂色将只影响图像的色调，而不会改变图像的颜色。

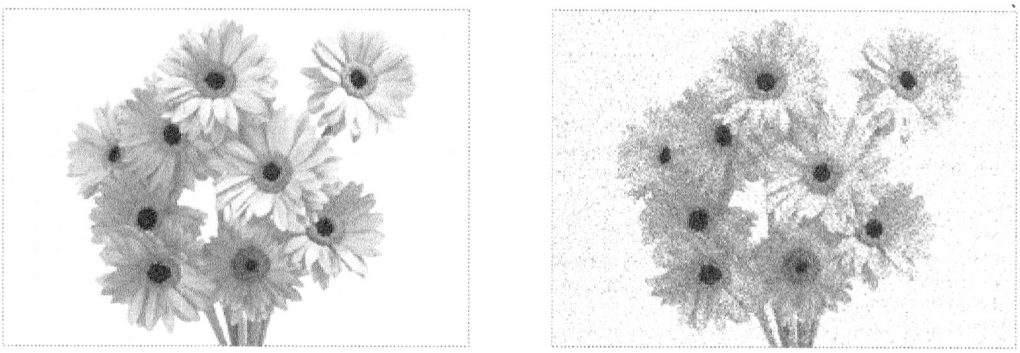

(a) 原图像　　(b) “添加杂色”效果

图 7－33　添加杂色滤镜的应用

7.5.3 蒙尘与划痕

“蒙尘与划痕”滤镜可以捕捉图像或选区中相异的像素，并将其融入周围的图像中去，如图 7－34 所示。

(a) 原图像中需要修复的区域　　(b) 修复后的效果

图 7－34　蒙尘与划痕滤镜的应用

“蒙尘与划痕”对话框中的“半径”参数用于控制捕捉相异像素的范围；“阈值”用于确定像素的差异达到多少时才能被消除。

7.6 模糊滤镜

“模糊”滤镜可以降低图像中相邻像素之间的反差，使图像变得模糊，或使图像边缘的过渡变得柔和。单击窗口菜单【滤镜】/【模糊】命令，在弹出的“模糊”子菜单中包含了8种不同效果的滤镜，如图7－35所示。

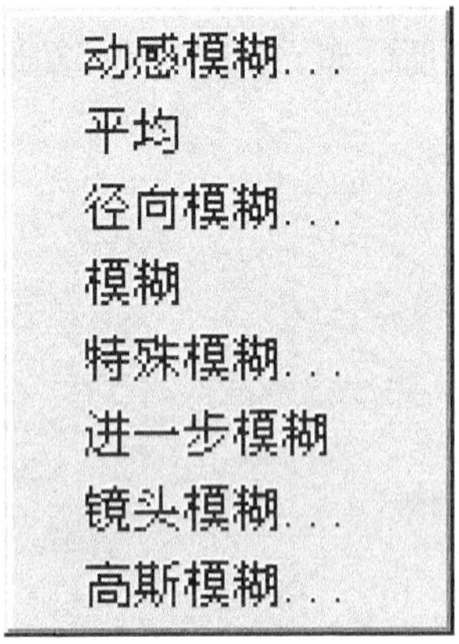

图7－35 模糊子菜单

7.6.1 动感模糊

“动感模糊”滤镜可以使图像产生运动的效果，如图7－36所示。

“动感模糊”对话框中的“角度”参数用于设置动感模糊的方向；“距离”参数用于控制模糊的强度，值越大图像越模糊。

(a) 原图像　　(b) “动感模糊”效果

图7－36 动感模糊滤镜的应用

7.6.2 平均

“平均”滤镜的作用是找出图像中的平均颜色，然后用该颜色填充图像，使图像产生一种平滑的效果，如图7－37所示。该滤镜没有对话框，添加滤镜后图像直接转换。

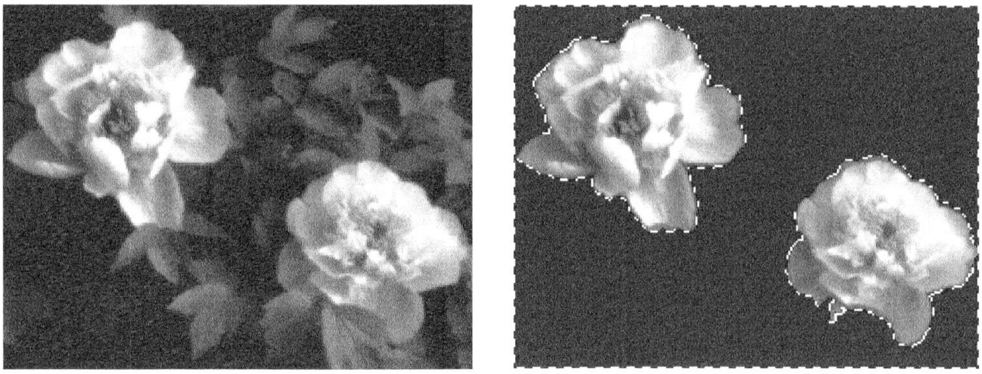

(a) 原图像　　(b) 在选区中应用“平均”的效果

图 7－37　平均滤镜的应用

7.6.3　径向模糊

“径向模糊”滤镜可以模拟旋转相机或前后移动相机时对物体拍照产生的模糊效果，如图7－38所示。

“径向模糊”对话框中的“数值”参数用于控制模糊的程度，值越大图像越模糊；“模糊方法”参数提供了2种方式，分别是旋转和缩放；用鼠标在“中心模糊”框中拖动图案还可调整模糊的中心点。

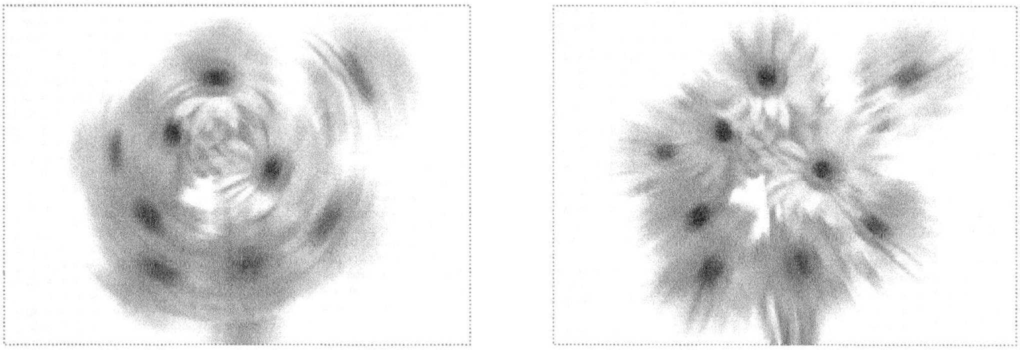

(a) “旋转”模糊效果　　(b) “缩放”模糊效果

图 7－38　径向模糊滤镜的应用

7.6.4　模糊、特殊模糊、进一步模糊

1）模糊

“模糊”滤镜的效果是使图像轻微模糊，减少图像中的杂色和噪音，使图像色彩的过渡显得更加自然。

2）特殊模糊

“特殊模糊”滤镜可以对图像进行更精确的模糊处理，并且可以控制模糊的品质。

3）进一步模糊

“进一步模糊”滤镜作用和“模糊”滤镜一样，都是用于对图像进行模糊处理，但它处理的效果是“模糊”滤镜的 3～4 倍。

7.6.5 镜头模糊

“镜头模糊”滤镜能模拟相机镜头所产生的景深效果，使图像在焦点范围内的区域清晰显示，其余部分变模糊，如图 7－39 所示。

“镜头模糊”对话框中的“光圈”选项提供了多种形状的光圈供选择，其中“半径”参数用于控制模糊的强度，“叶片弯度”参数用于消除光圈的边缘，“旋转”参数用于旋转光圈；“镜面高光”选项可调整图像中部分像素的亮度值；“杂色”选项可向图像中添加杂色。

(a) 原图像　　(b) “镜头模糊”效果

图 7－39　镜头模糊滤镜的应用

7.6.6 高斯模糊

“高斯模糊”滤镜能按照高斯曲线的分布状态对图像进行模糊处理，使图像边缘产生朦胧而柔和的效果，如图 7－40 所示。

“高斯模糊”对话框中的“半径”参数用于设置模糊的半径值，值越大图像越模糊。

(a) 原图像　　(b) “高斯模糊”效果

图 7－40　高斯模糊滤镜的应用

7.7 渲染滤镜

应用“渲染”滤镜能在图像中产生光照、云彩等特殊的效果，是在对图像作整体渲染时常常用到的一组滤镜。单击窗口菜单【滤镜】/【渲染】命令，在弹出的“渲染”子菜单中包含了 5 种不同效果的滤镜，如图 7－41 所示。

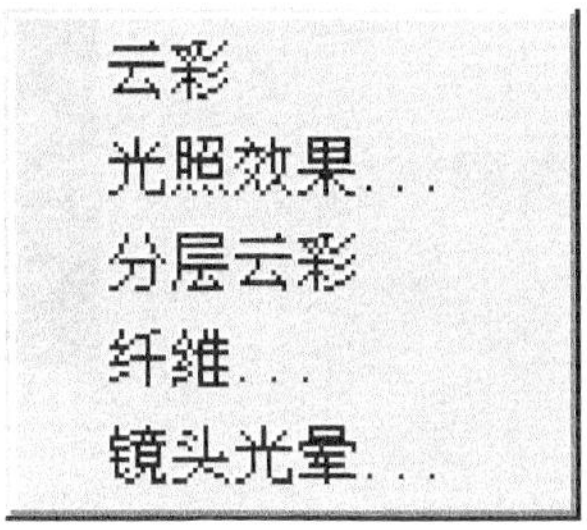

图 7－41　渲染子菜单

7.7.1　云彩、分层云彩

1）云彩

“云彩”滤镜能用当前的前景色和背景色在图像中随机地生成柔和的云彩效果，如图 7－42 所示。该滤镜没有对话框，添加滤镜后图像直接转换。

图 7－42　“云彩”效果

2）分层云彩

“分层云彩”滤镜使用随机生成的、介于前景色与背景色之间的值来生成云彩图案，产生类似负片的效果，效果与“云彩”滤镜相仿。

7.7.2　光照效果

“光照效果”滤镜常用于在图像中制作各种灯光效果，如图 7－43 所示。

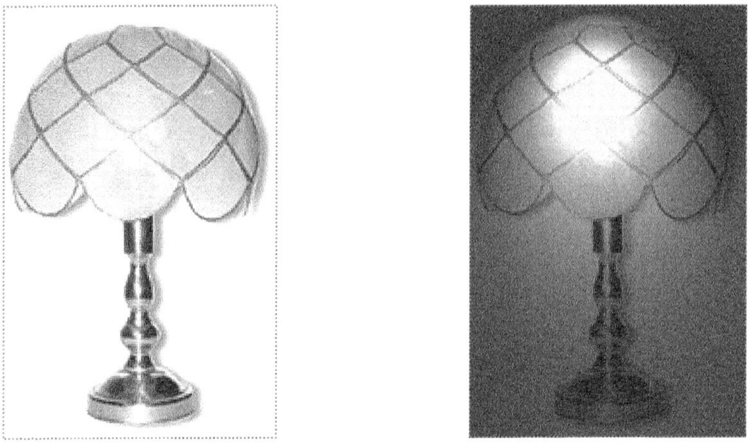

(a) 原图像　　　　(b) 光照效果

图 7－43　光照效果滤镜的应用

“光照效果”滤镜对话框设置比较复杂，如图 7－44 所示。对话框的右侧是灯光参数设置区域，在“样式”下拉列表框中共有 17 种灯光样式供选择，每一种样式将产生不同的灯光效果；“光照类型”下拉列表框中提供了 3 种灯光类型，分别是平行光、全光源、点光；“强度”参数用于调整灯光的强度；“聚焦”参数用于调整光线覆盖范围；“属性”参数用于控制光线照射在物体上产生的效果；“纹理通道”用来在图像中加入纹理，产生一种浮雕效果；“高度”用来调整纹理的高度。

在对话框的左侧是“光照效果”预览区域，可以用鼠标在预览区域拖动聚光灯的焦点以改变光源位置，或者拖动聚焦点四周的四个控点改变灯光照射的射程和范围，还可以将预览区底部的“灯泡”图标拖到预览区中以增加光源，也可以将预览区的光源拖动到下方的“垃圾桶”做删除操作。

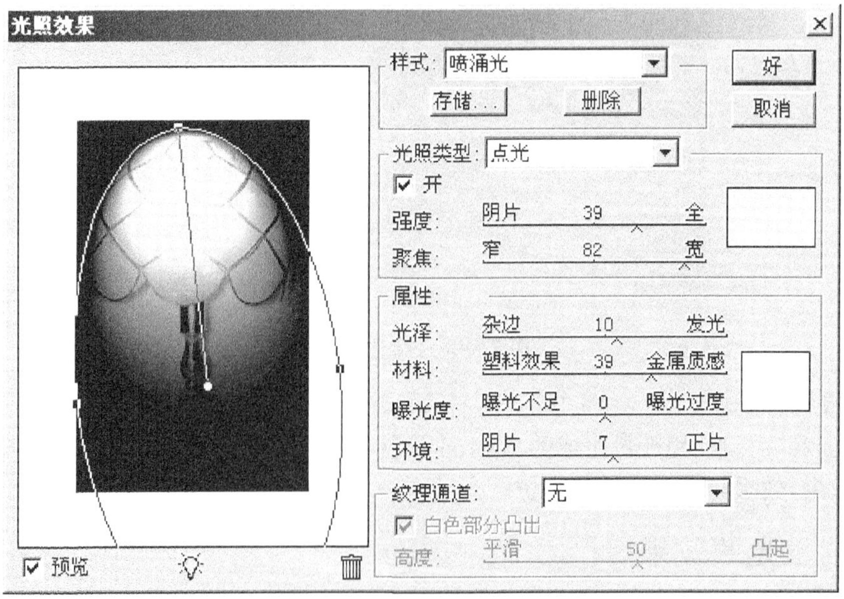

图 7－44　“光照效果”对话框

7.7.3 纤维

“纤维”滤镜能用当前的前景色和背景色在图像中随机地生成纤维的效果，如图 7－45 所示。

“纤维”对话框中的“差异”参数用于控制颜色的变换方式；“强度”参数控制纤维的外观；单击“随机化”按钮可更改图案的外观。

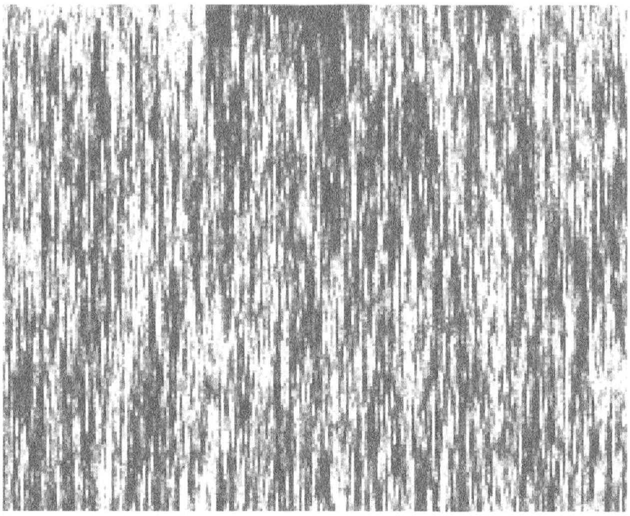

图 7－45 “纤维”效果

7.7.4 镜头光晕

“镜头光晕”滤镜能在图像中产生摄像机镜头的炫光效果，如图 7－46 所示。

“镜头光晕”对话框中有 4 种镜头类型供选择，并可调节“亮度”的值，值越高反射光越强；还可以用鼠标在预览区域中拖动光晕中心，调整其位置。

(a) 原图像

(b) “镜头光晕”效果

图 7－46 镜头光晕滤镜的应用

7.8 画笔描边滤镜

“画笔描边”滤镜通过为图像增加色斑、颗粒、杂色、边缘细节或纹理等，使图像产生各种绘画效果。单击窗口菜单【滤镜】/【画笔描边】命令，在弹出的“画笔描边”子菜单中包含了8种不同效果的滤镜，如图7－47所示。

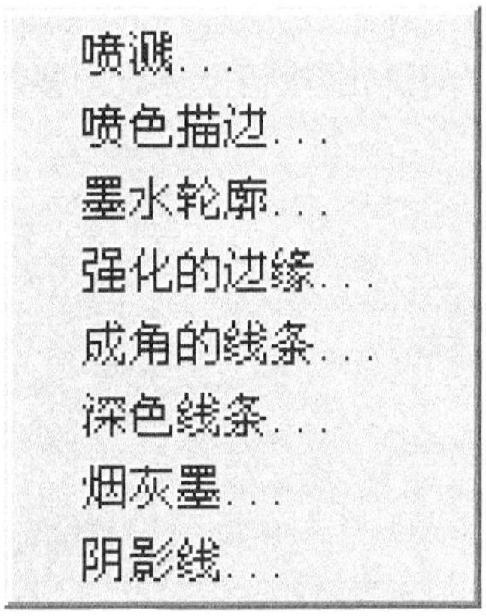

图7－47　画笔描边子菜单

7.8.1　喷溅

“喷溅”滤镜用类似于喷枪的方式处理图像，使图像中产生抖动的纹理效果，如图7－48所示。

“喷溅”对话框中的“喷色半径”参数用于设置喷枪的大小，值越大喷枪效果越明显；“平滑度”参数用于控制图像的连续平滑程度。

(a)　原图像　　　　(b)　“喷溅”效果

图7－48　喷溅滤镜的应用

7.8.2　喷色描边

“喷色描边”滤镜能在图像上产生按一定角度喷射出线条的效果，如图7－49所示。

(a)　原图像　　　　(b)　“喷色描边”效果

图7－49　喷色描边滤镜的应用

"喷色描边"对话框中的"线条长度"参数用于设置喷射线条的长度，值越大线条越长；"喷色半径"参数用于控制喷射范围；"描边方向"参数用于控制喷射线条的方向。

7.8.3 墨水轮廓

"墨水轮廓"滤镜能使图像产生用钢笔勾画图像轮廓的效果，如图 7－50 所示。

"墨水轮廓"对话框中的"描边长度"参数用于设置线条的长度，值越大线条就越长；"深色强度"参数用于控制暗调区域的强度，值越大暗调区域的线条就越明显；"光照强度"参数用于控制高亮区域的强度。

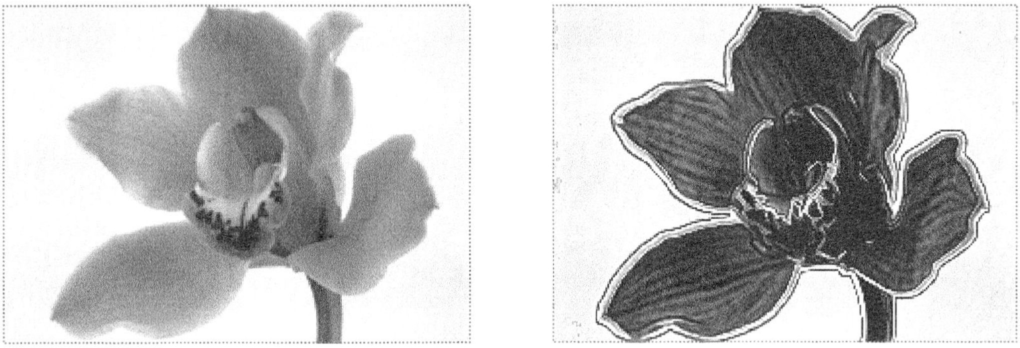

(a) 原图像　　(b) "墨水轮廓"效果

图 7－50　墨水轮廓滤镜的应用

7.8.4 强化的边缘

"强化的边缘"滤镜能减少图像中的细节，强化图像中色彩的边缘，如图 7－51 所示。

"强化的边缘"对话框中的"边缘宽度"参数用于控制边缘的宽度；"边缘亮度"参数用于控制边缘的亮度，当值较大时图像边缘具有与粉笔画类似的效果，值较小时具有与油墨画类似的效果；"平滑度"参数用于控制边缘的平滑程度。

(a) 原图像　　(b) "强化的边缘"效果

图 7－51　强化的边缘滤镜的应用

7.8.5 成角的线条

“成角的线条”滤镜能在图像中产生由一对方向相反的对角线描绘的效果，使处理后的图像看起来有一种油画的感觉，如图 7-52 所示。

“成角的线条”对话框中的“方向平衡”参数用于控制两个方向的线条比例，当取值为 50% 时表示两个方向上产生的线条数量相等；“线条长度”参数用于设置线条的长度，值越大产生的线条就越长；“锐化程度”参数用于控制线条的清晰程度。

(a) 原图像

(b) “成角的线条”效果

图 7-52 成角的线条滤镜的应用

7.8.6 深色线条

“深色线条”滤镜能用短而黑的线条绘制图像中的深色区域，用白色长线条绘制图像中的浅色区域，如图 7-53 所示。

“深色线条”对话框中的“平衡”参数用于控制笔触的方向；“黑色强度”参数用于控制图像中黑色线条的显示强度；“白色强度”参数用于控制图像中白色线条的显示强度。

(a) 原图像

(b) “深色线条”效果

图 7-53 深色线条滤镜的应用

7.8.7 烟灰墨

“烟灰墨”滤镜能使图像产生用饱含黑色墨水的画笔在宣纸上绘制的效果，如图 7-54 所示。

“烟灰墨”对话框中的“描边宽度”参数用于控制线条的宽度；“描边压力”参数用于控制绘

制图像时的笔触压力;“对比度”参数用于控制图像的对比度。

(a) 原图像　　(b) “烟灰墨”效果

图 7-54　烟灰墨滤镜的应用

7.8.8　阴影线

“阴影线”滤镜能在保持图像细节的前提下,对图像颜色的边缘进行强化或纹理化,并且模拟出铅笔绘制交叉线的效果,如图 7-55 所示。

(a) 原图像　　(b) “阴影线”效果

图 7-55　阴影线滤镜的应用

“阴影线”对话框中的“线条长度”参数用于设置图像交叉线的长度,值越大线条就越长;“锐化程度”参数用于控制交叉线的清晰程度;“强度”参数用于控制交叉线条的显示强度。

7.9　素描滤镜

“素描”滤镜能够利用当前的前景色和背景色模拟素描的手法来重绘图像,使图像产生徒手速写的效果。单击窗口菜单【滤镜】/【素描】命令,在弹出的“素描”子菜单中包含了 14 种不同效果的滤镜,如图 7-56 所示。

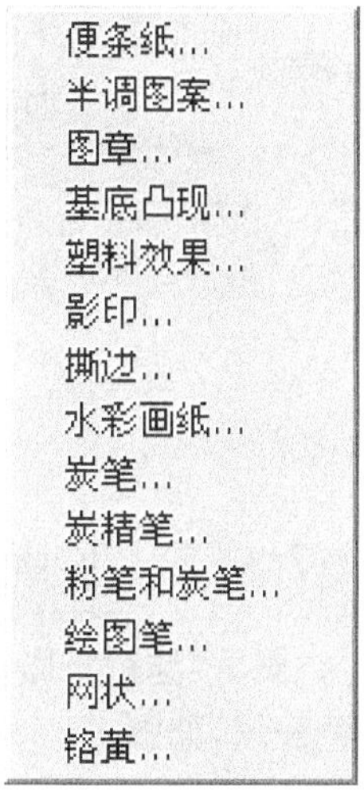

图 7-56　素描子菜单

7.9.1　便条纸

“便条纸”滤镜能使图像具有手工纸制作的粘贴画效果,或类似于浮雕的效果，如图 7－57 所示。

“便条纸”对话框中的“图像平衡”参数用于调整前景色和背景色的色彩平衡效果，当值大于 25％时前景色显示突出，当值小于 25％时背景色显示突出；“粒度”参数用于设置图像中颗粒的大小；“凸现”参数用于设置浮雕凸现的程度。

(a) 原图像

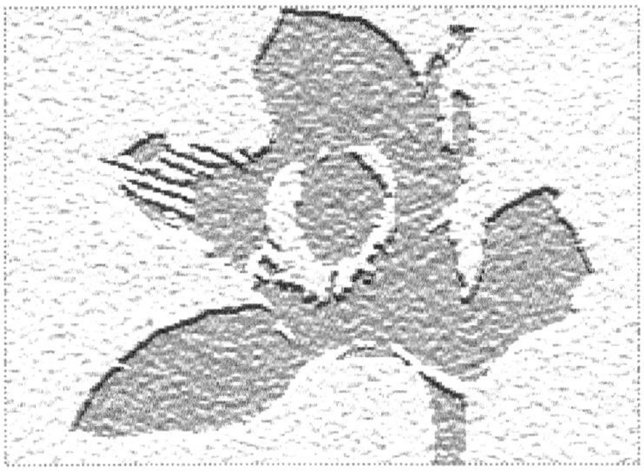

(b) “便条纸”效果

图 7－57 便条纸滤镜的应用

7.9.2 半调图案

“半调图案”滤镜能在图像中模拟半调网的效果，并将图像转换为由前景色和背景色两种颜色织成的图案，如图 7－58 所示。

“半调图案”对话框中的“大小”参数用于控制网纹的大小，值越大网纹越大，图像越模糊；“对比度”参数用于设置图像中前景色和背景色的明暗程度；“图案类型”提供了 3 种网纹类型，分别是圆圈、网点、直线。

(a) 原图像

(b) “半调图案”效果

图 7－58 半调图案滤镜的应用

7.9.3 图章

“图章”滤镜将图像模拟为印章效果，处理过程中，印章部分用前景色代表，其余部分用背景色表示，如图 7－59 所示。

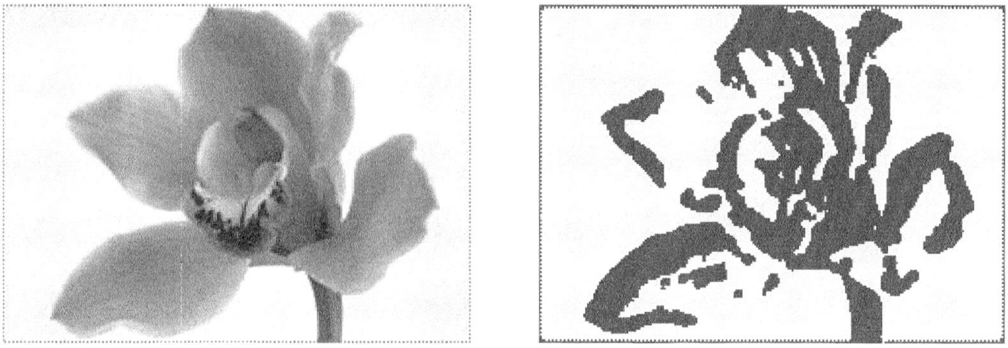

(a) 原图像　　(b) “图章”效果

图 7－59　图章滤镜的应用

7.9.4　基底凸现

“基底凸现”滤镜用前景色填充图像较暗的区域，用背景色填充图像较亮的区域，从而使图像产生具有凹凸感的浮雕效果，如图 7－60 所示。

“基底凸现”对话框中的“细节”参数用于设置图像的粗糙程度；“平滑度”参数用于设置图像边界的平滑程度；“光照方向”下拉列表框中提供了 8 种光照方向，选择不同的光照方向在图像中产生的效果也不一样。

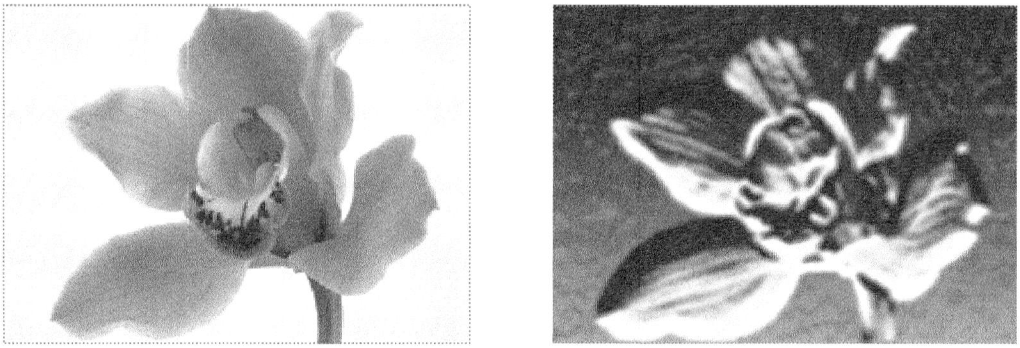

(a) 原图像　　(b) “基底凸现”效果

图 7－60　基底凸现滤镜的应用

7.9.5　塑料效果

“塑料效果”滤镜能使图像的暗调区域凸起，高亮区域平滑，产生一种在塑料材质上压模成型后的效果，如图 7－61 所示。

“塑料效果”对话框中的“图像平衡”参数用于设置图像中前景色与背景色的平衡度；“平滑度”参数用于控制画面效果的平滑度；“光照方向”参数用于设置光照方向。

(a) 原图像

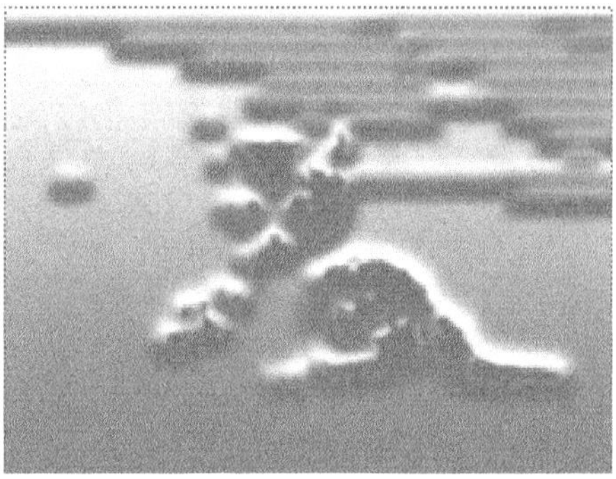

(b) 塑料效果

图 7-61 塑料效果滤镜的应用

7.9.6 影印

“影印”滤镜能够利用前景色和背景色来模拟影印图像时的效果，如图 7-62 所示。

“影印”对话框中的“细节”参数用于调整图像的细节程度；“暗度”参数用于调整图像的明暗程度。

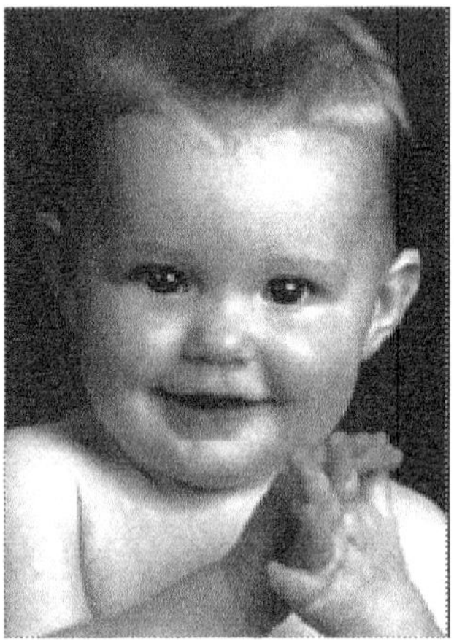

(a) 原图像

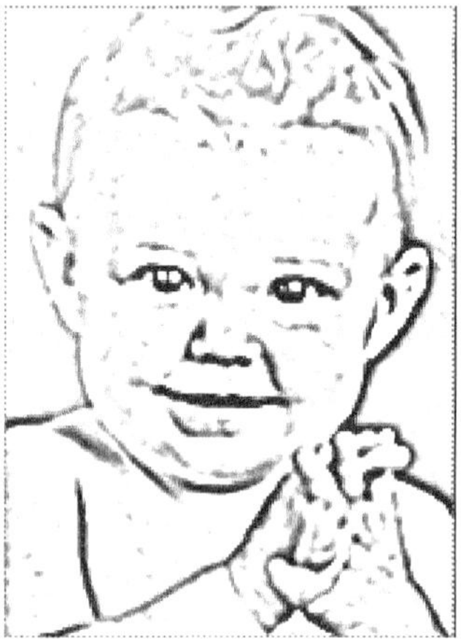

(b) “影印”效果

图 7-62 影印滤镜的应用

7.9.7 撕边、水彩画纸

1）撕边

“撕边”滤镜能在图像的前景色与背景色交界处采用粗糙的颜色边缘来模拟碎纸片似的图像效果。

2）水彩画纸

“水彩画纸”滤镜能使图像看起来具有在潮湿的纸张上绘画时所产生的图像效果。

7.9.8 炭笔、炭精笔、粉笔和炭笔、绘图笔

1）炭笔

“炭笔”滤镜使用前景色作为炭笔在画布上重绘图像，使图像产生炭素画的效果，如图7－63所示。

“炭笔”对话框中的“炭笔粗细”参数用于设置炭笔的大小；“细节”参数用于控制炭笔的细腻程度；“明/暗平衡”参数用于控制图像的明暗对比度。

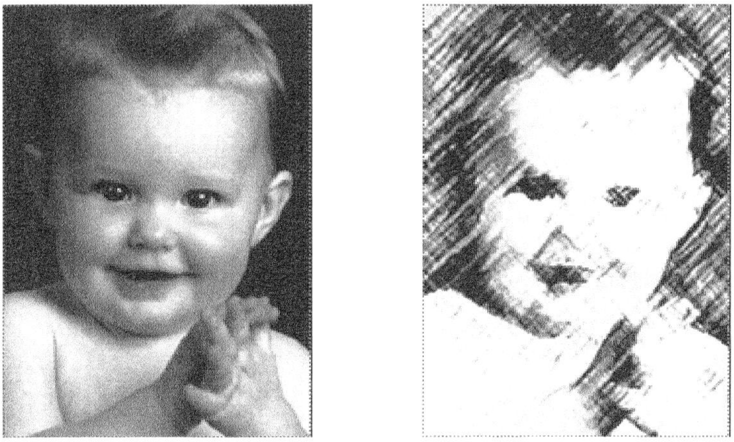

(a) 原图像　　(b) “炭笔”效果

图7－63 炭笔滤镜的应用

2）炭精笔

“炭精笔”滤镜用来模仿蜡笔涂抹的效果，适合用来处理灰阶图像，若是应用在彩色图像上，图像中的色彩将全部变为中调的灰色。

3）粉笔和炭笔

“粉笔和炭笔”滤镜将使用前景色作为粗糙的炭笔，用背景色作为粉笔，来重新绘制图像中的中间色调和高亮区域。

4）绘图笔

“绘图笔”滤镜将使用前景色作为油墨色彩，用对角方向的精细线条重新绘制图像，从而使图像产生一种素描的效果。

7.9.9 网状、铬黄

1）网状

“网状”滤镜将使用前景色作为颜料，用背景色作为画布，通过网格向画布上散播半固体颗粒的颜料，使图像表面产生网纹效果。

2）铬黄

“铬黄”滤镜能使图像产生一种金属磨光的效果，其金属的明暗情况基本上与原图像的明暗分布状态相对应。

7.10　纹理滤镜

应用“纹理”滤镜能够为图像添加各种特殊的纹理效果和图案。单击窗口菜单【滤镜】/【纹理】命令，在弹出的“纹理”子菜单中包含了 6 种不同效果的滤镜，如图 7－64 所示。

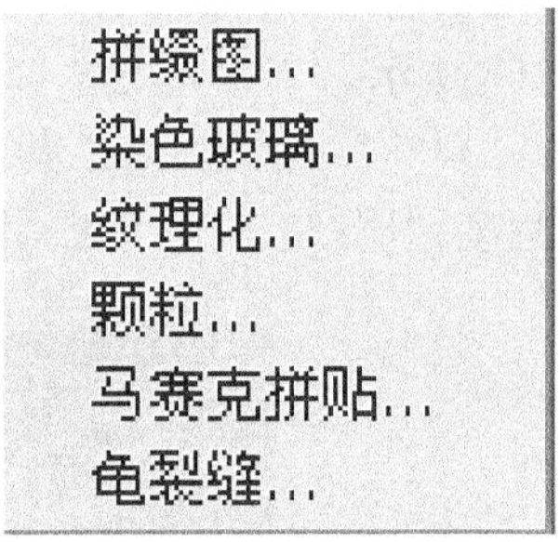

图 7－64　纹理子菜单

7.10.1　拼缀图

“拼缀图”滤镜能将图像分割为若干小方块，每个方块用该区域最亮的颜色进行填充，并在方块之间添加深色的缝隙，模拟瓷砖拼贴图案的效果，如图 7－65 所示。

“拼缀图”对话框中的“方形大小”参数用于设置瓷砖方块的大小；“凸现”参数用于设置方块凸出的程度。

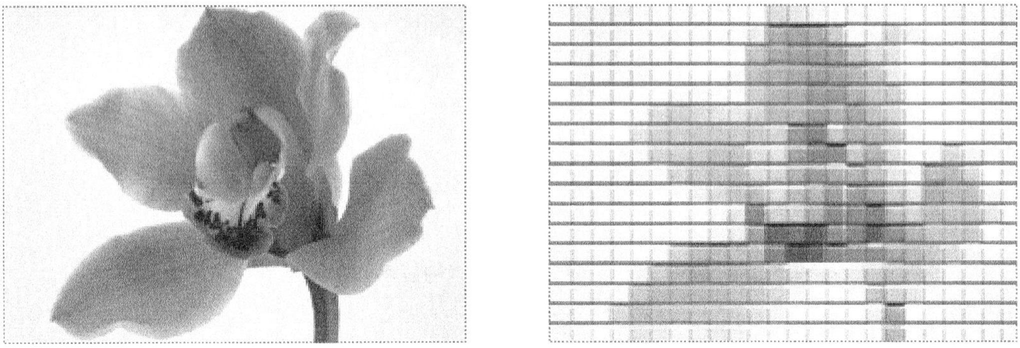

(a)　原图像　　(b)　“拼缀图”效果

图 7－65　拼缀图滤镜的应用

7.10.2　染色玻璃

“染色玻璃”滤镜能够在图像中产生许多不规则形状的多边形，并以前景色填充多边形之间的缝隙，模拟彩色玻璃的效果，如图 7－66 所示。

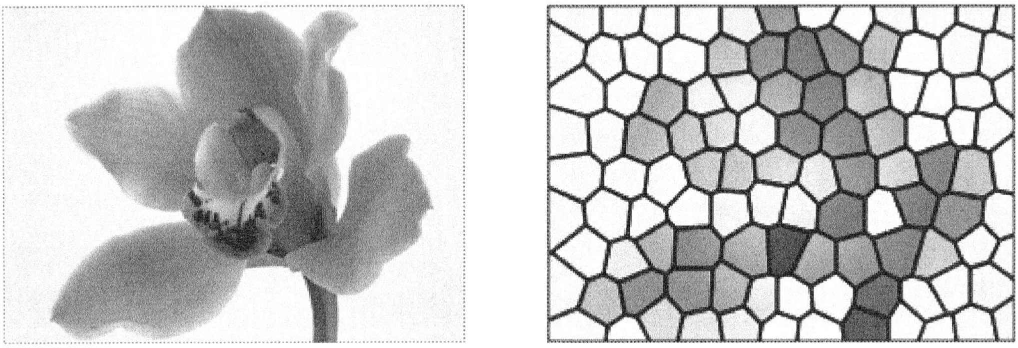

(a)　原图像　　(b)　“染色玻璃”效果

图 7－66　染色玻璃滤镜的应用

“染色玻璃”对话框中的“单元格大小”参数用于设置多边形的大小；“边框粗细”参数用于设置多边形之间的缝隙大小；“光照强度”参数用于设置光照强度。

7.10.3 纹理化

“纹理化”滤镜能够为图像添加纹理效果，如图 7-67 所示。

“纹理化”对话框中的“缩放”参数用于设置纹理的缩放比例；“凸现”参数用于设置纹理的凸凹程度；“光照方向”参数用于设置灯光照射纹理的方向。在“纹理”下拉列表框中有砖形、粗麻布、画布、砂岩等 4 种纹理供选择，还可选择“载入纹理”命令，从“载入纹理”对话框中选择一种自定义的纹理，但作为纹理的图像必须是.PSD 文件。

(a) 原图像

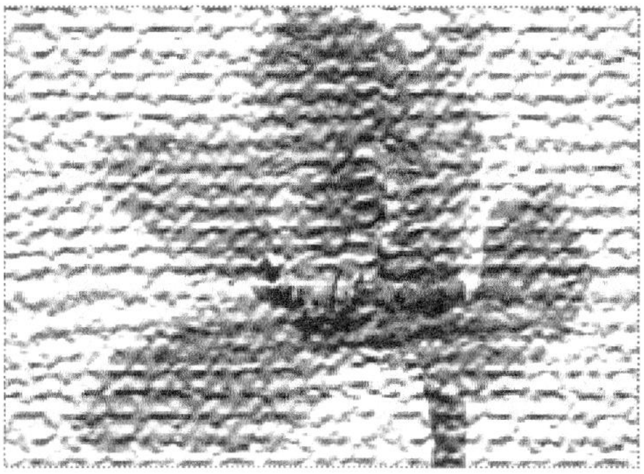

(b) “粗麻布”效果

图 7-67 纹理化滤镜的应用

7.10.4 颗粒

“颗粒”滤镜能在图像中产生各种小颗粒，为图像添加纹理效果。

7.10.5 马赛克拼贴

“马赛克拼贴”滤镜能够在图像中产生许多不规则形状的小块，模拟马赛克的效果，如图 7-68 所示。

“马赛克拼贴”对话框中的“拼贴大小”参数用于设置马赛克的大小；“缝隙宽度”参数用于

(a) 原图像

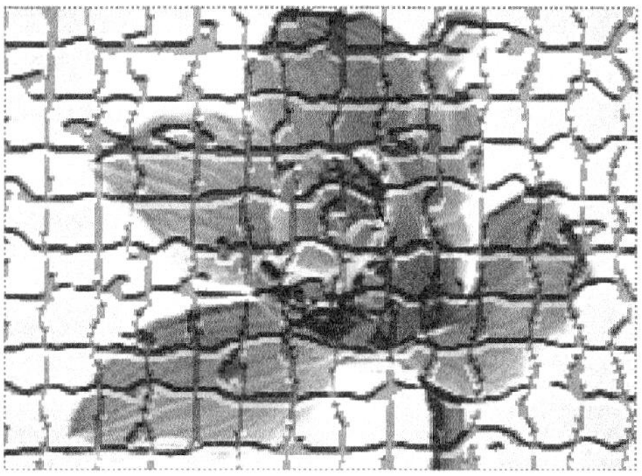

(b) “马赛克”效果

图 7-68 马赛克拼贴滤镜的应用

设置马赛克拼贴图之间的缝隙宽度；“加亮缝隙”参数用于调整马赛克缝隙的亮度。

7.10.6 龟裂缝

“龟裂缝”滤镜能够在图像中产生粗糙不平的裂纹效果，如图 7－69 所示。

“龟裂缝”对话框中的“裂缝间距”参数用于设置裂纹的间距；“裂缝深度”参数用于设置裂纹的深度；“裂缝亮度”参数用于设置裂纹的亮度。

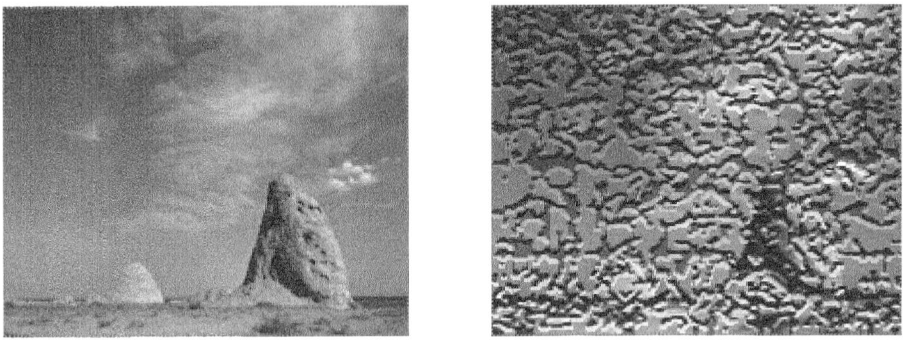

(a) 原图像　　(b) “龟裂缝”效果

图 7－69 龟裂缝滤镜的应用

7.11 艺术效果滤镜

“艺术效果”滤镜可以使图像产生诸如传统绘画、自然媒体或其他不同风格的艺术绘画效果。单击窗口菜单【滤镜】/【艺术效果】命令，在弹出的“艺术效果”子菜单中包含了 15 种不同效果的滤镜，如图 7－70 所示。

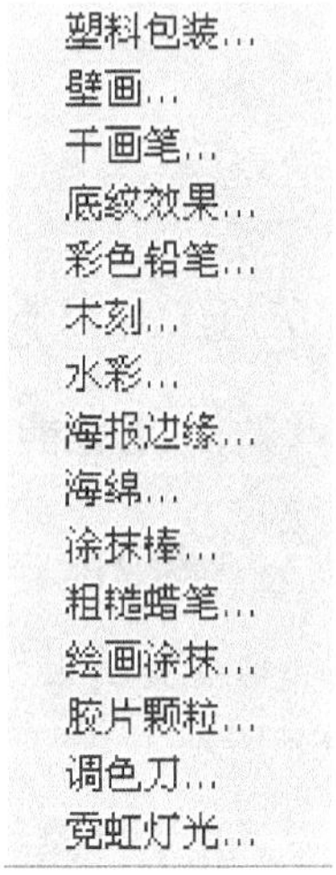

图 7－70 艺术效果子菜单

7.11.1 塑料包装

“塑料包装”滤镜能在图像表面产生一些不规则的塑料反光区，使图像具有塑料包装的效果，如图 7－71 所示。

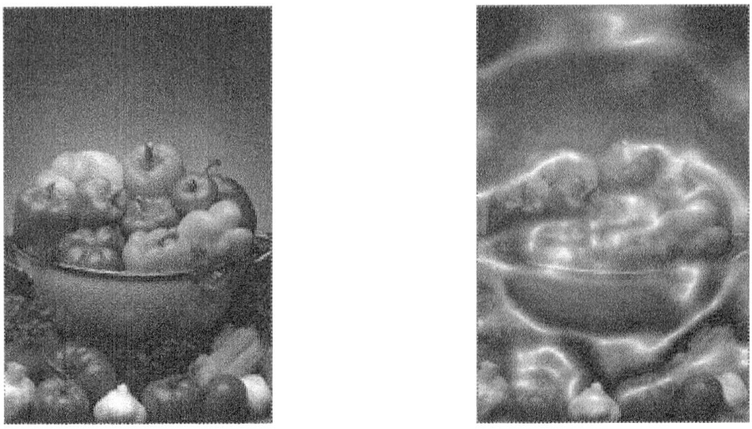

(a) 原图像　　(b) “塑料包装”效果

图 7－71 塑料包装滤镜的应用

“塑料包装”对话框中的“高亮强度”参数用于设置塑料反光区域的亮度；“细节”参数用于控制塑料包装边缘的细节，值越大细节越清晰；“平滑度”参数用于控制塑料包装边缘的平滑程度。

7.11.2 壁画、干画笔、底纹效果

1）壁画

“壁画”滤镜能将图像中相近的颜色用单一的颜色来代替，并加上粗糙的边缘，使图像看起来具有早期壁画一样的效果。

2）干画笔

“干画笔”滤镜通过减少图像的颜色来简化图像的细节，使图像具有介于油画和水彩画之间的效果。

3）底纹效果

“底纹效果”滤镜能为图像添加一种纹理，并在此基础上重绘图像，从而使图像产生了纹理的效果。

7.11.3 彩色铅笔、木刻、水彩

1）彩色铅笔

“彩色铅笔”滤镜能使图像产生用彩色铅笔勾画出线条纹理的效果，如图 7－72 所示。

“彩色铅笔”对话框中的“铅笔宽度”参数用于设置笔画的宽度；“描边压力”参数用于设置画笔的压力；“纸张亮度”参数用于设置画纸的亮度，值越大，画纸的颜色就越接近图像的背景色。

(a) 原图像

(b) “彩色铅笔”效果

图 7－72 彩色铅笔滤镜的应用

2）木刻

“木刻”滤镜能使图像产生木刻画的效果，如图 7－73 所示。

“木刻”对话框中的“色阶数”参数用于控制颜色的层次，值越大颜色层次越丰富；“边简化度”参数用于控制各种颜色边缘的简化程度，值越小越接近原图像效果；“边逼真度”参数用于控制图像轮廓的逼真程度，值越大越接近于原图像效果。

3）水彩

“水彩”滤镜能简化图像中的细节，改变图像边界的色调，并饱和图像的颜色，使图像产生水彩画效果。

(a) 原图像

(b) “木刻”效果

图 7－73　木刻滤镜的应用

7.11.4　海报边缘、海绵、涂抹棒

1）海报边缘

“海报边缘”滤镜能减少图像中的颜色，查找图像的边缘并在边缘处添加黑色轮廓，使图像具有海报招贴画的效果。

2）海绵

“海绵”滤镜能在图像中产生一些大块的斑点，从而模拟出用海绵绘画时的效果。

3）涂抹棒

“涂抹棒”滤镜能用短而黑的线条在图像中较暗的区域进行涂抹，从而使处理后的图像具有用炭笔进行素描的效果。

7.11.5　粗糙蜡笔、绘画涂抹、胶片颗粒

1）粗糙蜡笔

“粗糙蜡笔”滤镜能使用图像产生用彩色蜡笔在布满纹理的背景上描绘的效果。

2）绘画涂抹

“绘画涂抹”滤镜能模拟在图像中进行涂抹的动作，使图像产生模糊的效果。

3）胶片颗粒

“胶片颗粒”滤镜能在图像的暗调和中间色调区域添加一些颗粒纹理，使图像中的颜色过渡更平滑、更逼真。

7.11.6　调色刀、霓虹灯光

1）调色刀

“调色刀”滤镜能够在图像中产生用刀刮去了颜色边缘细节的效果，从而使图像具有画布的感觉，如图 7－74 所示。

“调色刀”对话框中的“描边大小”参数用于控制图像中色彩混合的程度，值越大图像越模糊；“线条细节”参数用于控制混合颜色的近似程度；“软化度”参数用于设置不同颜色边缘的柔和程度。

(a) 原图像　　　　(b) “调色刀”效果

图 7-74　调色刀滤镜的应用

2）霓虹灯光

“霓虹灯光”滤镜能为图像添加类似霓虹灯一样的发光效果，如图 7-75 所示。

“霓虹灯光”对话框中的“发光大小”参数用于设置发光的范围；“发光亮度”参数用于控制发光的亮度；“发光颜色”用于设置图像的发光颜色。

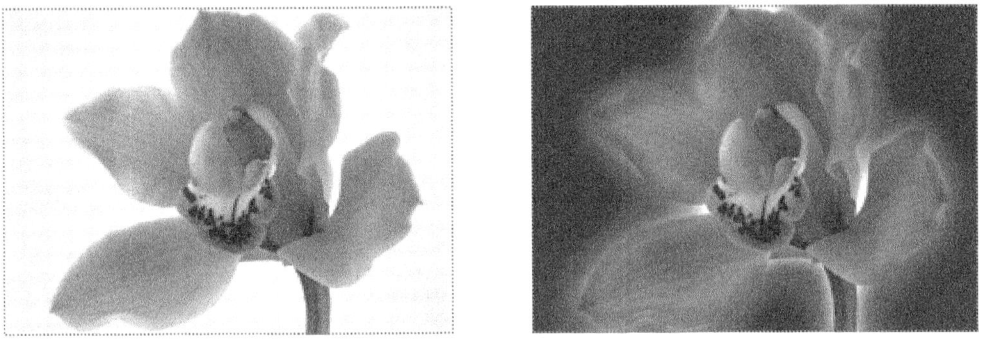

(a) 原图像　　　　(b) “霓虹灯光”效果

图 7-75　霓虹灯光滤镜的应用

7.12　风格化滤镜

“风格化”滤镜可以使图像产生印象派作品的艺术效果。单击窗口菜单【滤镜】/【风格化】命令，在弹出的“风格化”子菜单中包含了 9 种不同效果的滤镜，如图 7-76 所示。

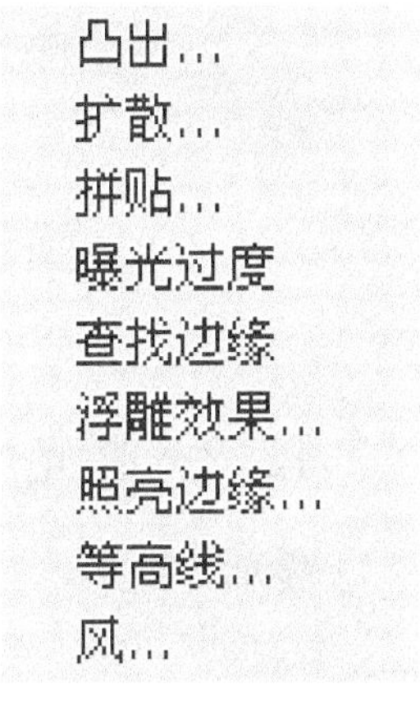

图 7-76　风格化子菜单

7.12.1　凸出、扩散、拼贴

1）凸出

“凸出”滤镜能够将图像转变为一系列突出的正方体或锥体，使图像产生立体背景的效果，如图 7-77 所示。

“凸出”对话框中的“类型”参数提供了两种凸出类型，分别是“块”与“金字塔”；“大小”参数用于设置块或金字塔底边的大小；

“深度”参数用于设置凸起的高度，并有两个选项，选择“随机”表示由系统随机生成凸出高度，选择“基于色阶”表示根据色阶来确定凸出的高度。

(a) 原图像

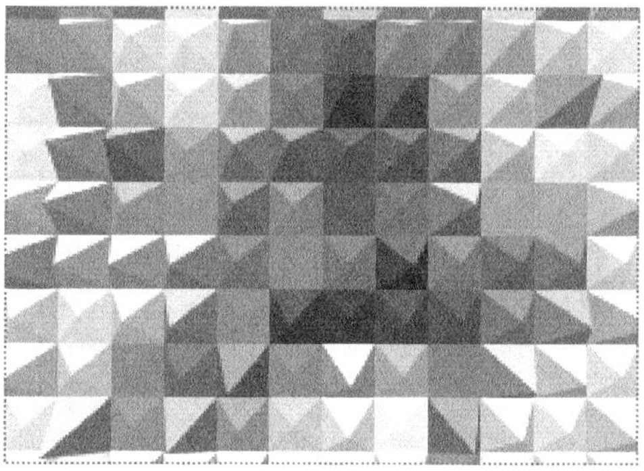
(b) “金字塔” 凸出效果

图 7－77 凸出滤镜的应用

2）扩散

“扩散”滤镜能够搅乱并扩散图像中的颜色，使图像看起来具有透过磨砂玻璃观察图像的效果。

3）拼贴

“拼贴”滤镜能使用图像产生被许多小方块分割的效果，如图 7－78 所示。

“拼贴”对话框中的“拼贴数”参数用于设置小方块的数量；“最大位移”参数用于设置小方块之间的位移距离；“填充空白区域用”参数用于设置填充空白区域的颜色，有 4 个选项供选择，分别是背景色、前景颜色、反选图像和未改变的图像。

(a) 原图像

(b) 用“前景色”拼贴的效果

图 7－78 拼贴滤镜的应用

7.12.2 曝光过度、查找边缘、浮雕效果

1）曝光过度

“曝光过度”滤镜能使图像产生正片和负片颜色相互混合的效果，使其看起来具有底片在冲洗过程中曝光过度的感觉。

2）查找边缘

“查找边缘”滤镜能在图像中查找颜色过渡明显的区域，然后以突出的颜色勾勒图像边缘。该滤镜没有对话框，添加滤镜后图像直接转换，效果如图 7－79 所示。

(a) 原图像

(b) “查找边缘” 效果

图 7－79 查找边缘滤镜的应用

3）浮雕效果

“浮雕效果”滤镜能将图像模拟成凹凸不平的浮雕效果，如图 7－80 所示。

“浮雕效果”对话框中的“角度”参数用于控制光线的照射方向，正值表示凸出效果，负值表示凹陷效果；“高度”参数用于设置浮雕凸起的程度，值越大效果越明显；“数量”参数用于设置凸起部分的颜色值，值越大产生的颜色越多。

(a) 原图像

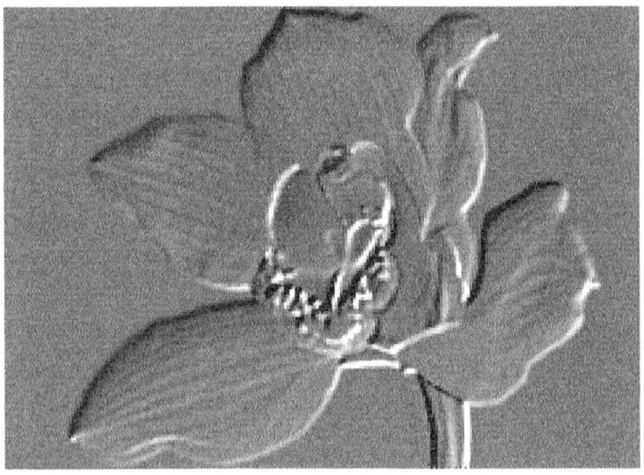

(b) 浮雕效果

图 7－80 浮雕效果滤镜的应用

7.12.3 照亮边缘、等高线、风

1）照亮边缘

“照亮边缘”滤镜也是在图像中查找颜色边缘，并强化这些边缘，使其产生发光的效果，如图 7－81 所示。

“照亮边缘”对话框中的“边缘宽度”参数用于设置边缘轮廓的大小，值越大边缘越宽；“边缘亮度”参数用于设置边缘轮廓的亮度；“平滑度”参数用于设置边缘轮廓的平滑度。

(a) 原图像　　　　(b) “照亮边缘”效果

图 7-81　照亮边缘滤镜的应用

2）等高线

“等高线”滤镜能在图像中查找颜色过渡的边缘，并围绕边缘勾勒出细浅的线条，如图 7-82 所示。

“等高线”对话框中的“色阶”参数用于设置寻找边缘的色阶值；“边缘”参数包括两个选项，如选择“较低”，表示查找小于指定色阶值的颜色，如选择“较高”，表示查找大于指定色阶值的颜色。

(a) 原图像　　　　(b) “等高线”效果

图 7-82　等高线滤镜的应用

3）风

“风”滤镜能在图像中增加一些水平的细线来模拟风吹的效果，使图像具有运动的感觉，如图 7-83 所示。“风”对话框中的参数主要用于设置风的方向和大小。

(a) 原图像

(b) “风”效果

图 7-83 风滤镜的应用

7.13 视频、锐化、其他、数字水印滤镜与外挂滤镜

7.13.1 视频、锐化、其他、数字水印滤镜

1）视频滤镜

“视频滤镜”滤镜组主要用于从摄像机输入图像或将图像输出到录像带上，以解决与视频图像交换时系统差异的问题，属于外部接口程序。

2）锐化滤镜

“锐化”滤镜组中包括 4 种锐化滤镜，主要通过增加相邻像素间的对比度，以使原来比较模糊的图像显得较为清晰。

3）其他滤镜

“其他”滤镜组中包括 5 个滤镜，主要用于让用户自己创建滤镜、使用滤镜修改蒙版、在图像内移位选区、进行快速色彩调整等。其中“自定”滤镜所包含的功能最多，利用它可以自定义浮雕、模糊、锐化等效果。“最大化”和“最小化”滤镜在图像处理中也十分有用，特别是在修改蒙版时，“最小值”滤镜具有扩展的效果，即向外扩展黑色区域并收缩白色区域，而“最大值”滤镜效果正好相反。

4）数字水印（Digimarc）滤镜

“Digimarc”滤镜组中包括两种滤镜，其中“嵌入水印”滤镜可以给 Photoshop 图像加入版权信息，当其他用户使用该图像的时候，会提醒用户该图像已经使用 Digimarc Picture Marc 技术在图像中嵌入了数码水印，即版权受到保护。这种水印效果以杂纹形式加入，肉眼不易察觉，可以在计算机中或印刷品上永久保存。“读取水印”用来阅读图像中的数字水印内容，当一个图像中含有数字水印效果时，在图像窗口和标题栏会显示出一个 C 字标志，并且 Photoshop 会对图像进行分析，找出内含的水印数据。

7.13.2 Photoshop 的外挂滤镜

虽然 Photoshop 所提供的内置滤镜的功能已经十分强大，但对于有更高要求的专业用户来说仍然是不够的，因此便出现了许多由第三方厂商开发的外挂滤镜，这些滤镜的功能更强、种类更多、效果更神奇，其中较著名的有 KPT、EyeCandy 等。

外挂滤镜的使用方法和内置滤镜完全相同，但是外挂滤镜必须由用户自己进行安装。Photoshop 默认的存放滤镜的位置为安装目录下的 Plug-Ins 文件夹，因此外挂滤镜最好也安装到这个文件夹下。如外挂滤镜本身带有安装程序，只需运行安装程序，然后按照提示一步一步操作，在选择安装路径时选择 Photoshop 安装目录下的 Plug-Ins 文件夹就可以了。安装完成后应重启 Photoshop，安装好的滤镜就会出现在【滤镜】菜单下，如图 7－84 所示。

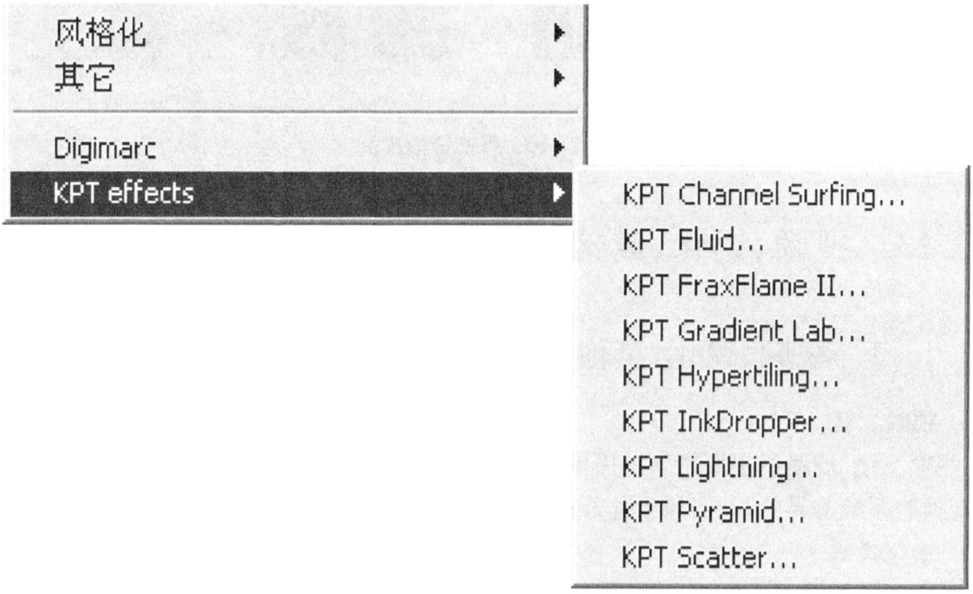

图 7－84　KPT 外挂滤镜菜单

如所选用的外挂滤镜只是一些滤镜文件，没有安装程序，此时只要将这些文件直接拷贝到上述的 Photoshop 安装目录下的 Plug-Ins 文件夹中，重新启动 Photoshop 就行了。

7.14　综合训练

7.14.1　综合训练一

利用滤镜技术制作“木纹板”图像，效果如图 7－87 所示。

（1）单击窗口菜单【文件】/【新建】命令，建立一个分辨率为 72 像素/英寸、白色背景、RGB 模式的新文件。

（2）单击窗口菜单【滤镜】/【杂色】/【添加杂色】命令，在对话框中设置参数：数量 400，高斯分布，单色，结果如图 7－85 所示。

（3）单击窗口菜单【滤镜】/【模糊】/【动感模糊】命令，在对话框中设置参数：角度为 0 度，距离为 999，结果如图 7－86 所示。

（4）单击窗口菜单【滤镜】/【扭曲】/【旋转扭曲】命令，在对话框中设置角度为 50 度。再次单击窗口菜单【图像】/【调整】/【色相/饱和度】命令，为图像上色，完成后的效果如图 7－87

所示。

图 7-85　添加杂色后的效果

图 7-86　动感模糊后的效果

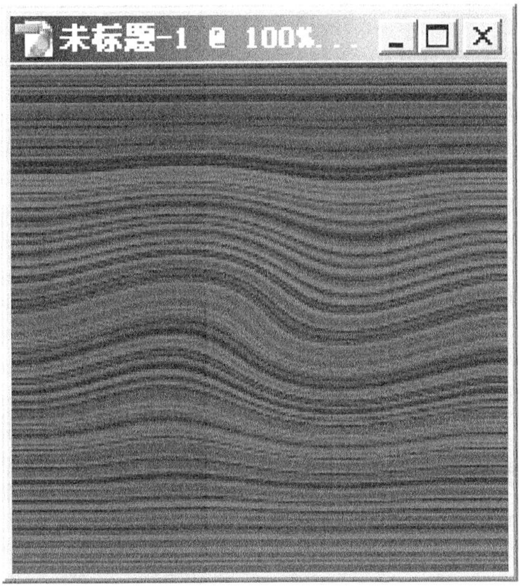

图 7-87　完成后的效果

7.14.2　综合训练二

利用滤镜技术制作"绳子"图像，效果如图 7-94 所示。

(1) 单击窗口菜单【文件】/【新建】命令，建立一个分辨率为 72 像素/英寸、白色背景、RGB 模式的新文件。

(2) 新建一个图层，并填充为白色。

(3) 确认前景色为黑色，背景色为白色，单击窗口菜单【滤镜】/【素描】/【半调图案】命令，在对话框中设置参数：大小为 2，对比度为 5，图案类型为“直线”。单击窗口菜单【编辑】/【自由变换】命令，将图层 1 旋转 45 度，结果如图 7－88 所示。

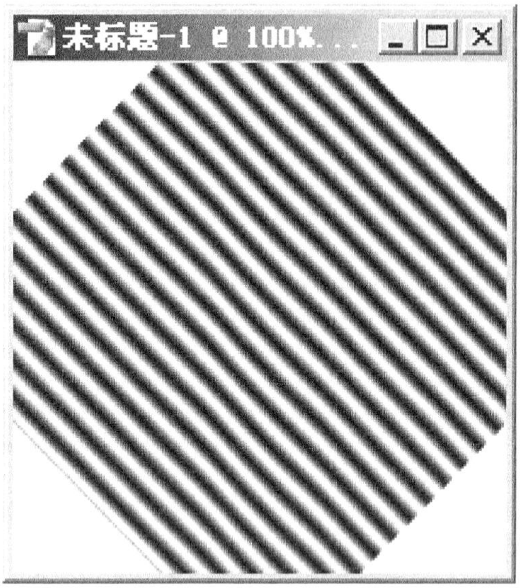

图 7－88　制作一个图案

图 7－89　建立一个狭长的选区

(4) 单击“矩形选框工具”，在图像窗口中建立一个狭长的矩形选区，如图 7－89 所示。

(5) 右击“图层 1”，在快捷菜单中单击【通过拷贝的图层】命令产生“图层 2”，在图像窗口中显示为“绳子”的原型，如图 7－90 所示，所对应的图层控制面板如图 7－91 所示。

图 7－90　绳子原型

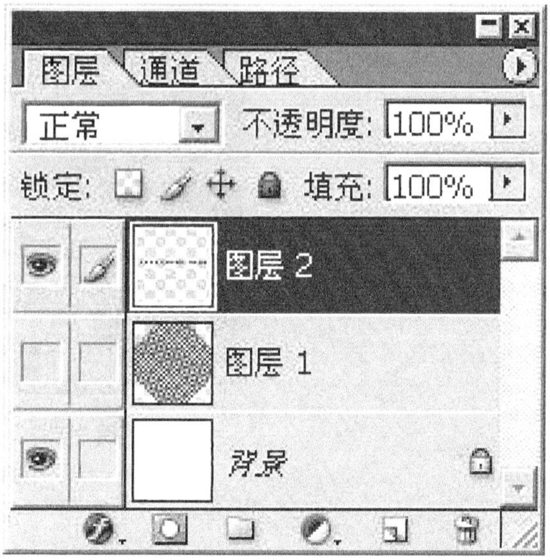

图 7－91　图层控制面板

(6) 调整“图层 2”的图像相对图像窗口处于上下居中位置，单击窗口菜单【滤镜】/【扭曲】/【极坐标】命令，在对话框选中“平面坐标到极坐标”选项，使“绳子”产生扭曲的效果，如图 7－92 所示。

(7) 单击窗口菜单【滤镜】/【杂色】/【添加杂色】命令，为“绳子”添加少量杂色。单击窗口菜单【图像】/【调整】/【色相/饱和度】命令，为“绳子”添加颜色。再将“图层 2”复制多份，并适当调整各个图层的位置，产生一捆绳子的效果，如图 7－93 所示。

图 7－92　扭曲绳子

图 7－93　复制图层形成一捆绳子

(8) 定位于最前面一圈“绳子”所在的图层，单击“橡皮擦工具”将该图层中的“绳子”擦去少许，形成“绳子”断开的效果。单击窗口菜单【滤镜】/【液化】命令，对断开的“绳子”做变形操作。单击窗口菜单【图像】/【调整】命令，为“绳子”着色，完成后的效果如图 7－94 所示。

图 7－94　完成后的效果

7.14.3　综合训练三

利用滤镜技术在图像中添加下雪的效果，如图 7－99 所示(彩色效果图见附录)。

(1) 打开一幅素材图片，如图 7－95 所示。

(2) 新建“图层 1”，设置前景色为深蓝色，背景色为浅蓝色，单击“渐变工具”，并在属性栏上设置为“线性渐变”，自图像的左上角向右下角拖曳鼠标，作渐变填充。

(3) 单击击窗口菜单【滤镜】/【像素化】/【点状化】命令，在对话框中设置单元格大小约为

12,结果如图 7－96 所示。

图 7－95　素材图

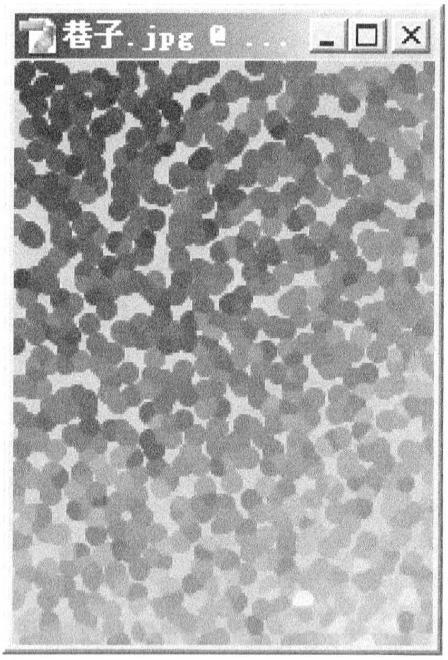

图 7－96　点状化的效果

(4) 单击击窗口菜单【图像】/【调整】/【阈值】命令,在“阈值”对话框中拖动滑块调整图像中黑色与白色的分配状况,图中的白色部分用于形成雪花效果,结果如图 7－97 所示。

(5) 单击窗口菜单【滤镜】/【模糊】/【动感模糊】命令,在对话框中设置参数:角度约为一56 度,距离约为 7 个像素,结果如图 7－98 所示。

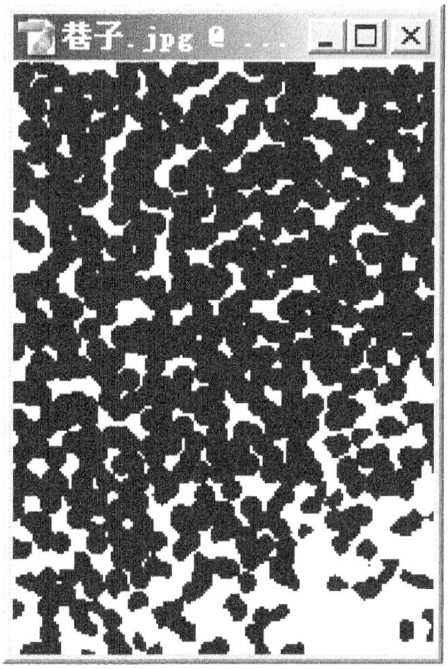

图 7－97　应用阈值后的效果

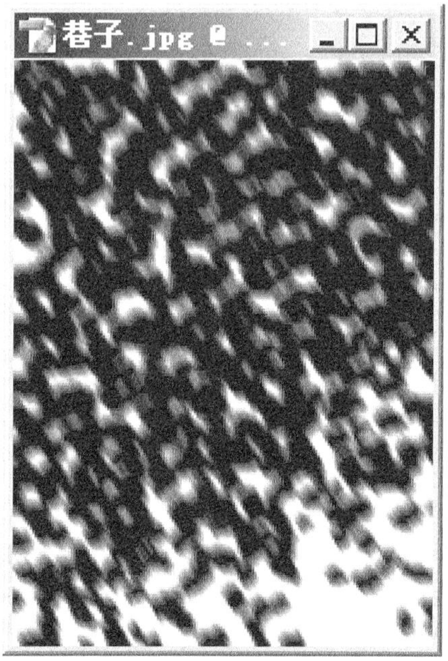

图 7－98　动感模糊后的效果

(6) 在图层控制面板的"图层混合模式"下拉列表框中选择"滤色",将"图层 1"的图层混合模式设置为"滤色"模式,完成后的效果如图 7－99 所示(彩色效果图见附录),所对应的图层控制面板如图 7－100 所示。

图 7－99　完成后的效果图

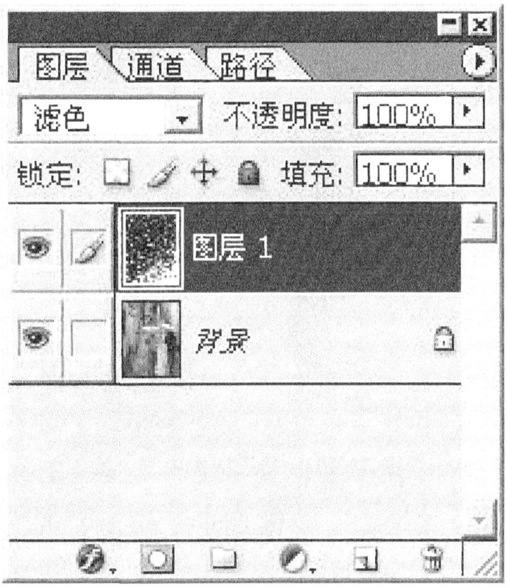

图 7－100　图层控制面板

7.14.4　综合训练四

利用滤镜技术制作"荡秋千"效果图,如图 7－108 所示(彩色效果图见附录)。

(1) 打开一幅素材图片,如图 7－101 所示。

图 7－101　素材图

（2）单击窗口菜单【文件】/【新建】命令，建立一个分辨率为 72 像素/英寸、白色背景、RGB 模式的新文件，将素材图中的人物复制到新建文件中，产生“图层 1”。

（3）单击窗口菜单【编辑】/【自由变换】命令，将“图层 1”中的人物转正，再复制 3 个图层副本，结果如图 7－102 所示，所对应的图层控制面板如图 7－103 所示。

图 7－102　转正图像中的人物

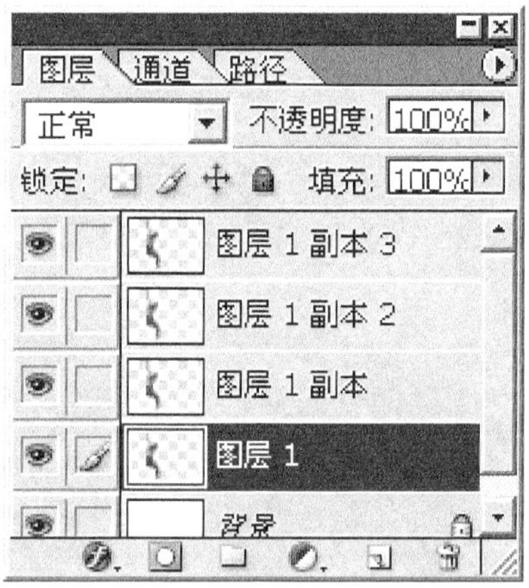

图 7－103　图层控制面板

（4）按住＜Ctrl＞键的同时用鼠标单击“图层 1”，选中“图层 1”中的人物，同时按下＜ Alt＋Del＋→＞键，轻移并复制人物产生影子的效果，轻移的次数取决于人物在“荡秋千”中的位置，位于上方的人物轻移次数应较多，结果如图 7－104 所示。

（5）单击窗口菜单【选择】/【反选】命令，选中影子。单击窗口菜单【滤镜】/【模糊】/【动感模糊】命令，在对话框中设置角度值为 0，使其与影子平行，距离值取决于人物在“荡秋千”中的位置，位于上方的人物值较大，如图 7－105 所示，取消选区。

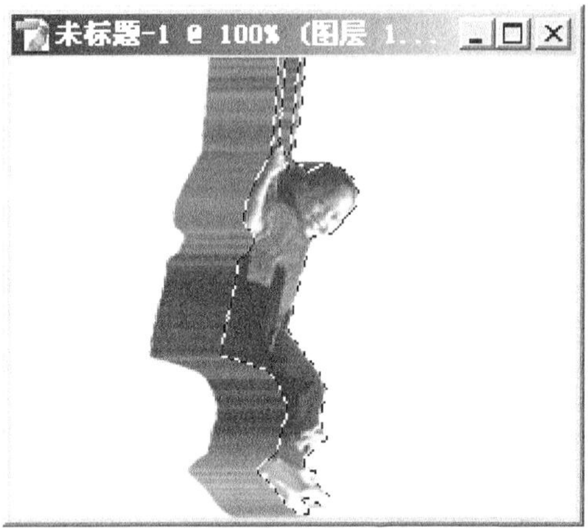

图 7－104　轻移并复制人物产生影子的效果

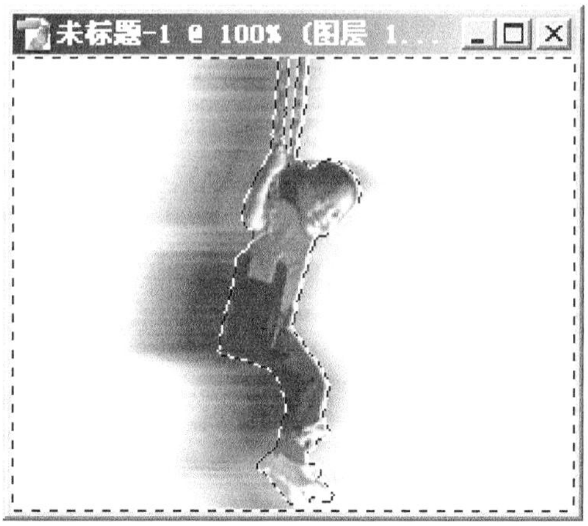

图 7－105　为影子添加动感模糊的效果

（6）单击窗口菜单【滤镜】/【模糊】/【高斯模糊】命令，其参数半径的值同样取决于人物在“荡秋千”中的位置，位于上方的人物值较大，结果如图 7－106 所示。

（7）单击窗口菜单【编辑】/【自由变换】命令，将“图层 1”中的人物旋转并移动到合适的位置，如图 7－107 所示。

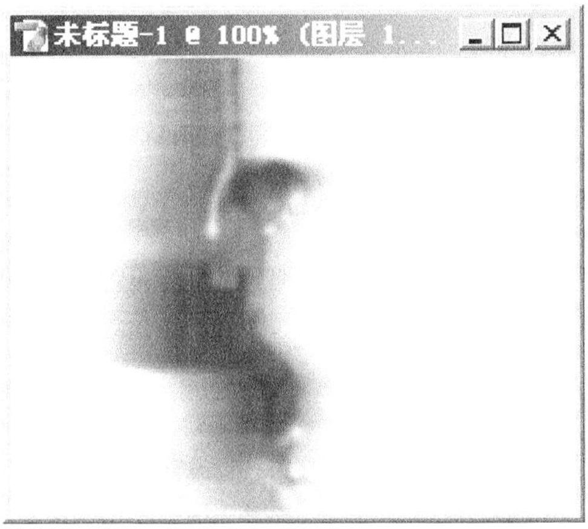

图 7-106　为图像添加高斯模糊的效果

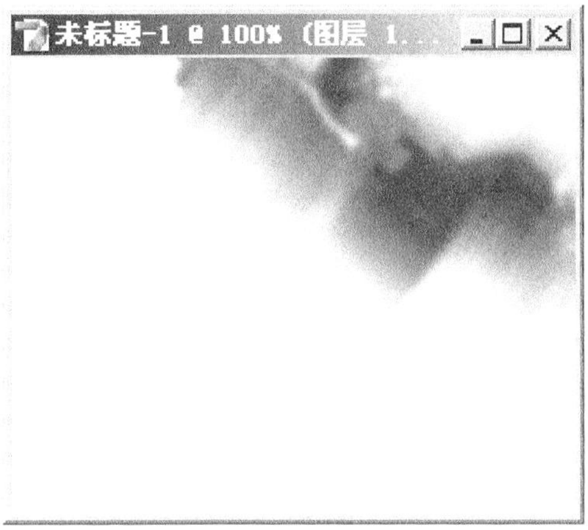

图 7-107　将人物放到合适的位置

(8) 重复步骤(4)至(7),分别对其他几个副本图层做类似的操作,同时要注意应根据人物在“荡秋千”中的位置设置合适的参数,完成后的效果如图 7-108 所示(彩色效果图见附录),所对应的图层控制面板如图 7-109 所示。

图 7-108　完成后的效果图

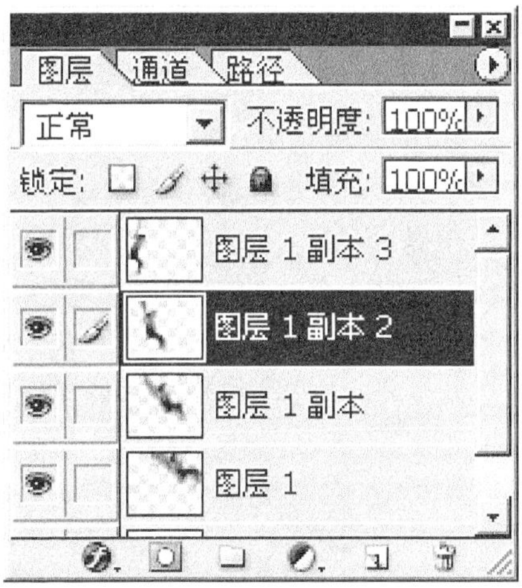

图 7-109　图层控制面板

本章小结

本章主要介绍了 Photoshop 内置滤镜的基本功能和应用效果,同时还对 Photoshop 外挂滤镜作了简单介绍,并通过操作示例详细地讲解了滤镜应用技巧。

由于滤镜的功能十分强大,也十分复杂,常常是细微的参数差别会使图像产生截然不同的效果。因此通过本章的学习,我们首先应该了解各组滤镜的基本特征,以及应用滤镜后图像产生的变化,然后要反复练习,在实践中积累经验,以求逐步掌握滤镜的使用技术。

习　题

1. 应用滤镜技术制作如图 7-110 所示的“条形码”。

操作提示：参照“综合训练一”进行制作。

2. 利用滤镜技术在图像中添加下雨的效果，如图 7－111 所示(彩色效果图见附录)。

ISBN 7-88497-523-8

9 787884 975235 >

图 7－110　条形码

图 7－111　雨景

操作提示：参照综合训练三进行制作，但应根据“下雨”的特征来调整“阈值”对话框中的滑块，并适当改变所用滤镜的参数。

3. 利用滤镜技术，将图 7－112 所示的两幅素材图合成为一幅“挂画”效果图，如图 7－114 所示(彩色效果图见附录)。

操作提示：

(1) 新建一个文档，利用“纹理化”、“杂色”滤镜制作墙壁效果。

(2) 为“风景”素材添加一种“艺术效果”滤镜，使之更像一幅手绘画。

(3) 合并图层后应用“光照效果”滤镜，对话框的设置可参照图 7－113。

(a) 相框　　　　(b) 风景

图 7－112　素材图

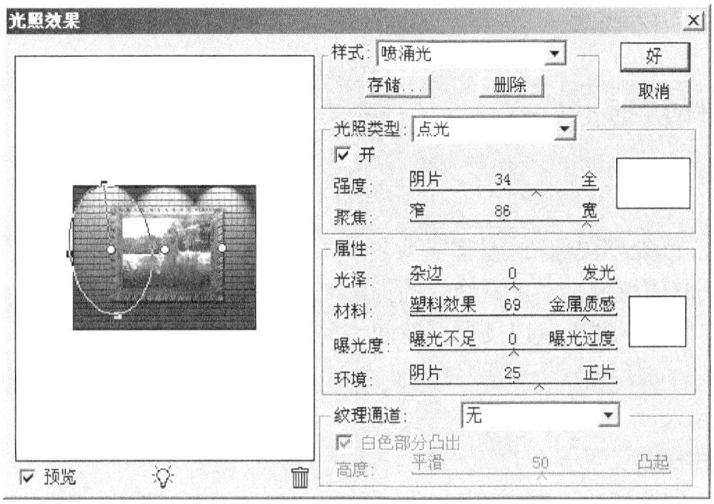

图 7－113 “光照效果”对话框

图 7－114 完成后的效果图

8 文字的编辑

在用 Photoshop 处理图像时，经常需要使用文字来说明或修饰图像，或者用文字组成图像，其中 Photoshop 的特效文字更是修饰图像的一个重要手段。本章主要介绍在图像中输入文字的方法、文字属性栏的设置以及典型特效字的制作等。

本章重点：

（1）文字的输入；

（2）文字属性栏的设置；

（3）特效文字的制作。

8.1 文字的输入

Photoshop 共提供了 4 种输入文字的工具，移动鼠标到工具箱的“文字工具组”上按住不放，弹出文字工具组，如图 8－1 所示。

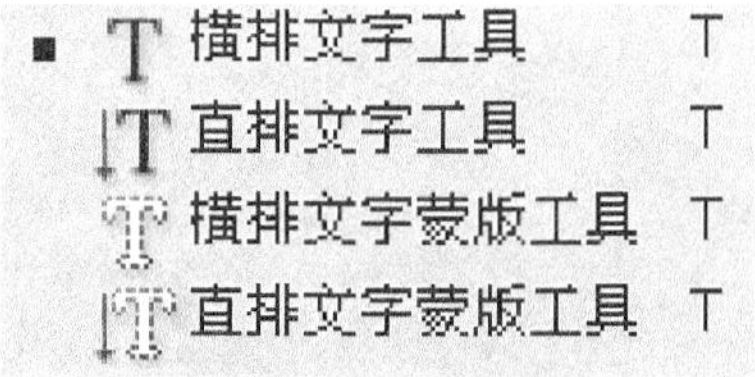

图 8－1 文字工具组

8.1.1 输入点文字

1）用“文字工具”输入点文字

操作步骤如下：

（1）在工具箱单击“横排文字工具”T，在属性栏上的“字体系列”下拉列表框中选择一种字体，在“字体大小”下拉列表框中选择合适的字号，其他参数根据需要设置。

（2）在图像窗口中单击鼠标后出现闪动的插入点，在插入点后输入文字。

（3）输入完毕单击属性栏上的“提交”按钮，结束输入。结果如图 8－2 所示。

图 8－2 输入点文字

2）用“文字蒙版工具”输入点文字

操作步骤如下：

(1) 在工具箱单击“横排文字蒙版工具”，在属性栏上设置字体和字号以及其他的参数。

(2) 在图像窗口中单击鼠标，窗口中出现红色的蒙版和闪动的插入点，在插入点后输入文字。

(3) 输入完毕单击属性栏上的“提交”按钮，结束输入。结果在图像窗口中出现一个文字选区，如图 8-3 所示。

图 8-3　输入文字蒙版

图 8-4　填充文字蒙版

(4) 按下＜Alt＋Del＞键在选区内填充前景色，取消选区，结果如图 8-4 所示。

【知识扩展】

➢ 在输入过程如需要调整文字相对图像窗口的位置，可将鼠标指针移离文字，当指针变为时拖曳鼠标即可改变文字的位置。

➢ 选用“文字工具”输入文字时，系统会自动创建一个文本层，图层标记为“T”，如图 8-5 所示，并自动用前景色填充文字。选用“文字蒙版”输入文字时仅在图像中生成一个文字选区，需要用填充命令对文字选区填充，并可根据需要自己建立图层。

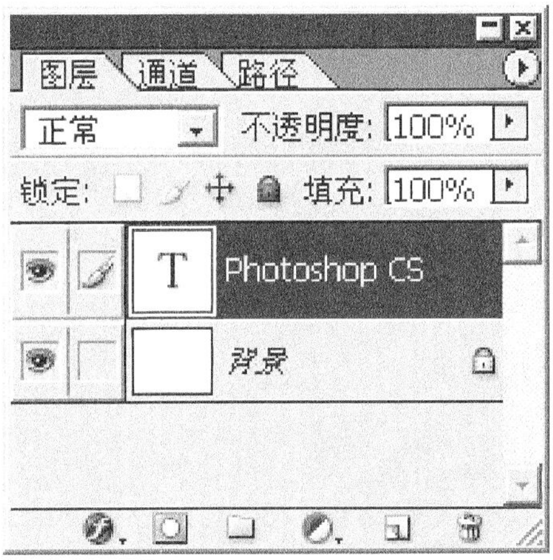

图 8-5　系统自动创建一个文本层，标记为“T”

图 8-6　直排文字

➢ 工具箱中的文字输入工具可分为“横排”和“直排”两类，其基本操作方法相同，只是文字的排列方向不同，直排文字的效果如图 8-6 所示。

8.1.2　输入段落文字

段落文字适用于大批量文字的录入和编排，它具有自动换行的功能。输入段落文字的步骤如下：

(1) 在工具箱选取一种文字工具，在属性栏上设置字体和字号以及其他的参数。

(2) 在图像窗口中拖曳鼠标，定义一个段落文本框，如图 8－7 所示。

(3) 在文本框内的插入点处输入文字，结果如图 8－8 所示。

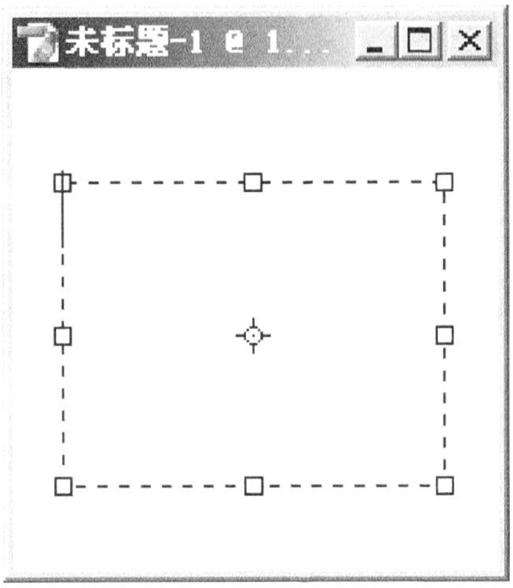

图 8－7　段落文本框

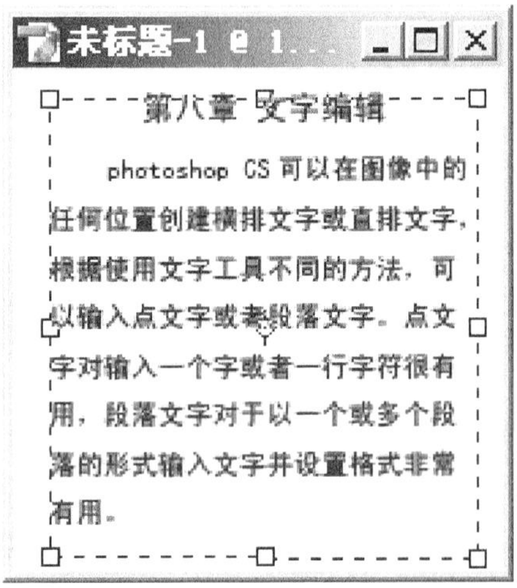

图 8－8　在文本框内输入文字

【知识扩展】

➢ "点文字"与"段落文字"最直接的区别是，前者是"单击"鼠标后输入文字，后者是"拖曳"鼠标后输入文字。

➢ 在"点文字"方式下输入文字需要通过敲回车键人为换行，而在"段落文字"方式下输入的文字到达文本框的边界时系统会自动换行。并且，当拖动文本框的控点可改变文本框的大小，在文本框外拖曳鼠标可改变文本框的方向，如图 8－9 所示。

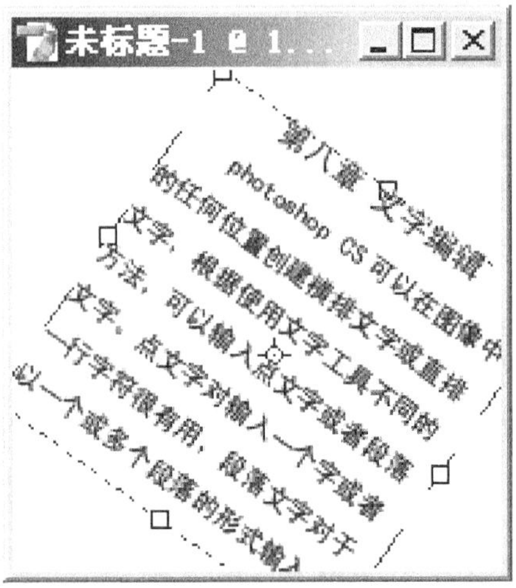

图 8－9　拖动控点可改变文本框的大小和方向

8.1.3 文字属性的设置

输入文字时，当选择了一种文字输入工具后，通常还需要在属性栏上为输入的文字设置必要的参数，如字体、字型、字体大小、文字颜色、文字的锯齿与光滑、文字段落对齐方式等。文字工具属性栏如图 8－10 所示。

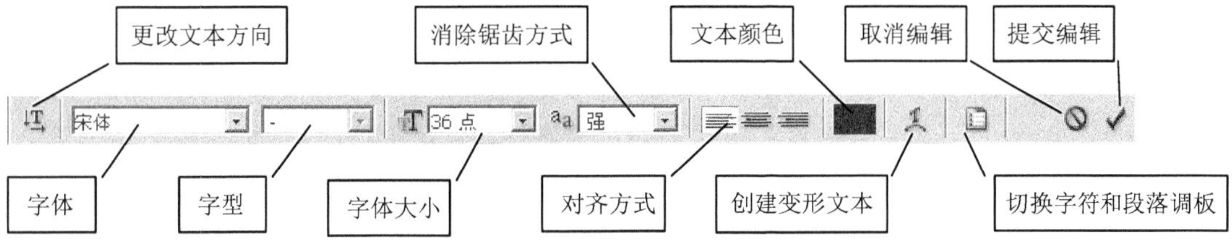

图 8－10 文字工具属性栏

属性栏上主要参数简介如下：

（1）更改文本方向　单击按钮，可使文本在“横排方式”与“竖排方式”之间进行转换。

（2）文字的基本格式设置　包括“字体”、“字型”“字体大小”的设置。

（3）消除锯齿方式　在下拉框中包含 5 种属性，其中“无”表示对文字不作消除锯齿处理，“锐利”表示使文字边缘显得最为锐化，“平滑”使文字边缘显得最为平滑。

（4）对齐方式　对于“水平文本”来说，包括“左对齐”、“居中”和“右对齐”3 种方式。对于“垂直文本”来说，则包括“顶对齐”、“居中”和“底对齐”3 种方式。

（5）文本颜色　设置文字的颜色，默认为前景色。

（6）创建变形文本　单击按钮，可打开“变形文字”对话框，如图 8－11 所示。在“样式”下拉列表框中选择一种变形样式，并调整对话框中的参数，能够获得多种变形文字，而且无需对文字栅格化，效果如图 8－12 所示。

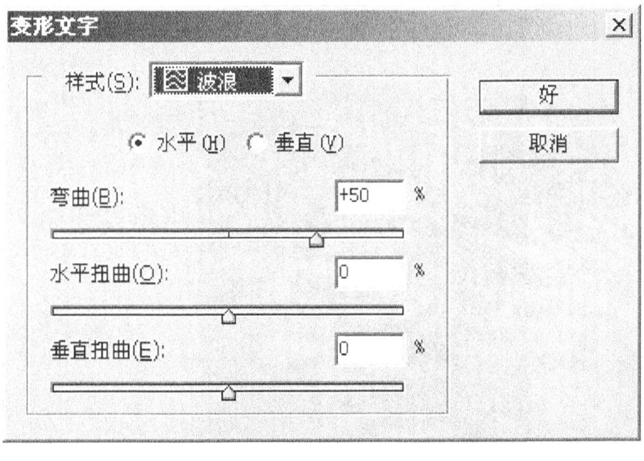

图 8－11 “变形文字”对话框

图 8－12 应用了“变形文字”后的效果

（7）切换字符和段落调板　单击按钮，可打开如图 8－13 所示的“字符和段落”调板，通过调板及调板菜单，可对文字格式和段落文本格式做更精细的设置。

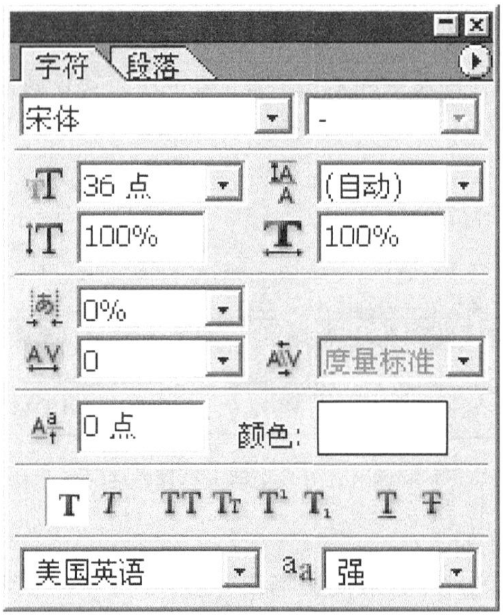

图 8－13 “字符和段落”调板

8.2 制作特效文字

8.2.1 灯管字

(1) 设置前景色为白色，背景色为黑色，单击窗口菜单【文件】/【新建】命令，建立一个分辨率为 72 像素/英寸、黑色背景、RGB 模式的新文件。

(2) 在通道控制面板上单击“创建新通道”按钮，新建一个“Alpha1”通道。

(3) 单击“横排文字工具”T，在属性栏上设置合适的字体和字号，在图像窗口中单击鼠标，输入“灯管字”3 个字，如图 8－14 所示，所对应的通道控制面板如图 8－15 所示。按＜Ctrl＋D＞键，取消文字选区。

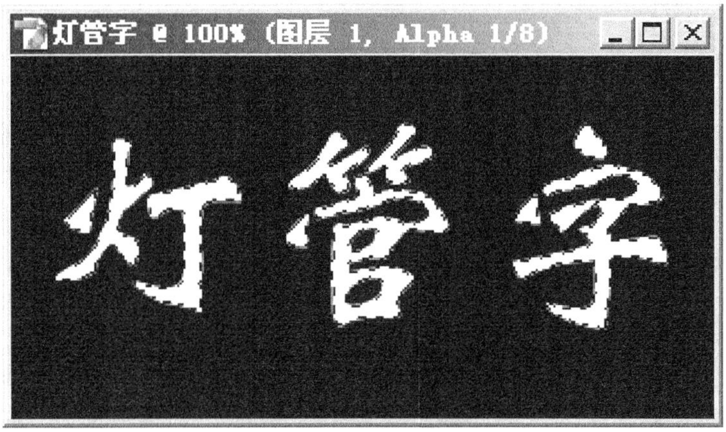

图 8－14 输入“灯管字”

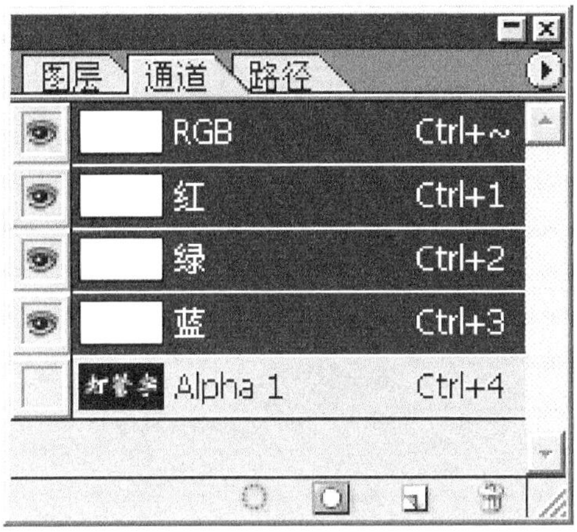

图 8－15　通道控制面板

图 8－16　复制后产生 Alpha1 副本通道

（4）在通道控制面板拖曳 Alpha1 通道至“创建新通道”按钮上，做复制通道操作，产生了 Alpha1 副本通道，如图 8－16 所示。

（5）单击窗口菜单【滤镜】/【模糊】/【高斯模糊】命令，弹出“高斯模糊”对话框，在“高斯模糊”对话框中的设置如图 8－17 所示。

图 8－17　“高斯模糊”对话框

（6）单击窗口菜单【图像】/【计算】命令，弹出“计算”对话框，在“计算”对话框中的设置如图 8－18 所示，表示要将“Alpha1 通道”和“Alpha1 副本通道的反相”进行计算，计算结果产生新通道 Alpha2，此时图像窗口跟随变化，如图 8－19 所示，所对应的通道控制面板如图 8－20 所示。

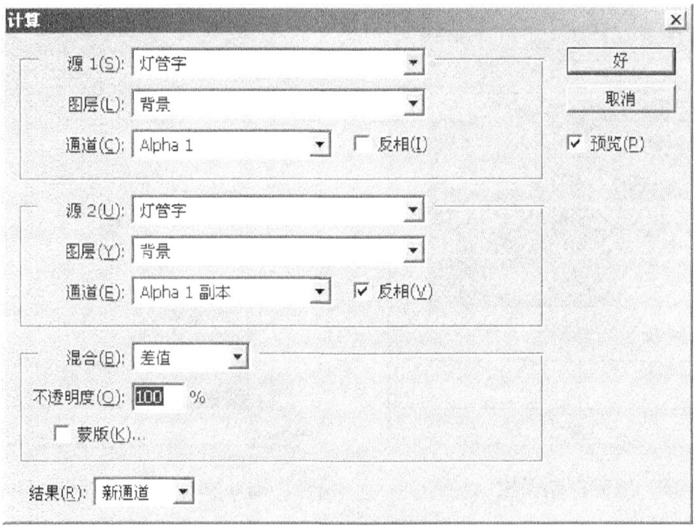

图 8－18 “计算”对话框

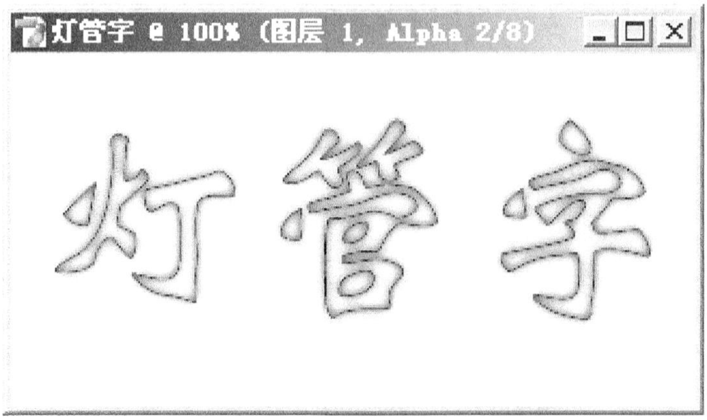

图 8－19 产生 Alpha2 通道后的图像窗口

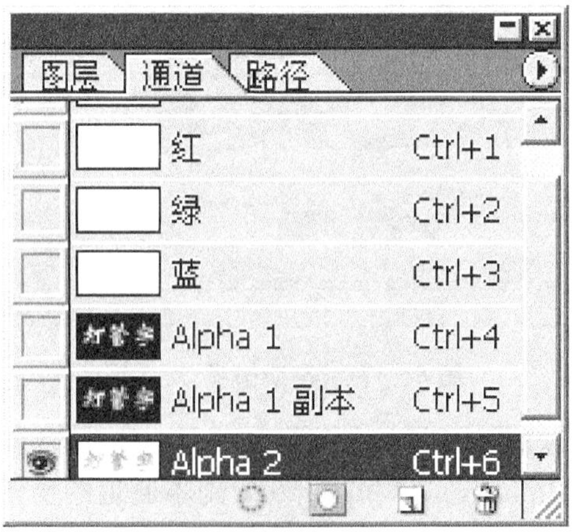

图 8－20 通道控制面板

(7) 单击通道控制面板上的“将通道作为选区载入”按钮，或者按下＜Ctrl＞键的同时单击 Alpha2 通道，将 Alpha2 通道作为选区载入，再按下＜Shift＋Ctrl＋I＞键反选选区。

(8) 切换到图层控制面板，选中背景图层，单击“渐变工具”，在属性栏上单击“渐变编辑器”样本窗，选中“色谱”渐变样式，并在属性栏上设置为“线性渐变”，在图像窗口中自左向右拖曳鼠标对选区作渐变填充，可重复几次，使灯管颜色加深。完成后取消选区，结果如图 8－21 所示。

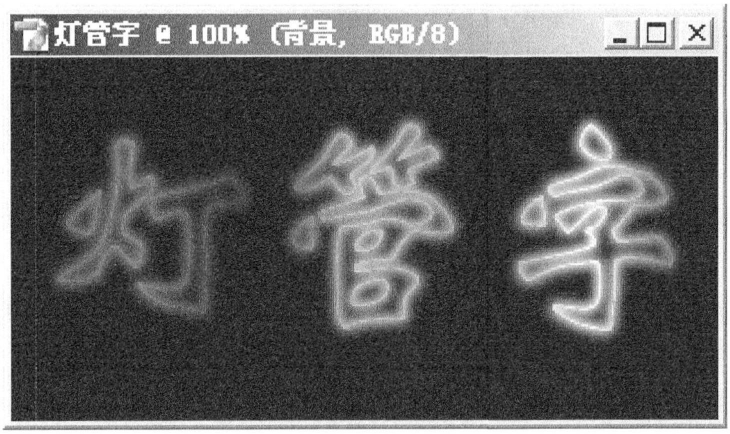

图 8－21　灯管字效果

8.2.2　透明玻璃字

(1) 设置前景色为白色，背景色为黑色，单击窗口菜单【文件】/【新建】命令，建立一个分辨率为 72 像素/英寸、黑色背景、RGB 模式的新文件。

(2) 在通道控制面板上单击“创建新通道”按钮，新建一个“Alpha1”通道。

(3) 单击“横排文字工具”T，在属性栏上设置合适的字体和字号，在图像窗口中单击鼠标，输入“玻璃字”三个字，如图 8－22 所示，所对应的通道控制面板如图 8－23 所示。按＜Ctrl＋D＞键，取消文字选区。

图 8－22　输入玻璃字

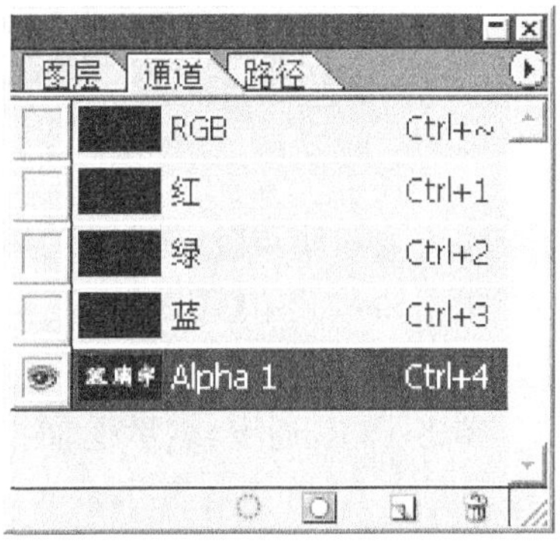

图 8－23　通道控制面板

(4) 单击窗口菜单【滤镜】/【模糊】/【动感模糊】命令，弹出“动感模糊”对话框，在对话框中的设置如图 8－24 所示，图像窗口的变化如图 8－25 所示。

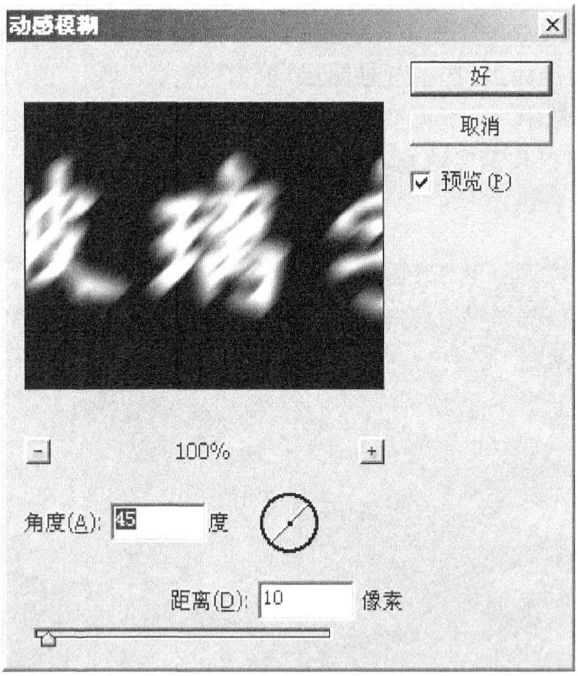

图 8－24 “动感模糊”对话框

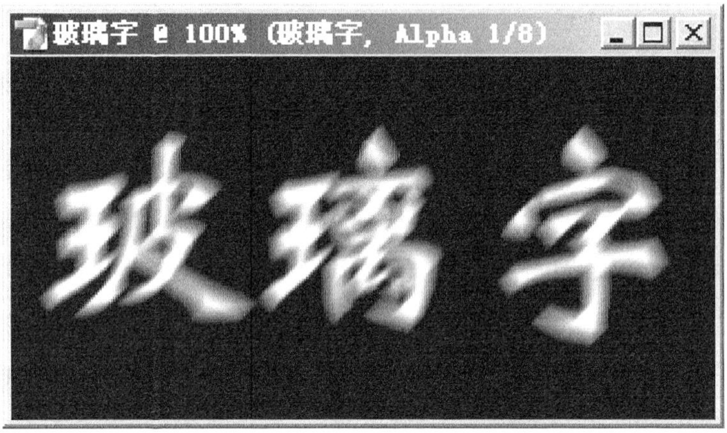

图 8－25 “动感模糊”后的效果

(5) 单击窗口菜单【滤镜】/【风格化】/【查找边缘】命令，图像窗口的变化如图 8－26 所示。

(6) 单击窗口菜单【图像】/【调整】/【反相】命令，或者直接按下<Ctrl＋I>键，使图像产生黑白反转的效果，如图 8－27 所示。

(7) 单击 RGB 通道，表示返回混合通道。在按住<Ctrl>键的同时用鼠标单击 Alpha1 通道，表示要将 Alpha1 通道作为选区载入，效果如图 8－28 所示，所对应的通道控制面板如图 8－29 所示。

(8) 切换到图层控制面板，选中背景图层，单击“渐变工具”，在属性栏上单击“渐变编辑器”样本窗，选中“色谱”渐变样式，并在属性栏上设置为“线性渐变”，在图像窗口中自左向右拖曳鼠标对选区作渐变填充。完成后取消选区，结果如图 8－30 所示(彩色效果图见附录)。

图 8－26 “查找边缘”后的效果

图 8－27 对图像做“反相”后的效果

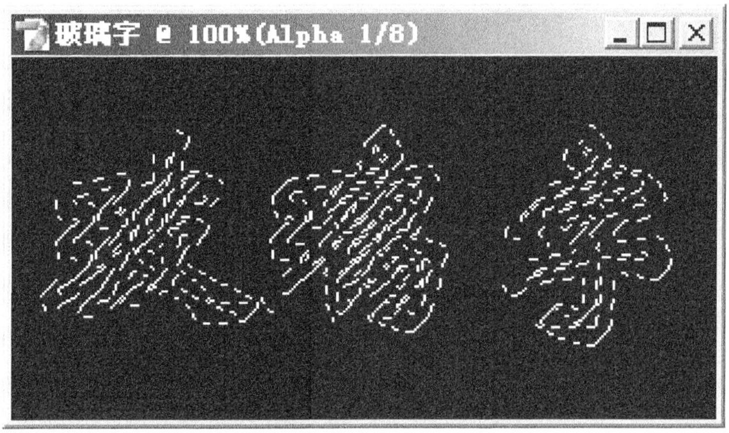

图 8－28 载入选区后的效果

图 8－29　通道控制面板

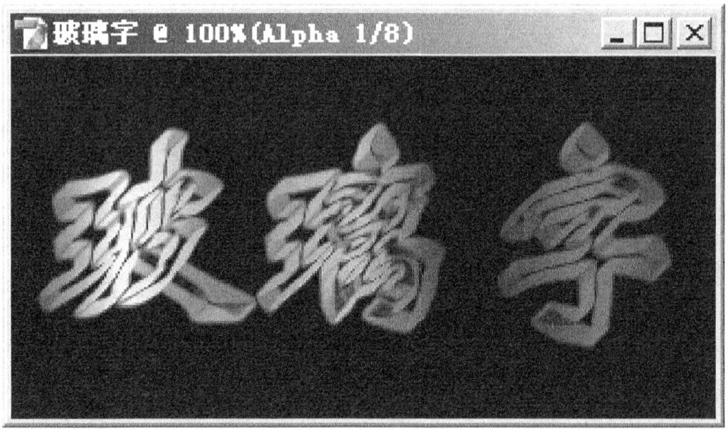

图 8－30　透明玻璃字效果

8.2.3　金属字

(1) 设置前景色为白色，背景色为黑色，单击窗口菜单【文件】/【新建】命令，建立一个分辨率为 72 像素/英寸、RGB 模式的新文件。

(2) 在通道控制面板上单击“创建新通道”按钮，新建一个“Alpha1”通道。

(3) 单击“横排文字工具”T，在属性栏上设置合适的字体和字号，在图像窗口中单击鼠标，输入“金属”两个字，如图 8－31 所示，所对应的通道控制面板如图 8－32 所示。按<Ctrl+D>键，取消文字选区。

(4) 在通道控制面板拖曳 Alpha1 通道至“创建新通道”按钮上，做复制通道操作，产生 Alpha1 副本通道。

(5) 确认当前定位在 Alpha1 副本通道，单击窗口菜单【滤镜】/【模糊】/【高斯模糊】命令，弹出“高斯模糊”对话框，在对话框中的设置如图 8－33 所示。

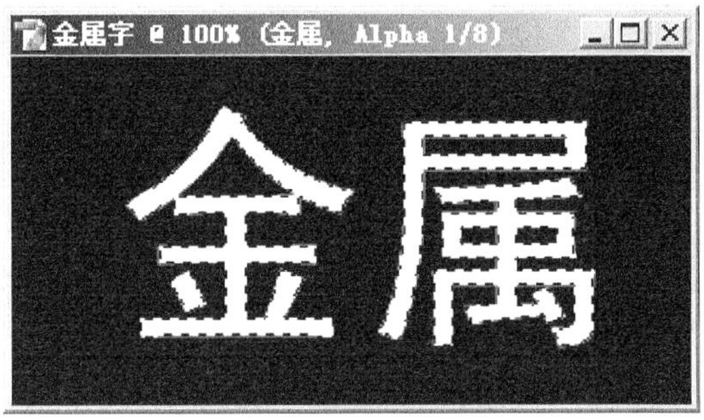

图 8-31　输入"金属"字

图 8-32　通道控制面板

(6) 单击窗口菜单【滤镜】/【风格化】/【浮雕效果】命令，弹出"浮雕效果"对话框，在"浮雕效果"对话框中的设置如图 8-34 所示。

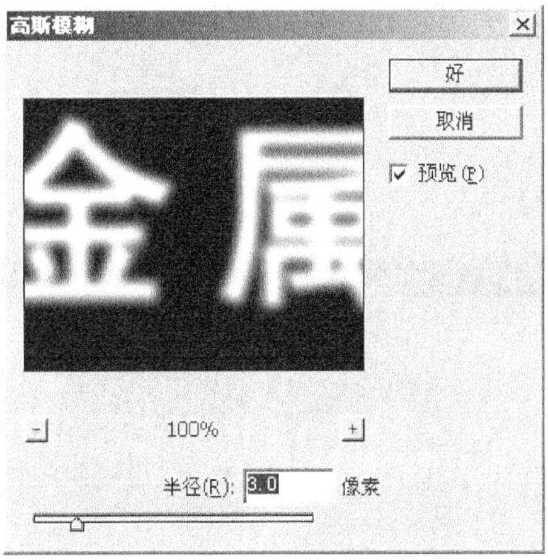

图 8-33　"高斯模糊"对话框

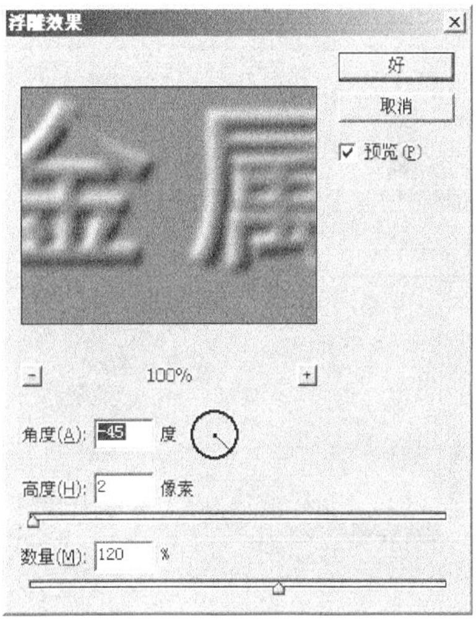

图 8-34　"浮雕效果"对话框

(7) 在按住<Ctrl>键的同时用鼠标单击 Alpha1 通道，表示要将 Alpha1 通道作为选区载入 Alpha1 副本通道中，效果如图 8-35 所示，所对应的通道控制面板如图 8-36 所示。

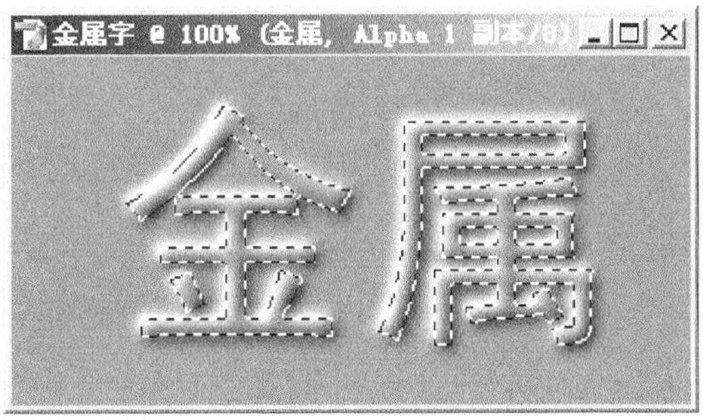

图 8-35　载入选区后的效果

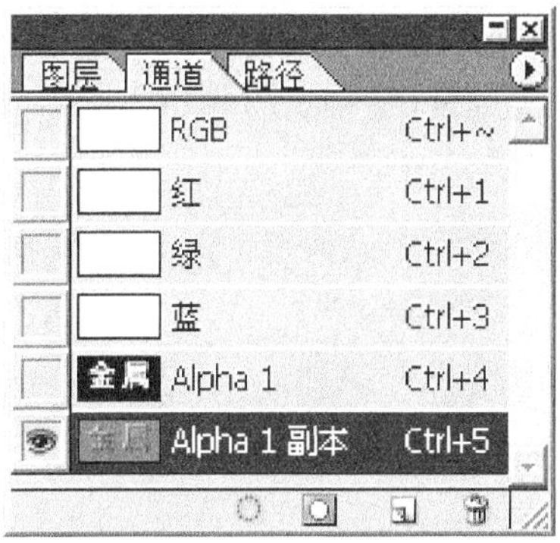

图 8-36　通道控制面板

(8) 单击窗口菜单【选择】/【修改】/【扩展】命令，在“扩展选区”对话框中输入扩展量为 4。

(9) 按下＜Ctrl＋C＞快捷键拷贝选区，切换到图层控制面板，选中背景图层，按下＜Ctrl＋V＞快捷键粘贴选区，产生“图层 1”，效果如图 8－37 所示，所对应的图层控制面板如图 8－38 所示。

(10) 单击窗口菜单【图像】/【调整】/【曲线】命令，在“曲线”对话框中调整“曲线图”如图 8－39 所示，图像窗口的变化如图 8－40 所示。

图 8－37　粘贴选区后的效果

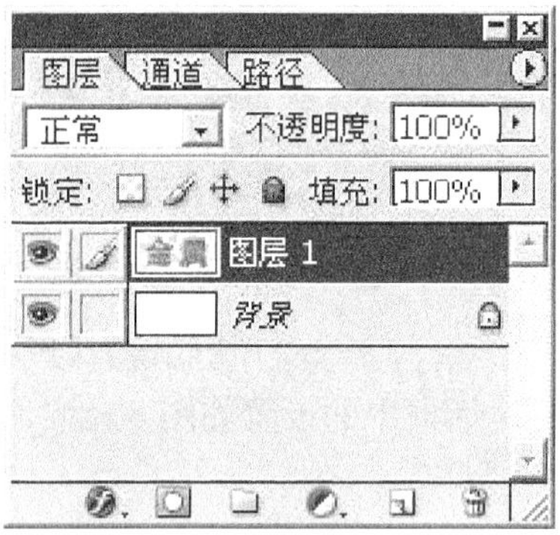

图 8－38　图层控制面板

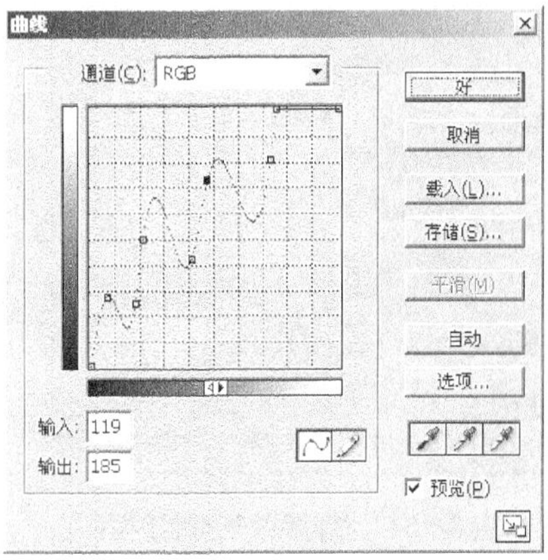

图 8－39　“曲线”对话框

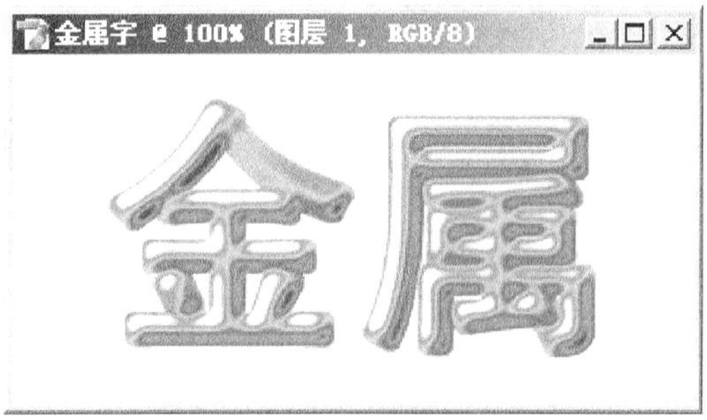

图 8－40　调整“曲线”后的效果

(11) 单击窗口菜单【图像】/【调整】/【色彩平衡】命令，在“色彩平衡”对话框中分别选择暗调、中间调和高光调进行调整，为“金属”字添加颜色，调整后的对话框如图 8－41 所示。完成后取消选区，结果如图 8－42 所示(彩色效果图见附录)。

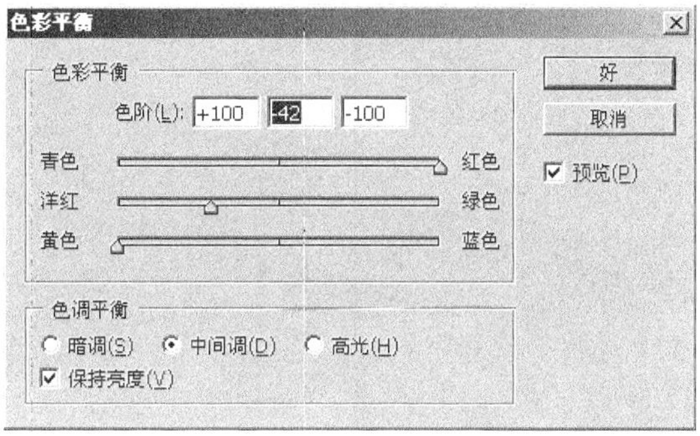

(a) 调整“中间调”中的色彩

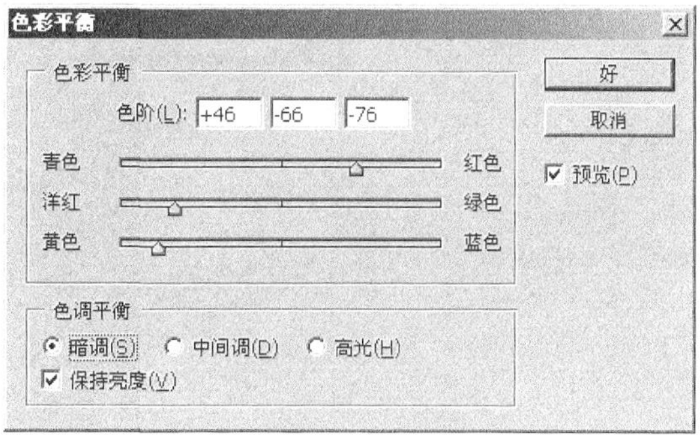

(b) 调整“暗调”中的色彩

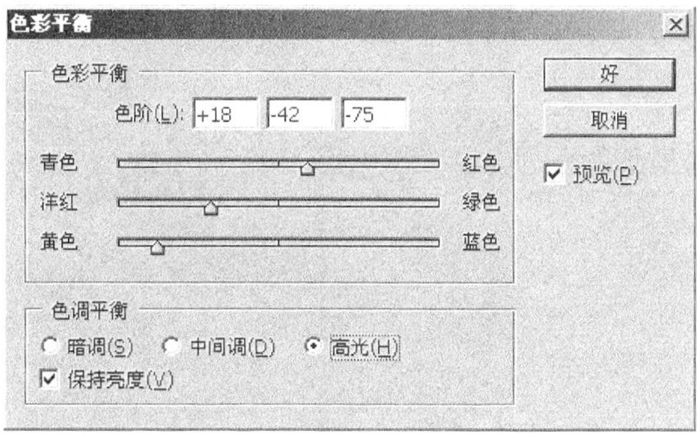

(c) 调整“高光”中的色彩

图 8－41　应用“色彩平衡”命令调整图像色彩

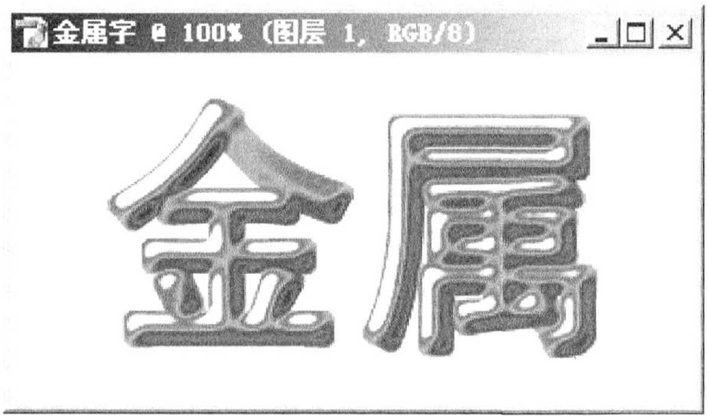

图 8－42　金属字效果

8.2.4　毛刺字

(1) 单击窗口菜单【文件】/【新建】命令，建立一个分辨率为 72 像素/英寸、白色背景、RGB 模式的新文件。

(2) 单击“横排文字蒙版工具”，在属性栏上设置合适的字体和字号，在图像窗口中单击鼠标，输入“毛刺”两个字，结果在图像窗口中建立了一个文字选区，如图 8－43 所示。

(3) 切换到路径控制面板，单击“从选区生成路径”按钮，将文字选区转化为工作路径，如图 8－44 所示，所对应的路径控制面板如图 8－45 所示。

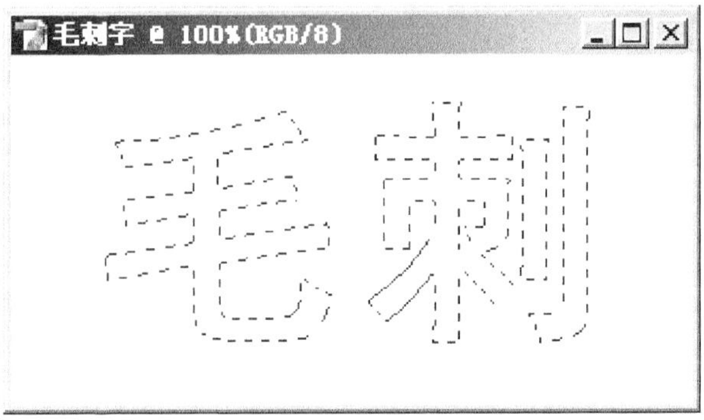

图 8－43 “毛刺”字选区

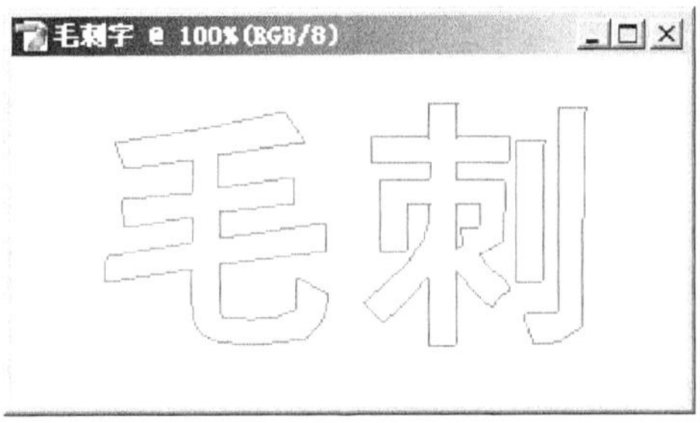

图 8－44 将文字选区转换成路径

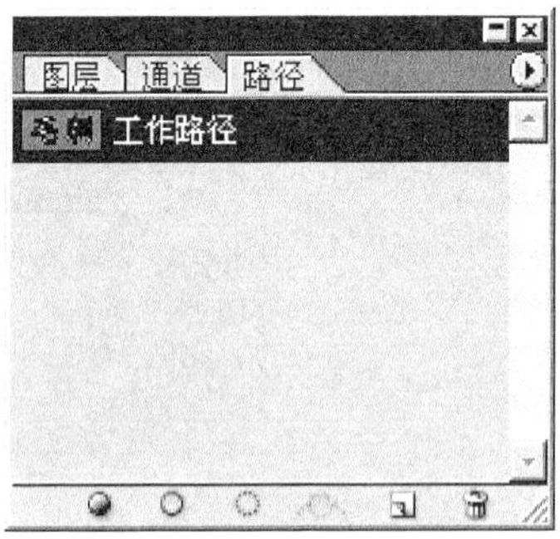

图 8－45 路径控制面板

(4) 设置前景色为红色、背景色为蓝色，单击“画笔工具”，打开画笔扩展视图面板，分别单击“画笔笔尖形状”选项和“动态颜色”选项，所设置的参数如图 8－46 所示。

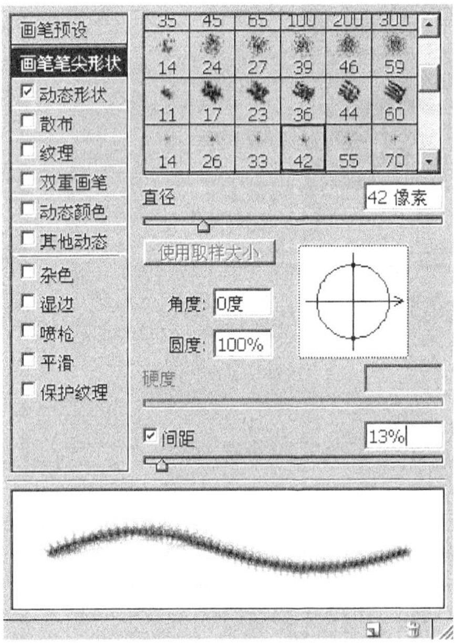

(a) 调整画笔笔刷及间距

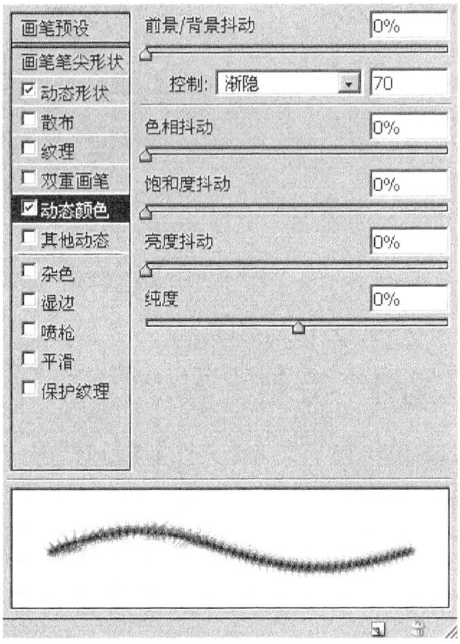

(b) 设置动态颜色

图 8－46 设置画笔参数

（5）在路径控制面板上单击“用画笔描边路径”按钮，用所设置的画笔描边路径。完成后单击路径控制面板上的空白区域隐藏路径，结果如图 8－47 所示。

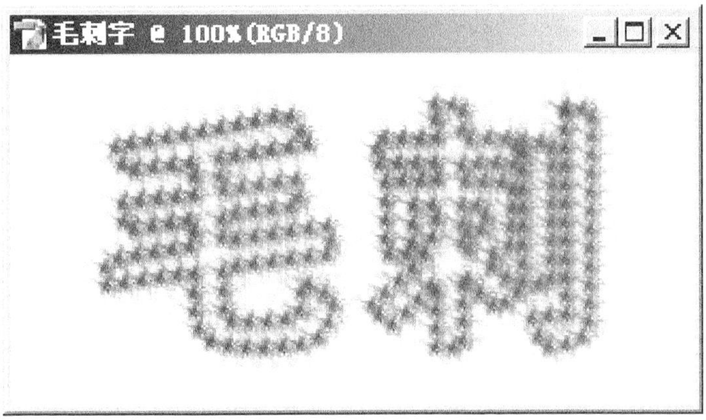

图 8－47　毛刺字

8.2.5　燃烧字

（1）设置前景色为白色，背景色为黑色，单击窗口菜单【文件】/【新建】命令，建立一个分辨率为 72 像素/英寸、黑色背景、RGB 模式的新文件。

（2）单击“横排文字工具”T，在属性栏上设置合适的字体和字号，在图像窗口中单击鼠标，输入“燃烧”两个字，如图 8－48 所示。同时，在图层控制面板上自动创建了一个文本层，如图 8－49 所示。

图 8－48　输入“燃烧”字

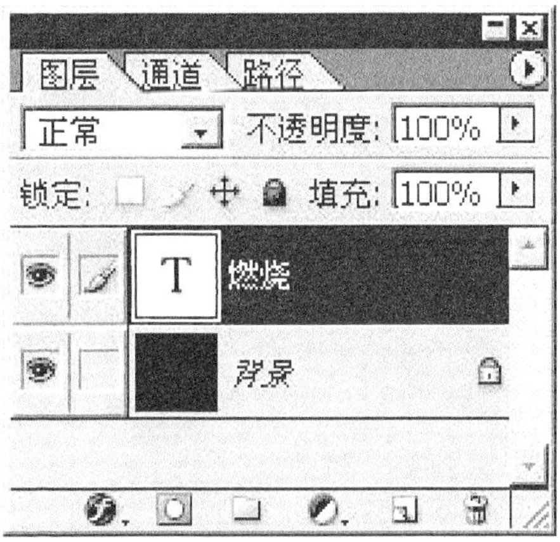

图 8－49　图层控制面板

（3）在图层控制面板上右击“燃烧”文字图层，在快捷菜单中单击【栅格化图层】命令，栅格化文本层。

（4）在按住<Ctrl>键的同时用鼠标单击“燃烧”图层，选中“燃烧”二字，单击窗口菜单【选择】/【存储选区】命令，打开“存储选区”对话框，在“名称”文本框内输入“燃烧”，将“燃烧”二字作为选区保存,如图 8－50 所示,取消选区。

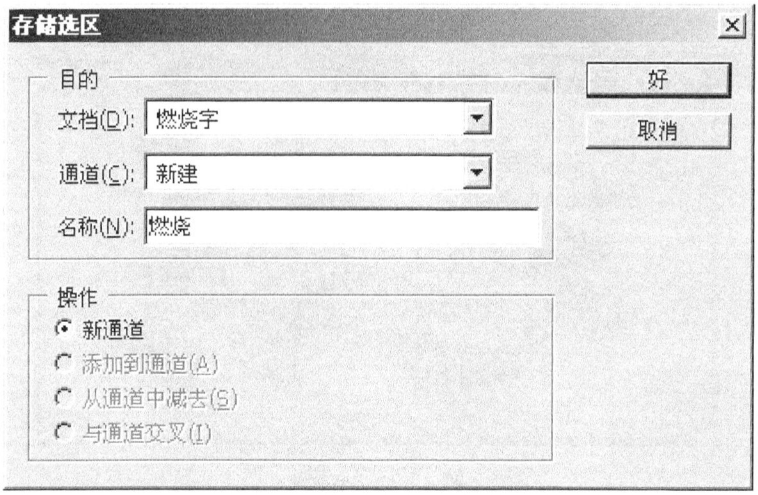

图 8－50　存储选区

(5) 单击窗口菜单【图像】/【旋转画布】/【90 度(逆时针)】命令,旋转画布。

(6) 单击窗口菜单【滤镜】/【风格化】/【风】命令,打开“风”对话框,在“风”对话框中的设置如图 8－51 所示,制作出燃烧后的“火焰”效果。可重复执行“风”滤镜几次,以使“火焰”效果更强烈,如图 8－52 所示。

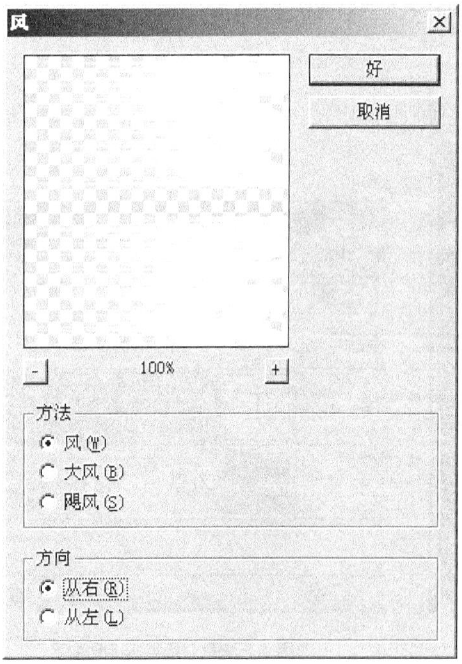

图 8－51　“风”滤镜对话框

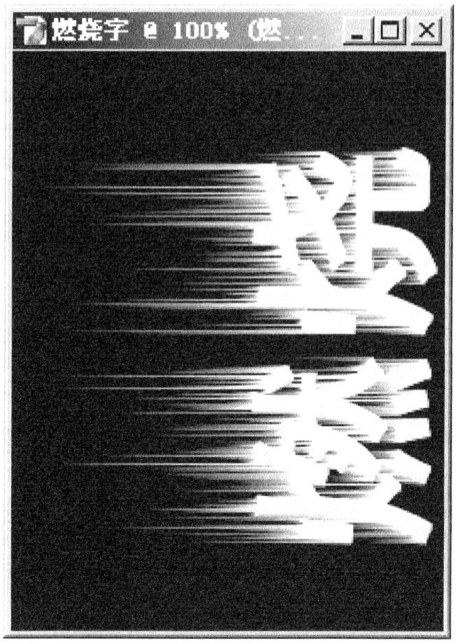

图 8－52　风格化后的效果

(7) 单击窗口菜单【图像】/【旋转画布】/【90 度(顺时针)】命令,将画布转回原来的位置。

(8) 单击窗口菜单【滤镜】/【扭曲】/【波纹】命令,打开“波纹”对话框,在“波纹”对话框中的设置如图 8－53 所示,制作出“火焰”抖动的效果,如图 8－54 所示。

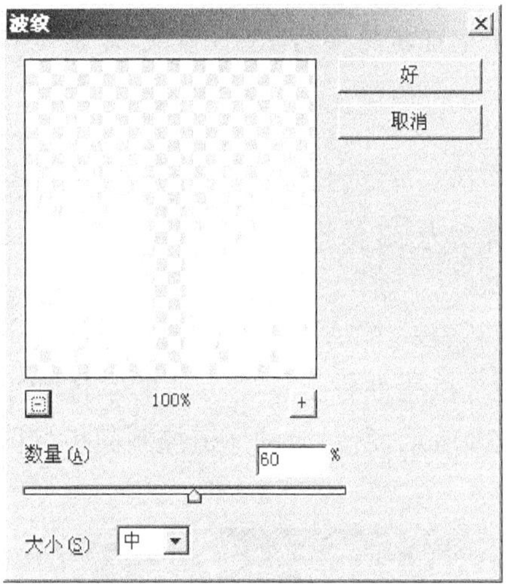

图 8－53 “波纹”滤镜对话框

图 8－54 “波纹”后的效果

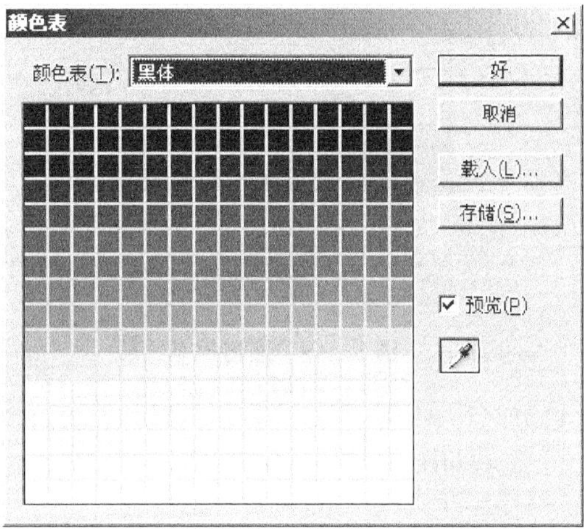

图 8－55 “颜色表”对话框

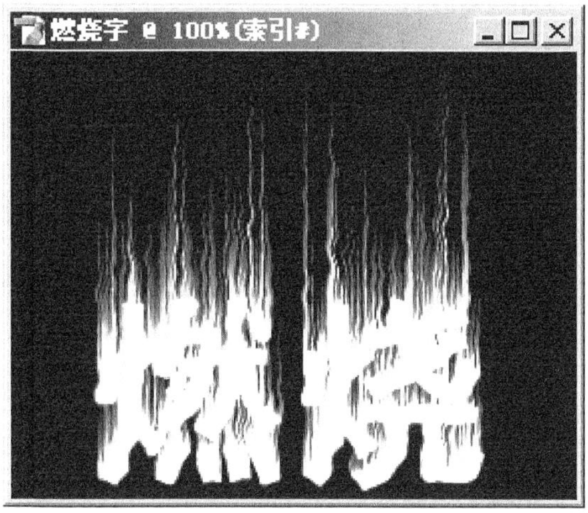

图 8－56 运用颜色表之后的效果

（9）单击窗口菜单【图像】/【模式】/【灰度】命令，将图像格式转换为灰度模式。再单击窗口菜单【图像】/【模式】/【索引颜色】命令将图像格式转为索引模式。最后执行【图像】/【模式】/【颜色表】命令，打开“颜色表”对话框，如图 8－55 所示。在对话框的“颜色表”下拉列表中选择“黑体”，为“燃烧”字添加颜色效果，如图 8－56 所示。

（10）单击窗口菜单【选择】/【载入选区】命令，在“载入选区”对话框中选择“燃烧”通道。再在载入的选区中填充黑色，完成后取消选区，结果如图 8－57 所示。

图 8－57 燃烧字效果

【知识扩展】

如果要将索引模式的图像文件保存为 JPG 格式，必须先将其转换为 RGB 模式，才能进行保存。

8.2.6 穿孔字

(1) 单击窗口菜单【文件】/【新建】命令，建立一个分辨率为 72 像素/英寸、白色背景、RGB 模式的新文件。

(2) 在通道控制面板上单击“创建新通道”按钮，新建一个“Alpha1”通道。

(3) 设置前景色为“50%灰”，单击“横排文字工具”T，在属性栏上设置合适的字体和字号，在图像窗口中单击鼠标，输入“穿孔”两个字，如图 8－58 所示，所对应的通道控制面板如图 8－59 所示。

图 8－58 输入“穿孔”字

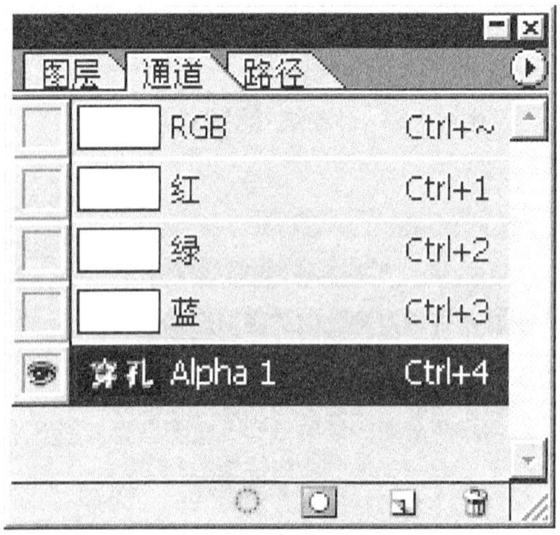

图 8－59 通道控制面板

(4) 单击窗口菜单【滤镜】/【像素化】/【彩色半调】命令，弹出“彩色半调”对话框，在对话框中的设置如图 8－60 所示，执行“彩色半调”后的图像效果如图 8－61 所示。

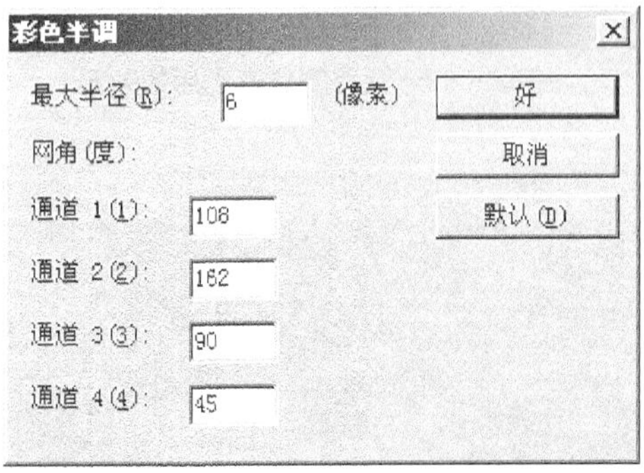

图 8－60 “彩色半调”对话框

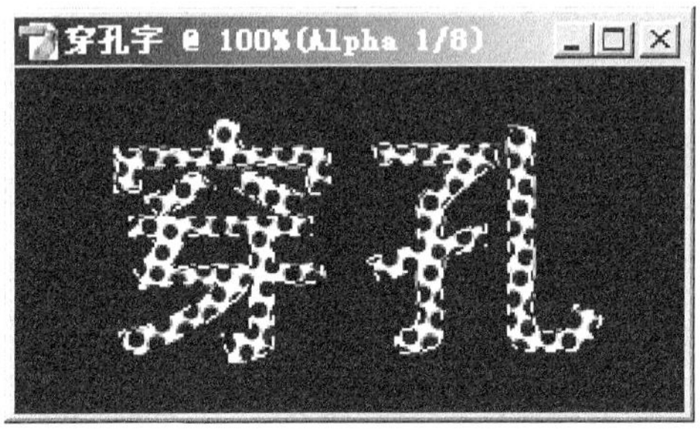

图 8－61 “彩色半调”后的效果

(5) 在通道控制面板上单击 RGB 通道，定位在该通道，在按住<Ctrl>键的同时用鼠标单击 Alpha1 通道，表示将 Alpha1 通道作为选区载入 RGB 通道中，效果如图 8－62 所示。

(6) 切换到图层控制面板，用鼠标右击背景层，在快捷菜单中单击【通过拷贝的图层】命令，产生“图层 1”。双击“图层 1”，在弹出的“图层样式”对话框中为“图层 1”添加“投影”效果，结果图 8－63 所示，所对应的图层控制面板如图 8－64 所示。

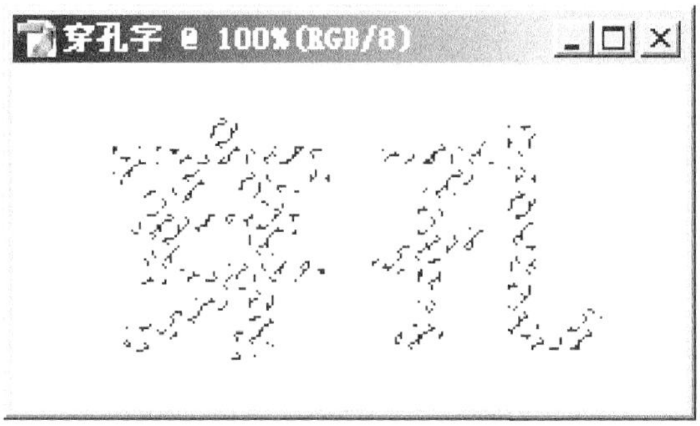

图 8－62　载入选区后的效果

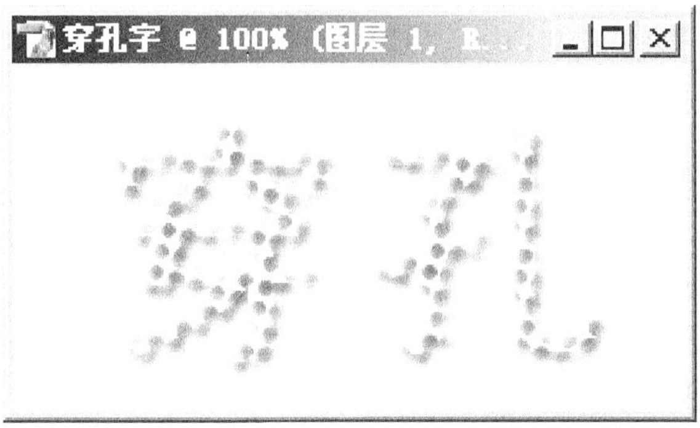

图 8－63　添加“投影”后的效果

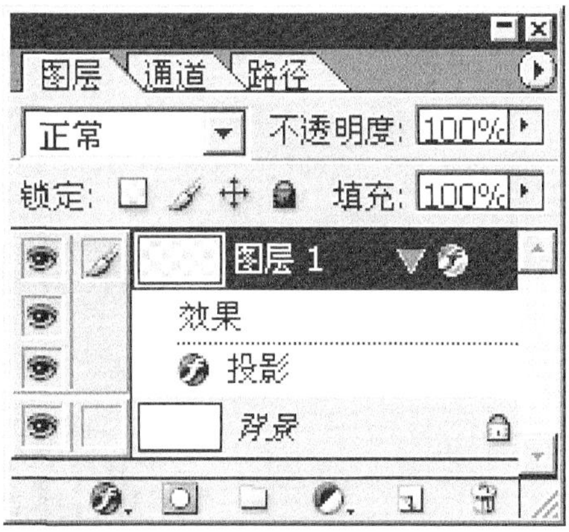

图 8－64　图层控制面板

(7) 设置前景色为红色，确认当前定位在“图层 1”，单击图层控制面板上的“锁定透明像素”按钮，按下<Alt+Del>快捷键，对“图层 1”除透明区域之外的部分填充前景色，完成后的效果如图 8－65 所示(彩色效果图见附录)。

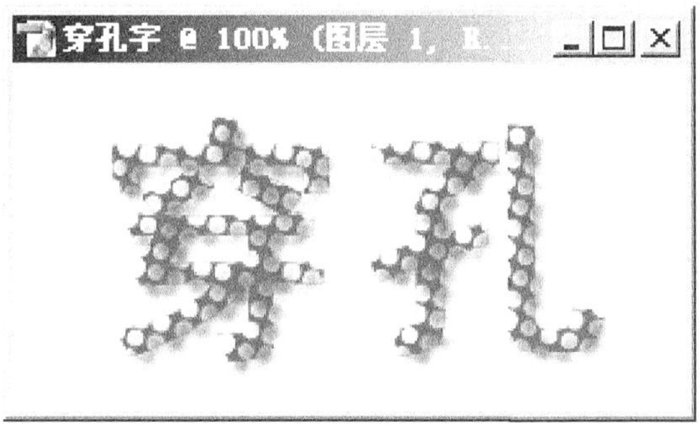

图 8－65　穿孔字效果

8.2.7　马赛克字

(1) 打开一幅图像文件，单击“横排文字蒙版工具”，在属性栏上设置合适的字体和字号，在图像窗口中单击鼠标，输入“WORD”字符，结果在图像窗口中建立了一个文字选区，如

图 8－66 所示。

图 8－66　建立“WORD”文字选区

(2) 按下<Shift＋Ctrl＋I>快捷键反选选区，再在选区中填充进白色，结果如图 8－67 所示，取消选区。

图 8－67　仅保留了原文字选区中的图像

(3) 用鼠标拖曳背景层到“创建新的图层”按钮上，复制后得到“背景副本”层，如图 8－68 所示。

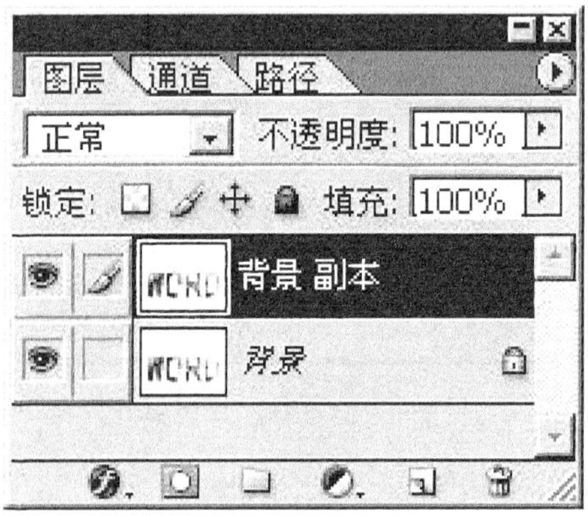

图 8－68　创建“背景副本”层

(4) 定位在“背景副本”层，单击窗口菜单【滤镜】/【像素化】/【晶格化】命令，在对话框中的设置如图 8－69 所示，执行“晶格化”后的效果如图 8－70 所示。

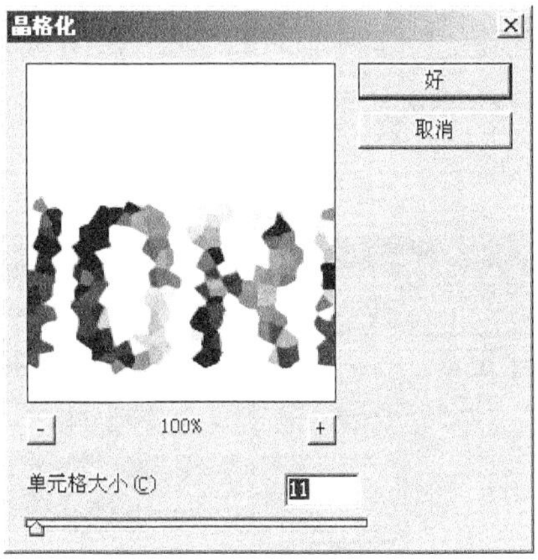

图 8－69 “晶格化”对话框

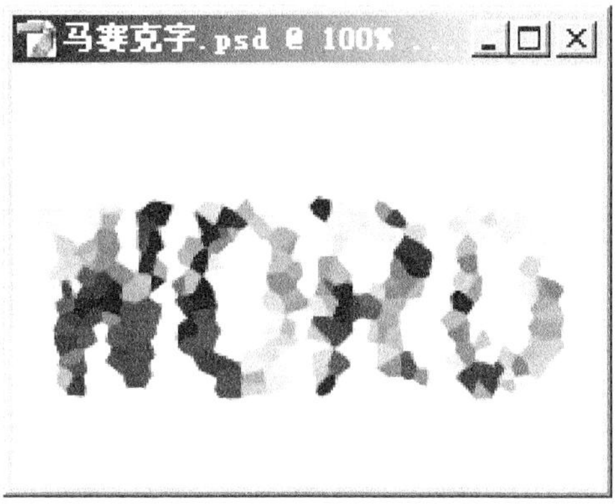

图 8－70 “晶格化”后的效果

(5) 单击窗口菜单【滤镜】/【风格化】/【查找边缘】命令，再执行窗口菜单【图像】/【调整】/【阈值】命令，弹出“阈值”对话框，在对话框中的设置如图 8－71 所示。执行“阈值”命令使图像转变为黑白图像，值越大黑色成分越多，效果如图 8－72 所示。

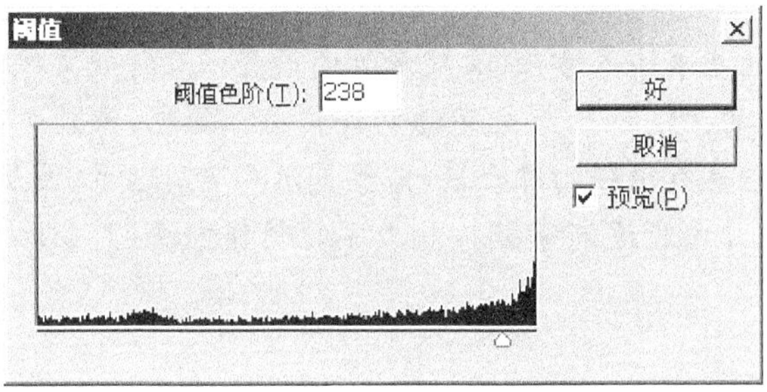

图 8－71 “阈值”对话框

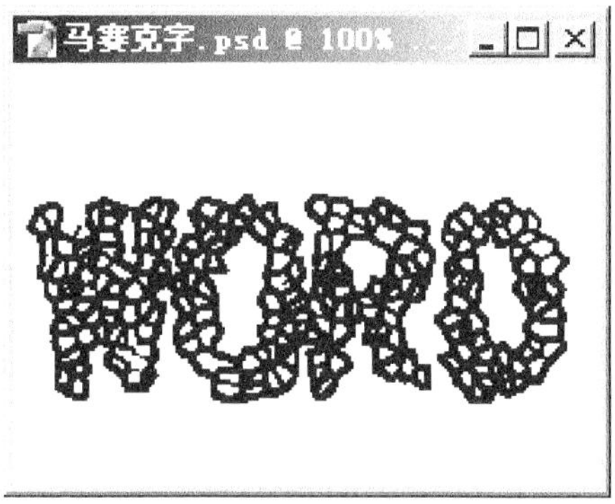

图 8－72 执行阈值命令后的图像效果

(6) 单击窗口菜单【滤镜】/【其他】/【最大值】命令，弹出“最大值”对话框，在对话框中的设置如图 8－73 所示。

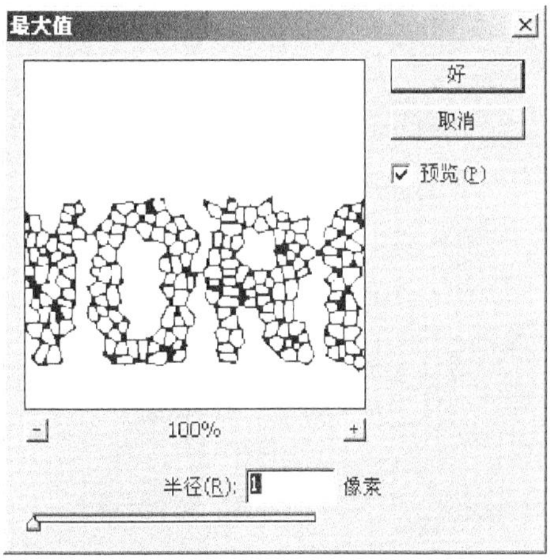

图 8－73 “最大值”对话框

(7) 单击“魔术橡皮擦工具”，在属性栏上去除 ☑临近 选项前面的“√”，在图像窗口中单击任意“白色”区域，擦除图像中的白色，得到马赛克字，完成后的效果如图 8－74 所示(彩色效果图见附录)，所对应的图层控制面板如图 8－75 所示。

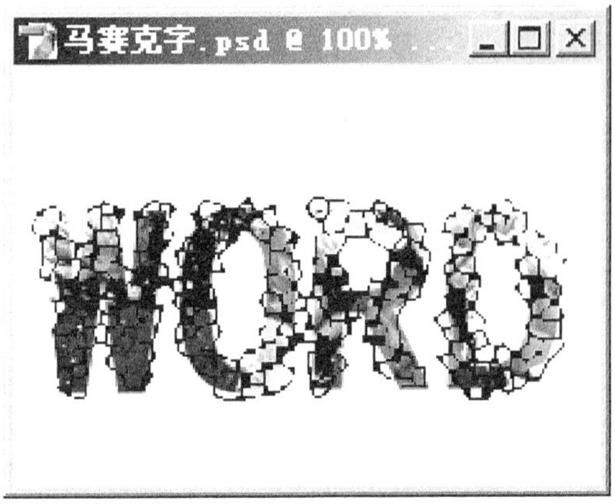

图 8－74　马赛克字效果

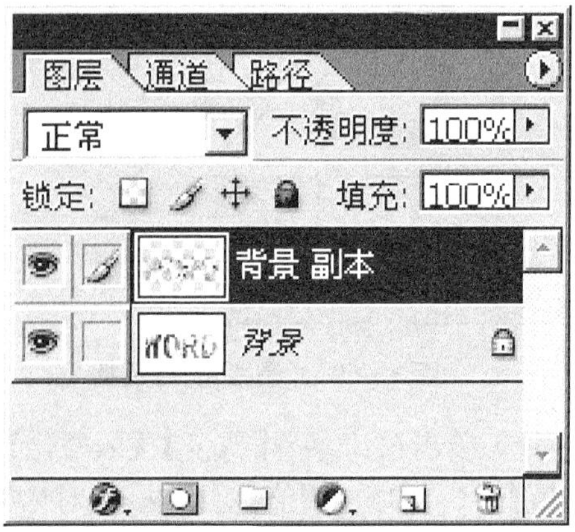

图 8－75　图层控制面板

本章小结

本章介绍了文字的基本概念，包括文字的基本输入方法、文字属性的设置以及特效文字的制作。通过操作示例详细地介绍了文字编辑的方法和特效文字的制作技巧。其中，特效文字的制作在 Photoshop 中占有很重要的地位，它具有很强的综合性，需要灵活地运用选区、图层、路径、通道和滤镜等技术，只有通过不断地练习才能逐渐掌握特效文字的制作方法，并在此基础上创作一些自己所需要的特效文字。

参考文献

1. 全国计算机信息高新技术考试教材编写委员会. 图形图像处理(Photoshop 平台)Photoshop 5.0/5.5 职业技能培训教程. 北京:北京希望电子出版社,2001

2. 国家职业技能鉴定专家委员会,计算机专业委员会. 计算机图形图像处理(Photoshop 平台)试题汇编. 北京:北京希望电脑公司,北京希望电子出版社,2002

3. 国家职业技能鉴定专家委员会,计算机专业委员会. 图形图像处理(Photoshop 平台)Photoshop 5.0/5.5/6.0/7.0 试题汇编. 北京:北京希望电子出版社,2003

4. 廖疆星,曾瑞真. Photoshop 7 设计大系. 海口:南方出版社,2003

5. 谭浩强. Photoshop 图像处理技术. 北京:中国铁道出版社,2003

6. 郭光. Photoshop CS 标准教程. 北京:中国青年出版社,2004

附录　彩色效果图

图 2－122

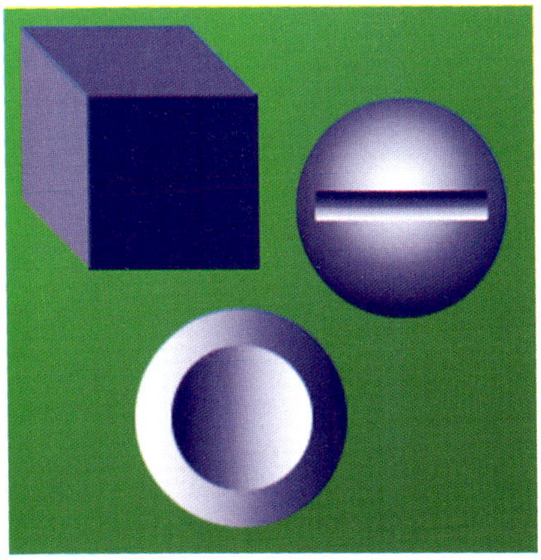

图 2－124

图 2－125

图 3－25

图 3－42

图 3－77

图 3－106

图 3－112

图 4－50

图 4－56

图 5－12

图 5－34

图 5 - 67

图 5 - 72

图 6 - 18A

图 6 - 18B

图 6 - 51

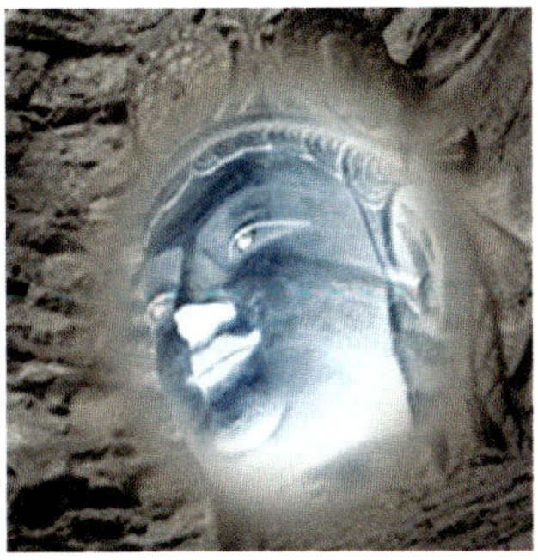

图 6 - 54

图 6 - 56

图 7－99

图 7－108

图 7－111

图 7－114

图 8－30

图 8－42

图 8－65

图 8－74